これなら分かる最適化数学

基礎原理から計算手法まで

金谷健一　著

共立出版

まえがき

本書は，筆者が群馬大学工学部情報工学科に在職中の1992年より担当した「計画論」という学部3年生を対象とする講義のテキストとして作成したものが発端である．その後2001年に筆者が岡山大学工学部情報工学科に移ってからは，これを増補したものを大学院博士前期（修士）課程の講義「数理計画特論」のテキストとして用いている．

この間，岡山大学工学部情報工学科の2年生を対象とする講義「応用数学」に用いたテキストを整備して，共立出版（株）から「これなら分かる応用数学教室——最小二乗法からウェーブレットまで——」として出版した．これは最小二乗法，直交関数系，フーリエ解析，線形代数，主軸変換，ウェーブレットなどを初等的に説明したものであり，「ディスカッション」という形で初心者が抱きやすい疑問点を説明するスタイルが非常に好評で，多くの大学で教科書や参考書として用いられている．

本書はその姉妹書として企画したものである．しかし，本書は数学の教科書ではなく，各種の最適化手法の原理と計算法を説明するものであり，同じようなスタイルにすることは困難である．そこで，「ディスカッション」という形ではなく，本文を補足する関連する話題や注意すべき事項を箇条書きの形で随所に挿入することにした．これによって内容の幅が広がり，読者もより関心が高まると思われる．特に本文では初心者に最適化手法の要領を理解させることに重点を置いたため，各所で簡略化したり，必ずしも厳密とはいえない直観的な説明を行ったが，そのような個所にはより数学的に厳密な説明を補足した．

数理計画は従来より経営学やオペレーションズリサーチ (OR) の分野の中心テーマであることから，最適化手法はそのような科目として教えられることが多い．実際，本書は群馬大学におけるそのような講義のテキストとして出発した．しかし，近年最適化は経営学やORを越えてあらゆる工学の分野で応用されるようになった．その最大の理由は，計算機技術の進歩によって過去には不可能と思われた多変数の複雑な最適化問題が実際的な時間で解けるようになったことである．特に今日では，以前は机上の空論と思われていたベイズ推定を始めとする統計的最適化，サポートベクトルマシンやEMアルゴリズムを始めとする機械学習法，ニューラルネットワークなど多くの手法が実際の問題に適用されている．

本書はそのような背景を考慮して，経営学やORから離れ，多くの工学分野で用いられている各種の最適化手法の原理を説明することを目的とした．このため，タイトルにも「数理計画」ではなく「最適化数学」という言葉を用いた．ただし，本書の執筆の経緯から，経営学やORに関連する例題もかなり残っている．また，本書には他書にない独自の説明法を採用している個所が多い．これらについては巻末の「解説と参考文献」を参照して頂きたい．

本書の原稿の全般に渡って目を通して頂いた東京大学の杉原厚吉教授に感謝します．また編集の労をとられた共立出版（株）の小山透氏，大越隆道氏にお礼申し上げます．

2005年8月

金谷健一

目　次

* 印のついた節や項はやや高級な内容を含んでいるので，飛ばして読んでも差し支えない．

第1章

数学的準備

本章では次章以下で学ぶ最適化手法の基礎となる解析学と線形代数学の重要事項を述べる．まず曲線と曲面の表現法と接線や法線や接平面の計算の仕方を整理する．次に 1 次形式と 2 次形式および双 1 次形式のベクトルと行列による表現法とその微分法を復習する．最後に固有値と固有ベクトルの計算法，対称行列の対角化，2 次形式の標準形とその最大，最小化についてまとめる．

1.1　曲線と曲面

1.1.1　曲線の方程式

平面上の次式で表される曲線を考える．

$$f(x,y)=0 \tag{1.1}$$

この曲線の片側は $f(x,y)>0$ であり，反対側は $f(x,y)<0$ である（図 1.1(a)）．特に閉曲線であれば内部と外部とで符号が反対になる．

- ☞ 本書で扱う関数は，特に断りがない限り，何回でも**連続微分可能**である（すなわち連続な導関数をもつ）とする．
- ☞ 本書で扱う曲線は，特に断りがない限り，**正則**（すなわち特異点をもたない）とする．曲線 $f(x,y)=0$ の**特異点**とは $\partial f/\partial x=\partial f/\partial y=0$ となる点のことである．
- ☞ 例えば $f(x,y)=(x+y-1)^2$ とすると $f(x,y)=0$ は直線 $x+y=1$ を表すが，このすべての点が特異点である．このときはこの直線の両側で $f(x,y)>0$ となる．こ

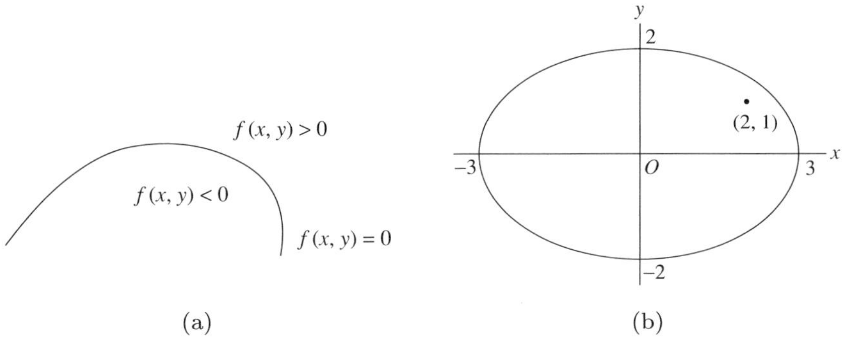

図 **1.1**　(a) 曲線 $f(x,y)=0$ の片側は $f(x,y)>0$，その反対側では $f(x,y)<0$．(b) 楕円 $x^2/9+y^2/4=1$ と点 $(2,1)$．

のような特異点のみからなる（**特異**な）曲線 $f(x,y)=0$ の両側では $f(x,y)$ の符号が変わるとは限らない．

【例 題 1.1】　点 $(2,1)$ は楕円

$$\frac{x^2}{9}+\frac{y^2}{4}=1 \tag{1.2}$$

の内部にあるか，それとも外部にあるか（図 1.1(b)）．

（**解**）式 (1.2) は $f(x,y)=x^2/9+y^2/4-1$ と置くと，$f(x,y)=0$ と書ける．式 (1.2) は原点 $(0,0)$ を中心とする楕円であるから，原点 $(0,0)$ は内部にある．$f(0,0)=-1$ であるから，内部で $f(x,y)<0$，外部で $f(x,y)>0$ である．

$$f(2,1)=\frac{4}{9}+\frac{1}{4}-1=-\frac{11}{36}<0 \tag{1.3}$$

であるから，点 $(2,1)$ は楕円の内部にある．□

1.1.2　曲線の法線ベクトル

曲線 (1.1) 上の近接する 2 点 $(\bar{x},\bar{y})$, $(\bar{x}+\Delta x,\bar{y}+\Delta y)$ を考える．これらは曲線 (1.1) 上にあるから，次式を満たす．

$$f(\bar{x},\bar{y})=0, \qquad f(\bar{x}+\Delta x,\bar{y}+\Delta y)=0 \tag{1.4}$$

第 2 式の左辺をテイラー展開すると次のようになる．

$$f(\bar{x}+\Delta x,\bar{y}+\Delta y)=f(\bar{x},\bar{y})+\frac{\partial\bar{f}}{\partial x}\Delta x+\frac{\partial\bar{f}}{\partial y}\Delta y+\cdots \tag{1.5}$$

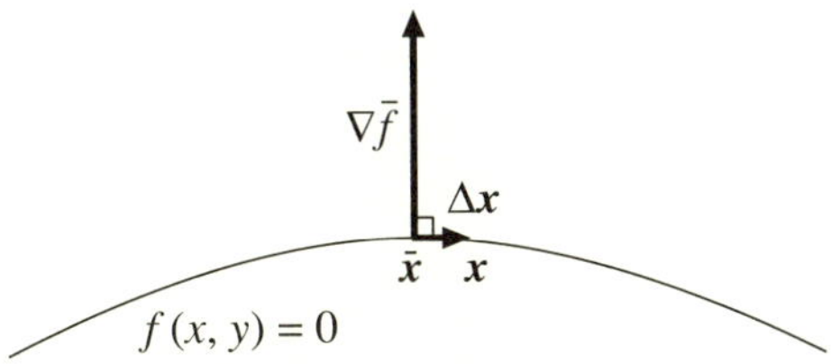

図 1.2　曲線の法線.

ただし $\cdots$ は Δx, Δy の 2 次以上の項を表し，$\partial\bar{f}/\partial x$, $\partial\bar{f}/\partial y$ のバーは点 $(\bar{x},\bar{y})$ での値を意味する．式 (1.4), (1.5) より次の関係を得る．

$$\frac{\partial\bar{f}}{\partial x}\Delta x+\frac{\partial\bar{f}}{\partial y}\Delta y+\cdots=0 \tag{1.6}$$

ベクトル ∇f, $\Delta\boldsymbol{x}$ を次のように定義する．記号 ∇ を**ナブラ**と呼ぶ．

$$\nabla f=\begin{pmatrix}\partial f/\partial x\\ \partial f/\partial y\end{pmatrix},\qquad \Delta\boldsymbol{x}=\begin{pmatrix}\Delta x\\ \Delta y\end{pmatrix} \tag{1.7}$$

これらの記号を用いると，式 (1.6) は次のように書ける．ただしベクトル $\boldsymbol{a}$, $\boldsymbol{b}$ の内積を $(\boldsymbol{a},\boldsymbol{b})$ と書く．

$$(\nabla\bar{f},\Delta\boldsymbol{x})+\cdots=0 \tag{1.8}$$

ここでも ∇f は ∇f の $(\bar{x},\bar{y})$ での値を意味する．$\Delta\boldsymbol{x}$ が小さいほど $\cdots$ の項は急速に小さくなる．これはベクトル $\nabla\bar{f}$ が点 $(\bar{x},\bar{y})$ **の近傍で曲線に直交する**，すなわち $\nabla\bar{f}$ は曲線の**法線ベクトル**であることを意味する（図 1.2）．このことはどの点に対しても成立するから，次の定理を得る．

【定 理 1.1】　曲線 $f(x,y)=0$ の点 (x,y) における法線ベクトルは ∇f である．

☞ 本書ではベクトル $\boldsymbol{a}=\begin{pmatrix} a_1 \\ \vdots \\ a_n \end{pmatrix}$, $\boldsymbol{b}=\begin{pmatrix} b_1 \\ \vdots \\ b_n \end{pmatrix}$ の**内積**を $(\boldsymbol{a},\boldsymbol{b})=a_1b_1+\cdots+a_nb_n$ と書く．

☞ 1 変数関数 $f(x)$ の**テイラー展開**は次のように書ける．

$$
\begin{aligned}
f(x+\Delta x) &= f(x)+f'(x)\Delta x+\frac{1}{2}f''(x)\Delta x^2+\frac{1}{3!}f'''(x)\Delta x^3+\cdots \\
&= \sum_{k=0}^{\infty}\frac{f^{(k)}(x)}{k!}\Delta x^k \qquad (1.9)
\end{aligned}
$$

ただし $f^{(k)}(x)$ は $f(x)$ の k 階導関数を表す（k "回" 導関数と書いてもよい．本書では "階" を用いる）．

☞ 2 変数関数 $f(x,y)$ の場合は次のように書ける．

$$
\begin{aligned}
&f(x+\Delta x, y+\Delta y) \\
&\quad = f+\Big(\frac{\partial f}{\partial x}\Delta x+\frac{\partial f}{\partial y}\Delta y\Big)+\frac{1}{2}\Big(\frac{\partial^2 f}{\partial x^2}\Delta x^2+2\frac{\partial^2 f}{\partial x\partial y}\Delta x\Delta y+\frac{\partial^2 f}{\partial y^2}\Delta y^2\Big) \\
&\qquad +\frac{1}{3!}\Big(\frac{\partial^3 f}{\partial x^3}\Delta x^3+3\frac{\partial^3 f}{\partial x^2\partial y}\Delta x^2\Delta y+3\frac{\partial^3 f}{\partial x\partial y^2}\Delta x\Delta y^2+\frac{\partial^3 f}{\partial y^3}\Delta y^3\Big)+\cdots \\
&\quad = f+\Big(\Delta x\frac{\partial}{\partial x}+\Delta y\frac{\partial}{\partial y}\Big)f+\frac{1}{2}\Big(\Delta x^2\frac{\partial^2}{\partial x^2}+2\Delta x\Delta y\frac{\partial^2}{\partial x\partial y}+\Delta y^2\frac{\partial^2}{\partial y^2}\Big)f \\
&\qquad +\frac{1}{3!}\Big(\Delta x^3\frac{\partial^3}{\partial x^3}+3\Delta x^2\Delta y\frac{\partial^3}{\partial x^2\partial y}+3\Delta x\Delta y^2\frac{\partial^3}{\partial x\partial y^2}+\Delta y^3\frac{\partial^3}{\partial y^3}\Big)f+\cdots \\
&\quad = f+\Big(\Delta x\frac{\partial}{\partial x}+\Delta y\frac{\partial}{\partial y}\Big)f+\frac{1}{2}\Big(\Delta x\frac{\partial}{\partial x}+\Delta y\frac{\partial}{\partial y}\Big)^2 f \\
&\qquad +\frac{1}{3!}\Big(\Delta x\frac{\partial}{\partial x}+\Delta y\frac{\partial}{\partial y}\Big)^3 f+\cdots \\
&\quad = \sum_{k=1}^{\infty}\frac{1}{k!}\Big(\Delta x\frac{\partial}{\partial x}+\Delta y\frac{\partial}{\partial y}\Big)^k f \qquad (1.10)
\end{aligned}
$$

ただし $(\Delta x\frac{\partial}{\partial x}+\Delta y\frac{\partial}{\partial y})^k f$ は形式的な表現であり，カッコ内を通常の規則で展開し，それを f と組合せると約束する．このように関数と組合せて初めて意味をもつ表現を**演算子**と呼ぶ．

☞　n 変数の場合は次のように書ける．

$$
\begin{aligned}
&f(x_1+\Delta x_1,\ldots,x_n+\Delta x_n)\\
&\quad= f+\sum_{i=1}^{n}\frac{\partial f}{\partial x_i}\Delta x_i+\frac{1}{2}\sum_{i,j=1}^{n}\frac{\partial^2 f}{\partial x_i\partial x_j}\Delta x_i\Delta x_j\\
&\qquad+\frac{1}{3!}\sum_{i,j,k=1}^{n}\frac{\partial^3 f}{\partial x_i\partial x_j\partial x_k}\Delta x_i\Delta x_j\Delta x_k+\cdots\\
&\quad= \sum_{k=1}^{\infty}\frac{1}{k!}\Big(\Delta x_1\frac{\partial}{\partial x_1}+\cdots+\Delta x_n\frac{\partial}{\partial x_n}\Big)^k f
\end{aligned}
\tag{1.11}
$$

【例 題 1.2】　直線 $y=ax+b$ の法線ベクトルを求めよ．

（解）直線を $f(x,y)=0$ と表すために $f(x,y)=y-ax-b$ と置く．

$$
\frac{\partial f}{\partial x}=-a,\qquad \frac{\partial f}{\partial y}=1 \tag{1.12}
$$

であるから，法線ベクトルは $\begin{pmatrix}-a\\1\end{pmatrix}$ である（図 1.3(a)）．　□

【例 題 1.3】　直線 $Ax+By+C=0$ の法線ベクトルを求めよ．

（解）$f(x,y)=Ax+By+C$ と置く．

$$
\frac{\partial f}{\partial x}=A,\qquad \frac{\partial f}{\partial y}=B \tag{1.13}
$$

であるから，法線ベクトルは $\begin{pmatrix}A\\B\end{pmatrix}$ である（図 1.3(b)）．　□

【例 題 1.4】　放物線 $y=2x^2+3x-1$ の点 $(1,4)$ における法線ベクトルを求めよ．

（解）$f(x,y)=y-2x^2-3x+1$ と置く．

$$
\frac{\partial f}{\partial x}=-4x-3,\qquad \frac{\partial f}{\partial y}=1 \tag{1.14}
$$

であるから，$x=1$ を代入すると法線ベクトルは $\begin{pmatrix}-7\\1\end{pmatrix}$ である（図 1.4(a)）．

□

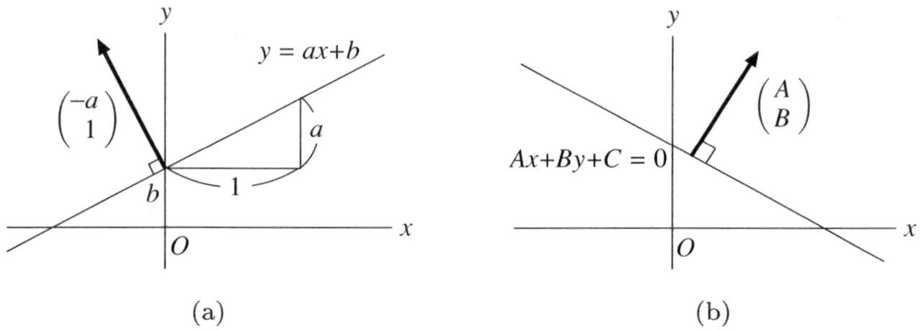

図 1.3　(a) 直線 $y = ax + b$ の法線ベクトル．(b) 直線 $Ax + By + C = 0$ の法線ベクトル．

【例 題 1.5】　楕円

$$\frac{x^2}{9} + \frac{y^2}{4} = 1 \tag{1.15}$$

の点 $(1, 4\sqrt{2}/3)$ における法線ベクトルを求めよ．

（解）$f(x, y) = x^2/9 + y^2/4 - 1$ と置く．

$$\frac{\partial f}{\partial x} = \frac{2}{9}x, \qquad \frac{\partial f}{\partial y} = \frac{1}{2}y \tag{1.16}$$

であるから，$x = 1, y = 4\sqrt{2}/3$ を代入すると法線ベクトルは $\begin{pmatrix}2/9\\2\sqrt{2}/3\end{pmatrix}$ である（図 1.4(b)）． □

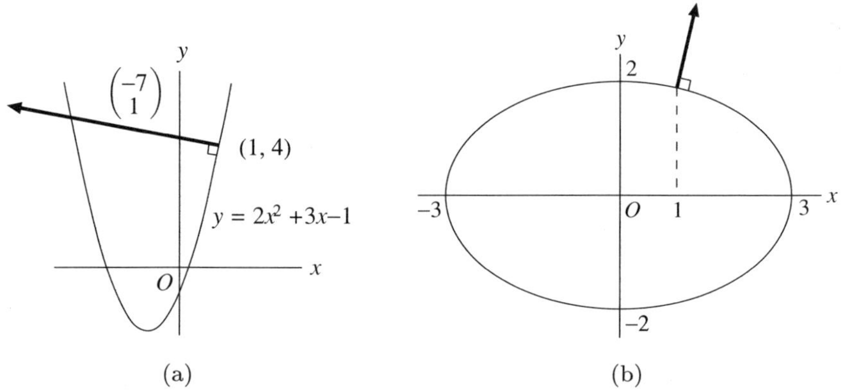

図 1.4　(a) 放物線の法線ベクトル．(b) 楕円の法線ベクトル．

☞ 法線ベクトルの向きは曲線のどちら側でもよいし，長さも任意である．したがって例題 1.2 では $\begin{pmatrix} a \\ -1 \end{pmatrix}$ としてもよいし，$\begin{pmatrix} -2a \\ 2 \end{pmatrix}$ のように任意の零でない定数を掛けてもよい．例題 1.3〜1.5 についても同様である．

1.1.3 曲線の接線

直線

$$A(x-a)+B(y-b)=0 \tag{1.17}$$

は $Ax+By-(Aa+Bb)=0$ とも書けるから，例題 1.3 から法線ベクトルは $\begin{pmatrix} A \\ B \end{pmatrix}$ である．また直線 (1.17) は明らかに点 (a,b) を通る．したがって，**点 (a,b) を通り，法線ベクトルが $\begin{pmatrix} A \\ B \end{pmatrix}$ の直線は式 (1.17) で与えられる．**

曲線 $f(x,y)=0$ の点 $(\bar{x},\bar{y})$ における法線ベクトルは $\nabla\bar{f}$ であるから，この点を通る接線の方程式が次のように得られる．

【定 理 1.2】 点 $(\bar{x},\bar{y})$ における曲線 $f(x,y)=0$ の接線は次式で表される．

$$\frac{\partial\bar{f}}{\partial x}(x-\bar{x})+\frac{\partial\bar{f}}{\partial y}(y-\bar{y})=0 \tag{1.18}$$

☞ ベクトルを用いると式 (1.18) は $(\nabla\bar{f},\boldsymbol{x}-\bar{\boldsymbol{x}})=\boldsymbol{0}$ と書ける．これは，点 $\bar{\boldsymbol{x}}$ を通る接線上の任意の点 $\boldsymbol{x}$ に対して，接点からの変位 $\boldsymbol{x}-\bar{\boldsymbol{x}}$ が法線ベクトル $\nabla\bar{f}$ に直交することを表している（図 1.5）．

【例 題 1.6】 放物線 $y=2x^2+3x-1$ の点 $(1,4)$ における接線の方程式を求めよ．

（解）例題 1.4 より，点 $(1,4)$ における法線ベクトルは $\begin{pmatrix} -7 \\ 1 \end{pmatrix}$ であるから，接

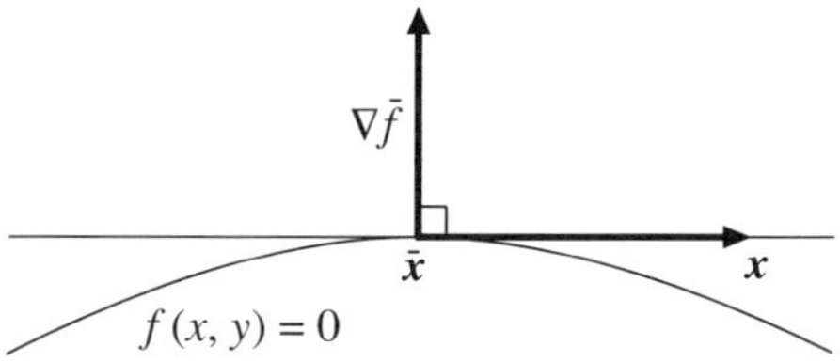

図 1.5　点 $(\bar{x}, \bar{y})$ における曲線 $f(x, y) = 0$ の接線は $(\partial\bar{f}/\partial x)(x-\bar{x})+(\partial\bar{f}/\partial y)(y-\bar{y}) = 0$ である．接線上の任意の点 $\boldsymbol{x}$ は式 $(\nabla\bar{f}, \boldsymbol{x} - \bar{\boldsymbol{x}}) = \boldsymbol{0}$ を満たす．

線の方程式は

$$-7(x-1) + (y-4) = 0 \tag{1.19}$$

すなわち $y = 7x - 3$ である（図 1.6(a)）．　□

【例 題 1.7】　楕円

$$\frac{x^2}{9} + \frac{y^2}{4} = 1 \tag{1.20}$$

の点 $(1, 4\sqrt{2}/3)$ における接線の方程式を求めよ．

（解）例題 1.5 より，点 $(1, 4\sqrt{2}/3)$ における法線ベクトルは $\begin{pmatrix} 2/9 \\ 2\sqrt{2}/3 \end{pmatrix}$ であるから，接線の方程式は

$$\frac{2}{9}(x-1) + \frac{2\sqrt{2}}{3}\left(y - \frac{4\sqrt{2}}{3}\right) = 0 \tag{1.21}$$

すなわち $y = -\sqrt{2}x/6 + 3\sqrt{2}/2$ である（図 1.6(b)）．　□

☞　例題 1.6 は初等的な方法ではまず微分して $y' = 4x + 3$ とし，$x = 1$ での接線の傾きが 7 となるから接線の方程式 $y = 7(x-1) + 4 = 7x - 3$ が求まる．例題 1.4 はこの結果を用いると，接線の傾き 7 から法線の傾きが $-1/7$ であることがわかり，法線ベクトル $\begin{pmatrix} -7 \\ 1 \end{pmatrix}$ が求まる．このように初等的な方法では微分⇒接線の傾き⇒法線ベクトルと計算するが，これは例題 1.7 には適用できない．ここに示したように，**まず法線を計算する**方法のほうが一般性があり，どのような問題にも適用できる．

☞　例題 1.7 を解く初等的な方法に，接線を $y = mx + n$ と置いて式 (1.20) に代入した x の 2 次方程式が重解をもつこと，すなわち判別式が 0 になることを利用する解法がある．そして，この接線の傾きから例題 1.5 の法線ベクトル $\begin{pmatrix} 2/9 \\ 2\sqrt{2}/3 \end{pmatrix}$ が求まる．

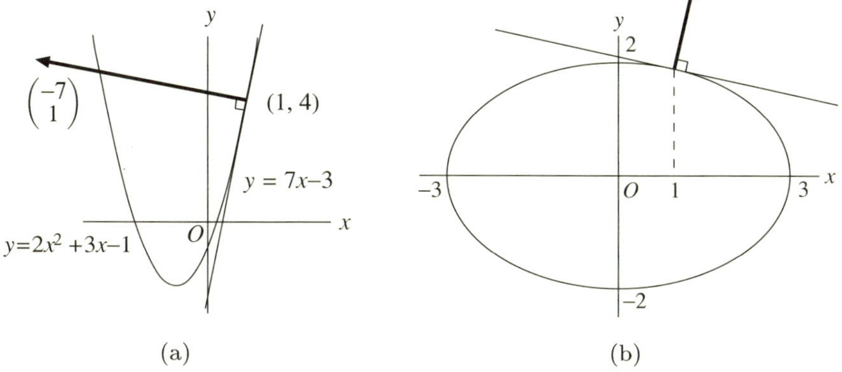

図 **1.6**　(a) 放物線の接線．(b) 楕円の接線．

しかし，このような方法は 2 次式にしか使えない．ここに示したように，まず法線から計算する方法のほうが一般性がある．

☞ 式 (1.20) のような楕円に対しては接線の公式が存在し，楕円 $x^2/a^2 + y^2/b^2 = 1$ 上の点 $(\bar{x}, \bar{y})$ における接線は $\bar{x}x/a^2 + \bar{y}y/b^2 = 1$ となる．また，一般の 2 次曲線 $Ax^2 + 2Bxy + Cy^2 + 2(Dx + Ey) + F = 0$ 上の点 $(\bar{x}, \bar{y})$ における接線が $A\bar{x}x + B(\bar{x}y + x\bar{y}) + C\bar{y}y + D(\bar{x} + x) + E(\bar{y} + y) + F = 0$ であることが定理 1.2 から導ける．

1.1.4　曲面の方程式

次式で表される空間の曲面を考える．

$$f(x, y, z) = 0 \tag{1.22}$$

この曲面の片側は $f(x, y, z) > 0$ であり，反対側は $f(x, y, z) < 0$ である（図 1.7(a)）．特に閉曲面であれば内部と外部とで符号が反対になる．

☞ 曲線の場合（↪1.1.1 項）と同様に，曲面は特に断りがない限り，**正則**（特異点をもたない）とする．曲面 $f(x, y, z) = 0$ の**特異点**とは $\partial f/\partial x = \partial f/\partial y = \partial f/\partial z = 0$ となる点のことである．

☞ 曲線の場合と同様に，特異点のみからなる（**特異**な）曲面 $f(x, y, z) = 0$ の両側では $f(x, y, z)$ の符号が変わるとは限らない（例：$f(x, y, z) = (x + y + z - 1)^2$）．

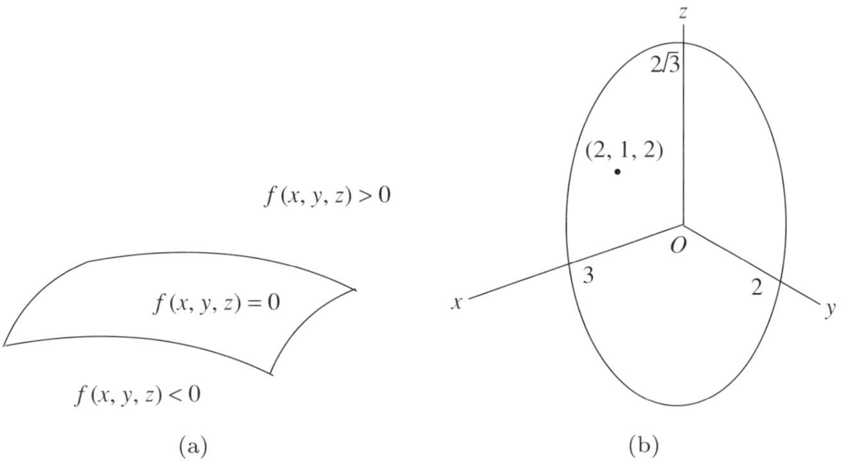

図 **1.7**　(a) 曲面 $f(x,y,z) = 0$ の片側は $f(x,y,z) > 0$，その反対側では $f(x,y,z) < 0$. (b) 楕円体 $x^2/9 + y^2/4 + z^2/12 = 1$ と点 $(2,1,2)$.

【例 題 1.8】　点 $(2,1,2)$ は楕円体

$$\frac{x^2}{9} + \frac{y^2}{4} + \frac{z^2}{12} = 1 \tag{1.23}$$

の内部にあるか，それとも外部にあるか（図 1.7(b)）.

(解) 式 (1.23) は $f(x,y,z) = x^2/9+y^2/4+z^2/12-1$ と置くと，$f(x,y,z) = 0$ と書ける．式 (1.23) は原点 $(0,0,0)$ を中心とする楕円体であるから，原点 $(0,0,0)$ は内部にある．$f(0,0,0) = -1$ であるから，内部で $f(x,y,z) < 0$，外部で $f(x,y,z) > 0$ である.

$$f(2,1,2) = \frac{4}{9} + \frac{1}{4} + \frac{1}{3} - 1 = \frac{1}{36} > 0 \tag{1.24}$$

であるから，点 $(2,1,2)$ は楕円体の外部にある.　□

1.1.5　曲面の法線ベクトル

曲面 (1.22) 上の近接する 2 点 $(\bar{x},\bar{y},\bar{z})$, $(\bar{x}+\Delta x, \bar{y}+\Delta y, \bar{z}+\Delta z)$ を考える．これらは曲面 (1.22) 上にあるから，次の式を満たす.

$$f(\bar{x},\bar{y},\bar{z}) = 0, \qquad f(\bar{x}+\Delta x, \bar{y}+\Delta y, \bar{z}+\Delta z) = 0 \tag{1.25}$$

第 2 式の左辺をテイラー展開すると次のようになる．

$$f(\bar{x}+\Delta x, \bar{y}+\Delta y, \bar{z}+\Delta z) = f(\bar{x}, \bar{y}, \bar{z}) + \frac{\partial \bar{f}}{\partial x}\Delta x + \frac{\partial \bar{f}}{\partial y}\Delta y + \frac{\partial \bar{f}}{\partial z}\Delta z + \cdots \quad (1.26)$$

ただし $\cdots$ は Δx, Δy, Δz の 2 次以上の項を表し，$\partial \bar{f}/\partial x$, $\partial \bar{f}/\partial y$, $\partial \bar{f}/\partial z$ のバーは点 $(\bar{x}, \bar{y}, \bar{z})$ での値を意味する．式 (1.25), (1.26) より次の関係を得る．

$$\frac{\partial \bar{f}}{\partial x}\Delta x + \frac{\partial \bar{f}}{\partial y}\Delta y + \frac{\partial \bar{f}}{\partial z}\Delta z + \cdots = 0 \quad (1.27)$$

ベクトル ∇f, $\Delta \boldsymbol{x}$ を次のように定義する．

$$\nabla f = \begin{pmatrix} \partial f/\partial x \\ \partial f/\partial y \\ \partial f/\partial z \end{pmatrix}, \qquad \Delta \boldsymbol{x} = \begin{pmatrix} \Delta x \\ \Delta y \\ \Delta z \end{pmatrix} \quad (1.28)$$

これらの記号を用いると，式 (1.27) は次のように書ける．

$$(\nabla \bar{f}, \Delta \boldsymbol{x}) + \cdots = 0 \quad (1.29)$$

ただし $\nabla \bar{f}$ は ∇f の $(\bar{x}, \bar{y}, \bar{z})$ での値を意味する．式 (1.29) は $\Delta \boldsymbol{x}$ は $\bar{\boldsymbol{x}} + \Delta \boldsymbol{x}$ が曲面上にありさえすれば任意であり，$\Delta \boldsymbol{x}$ が小さいほど $\cdots$ の項は急速に小さくなる．これはベクトル $\nabla \bar{f}$ が点 $(\bar{x}, \bar{y}, \bar{z})$ の**近傍で曲面に直交する**，すなわち $\nabla \bar{f}$ は曲面の**法線ベクトル**であることを意味する（図 1.8）．このことはどの点に対しても成立するから，次の定理を得る．

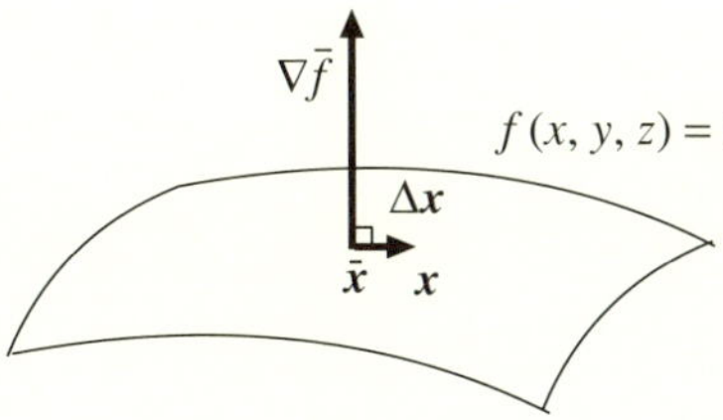

図 1.8　曲面の法線．

【定 理 1.3】　曲面 $f(x, y, z) = 0$ の点 (x, y, z) における法線ベクトルは ∇f である．

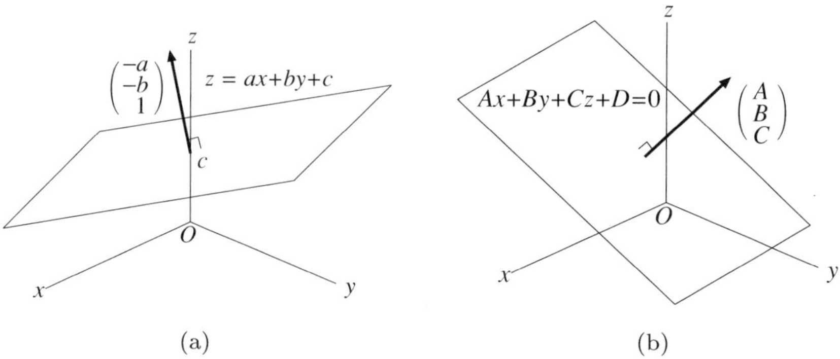

図 1.9　(a) 平面 $z = ax + by + c$ の法線ベクトル．(b) 平面 $Ax + By + Cz + D = 0$ の法線ベクトル．

【例 題 1.9】　平面 $z = ax + by + c$ の法線ベクトルを求めよ．

（解）平面を $f(x, y, z) = 0$ と表すために $f(x, y, z) = z - ax - by - c$ と置く．

$$\frac{\partial f}{\partial x} = -a, \qquad \frac{\partial f}{\partial y} = -b, \qquad \frac{\partial f}{\partial z} = 1 \tag{1.30}$$

であるから，法線ベクトルは $\begin{pmatrix} -a \\ -b \\ 1 \end{pmatrix}$ である（図 1.9(a)）． □

【例 題 1.10】　平面 $Ax + By + Cz + D = 0$ の法線ベクトルを求めよ．

（解）$f(x, y, z) = Ax + By + Cz + D$ と置く．

$$\frac{\partial f}{\partial x} = A, \qquad \frac{\partial f}{\partial y} = B, \qquad \frac{\partial f}{\partial z} = C \tag{1.31}$$

であるから，法線ベクトルは $\begin{pmatrix} A \\ B \\ C \end{pmatrix}$ となる（図 1.9(b)）． □

【例 題 1.11】　放物面 $z = 2x^2 + 3y^2 + 1$ の点 $(2, 1, 12)$ における法線ベクトルを求めよ．

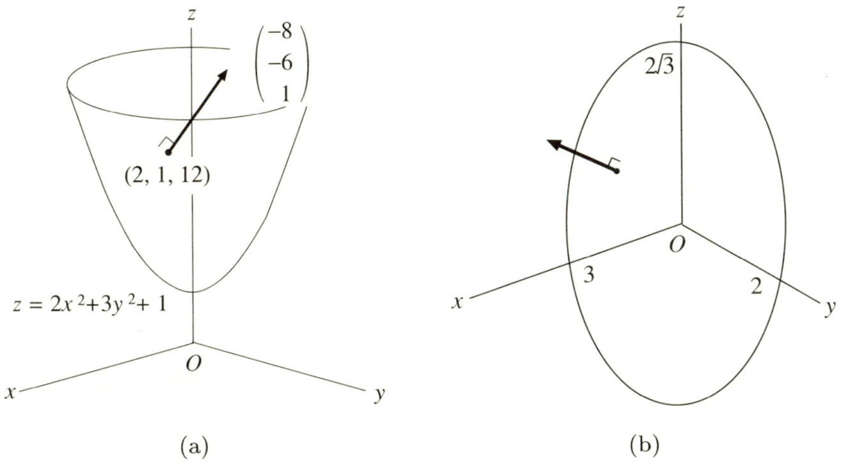

図 1.10 (a) 放物面の法線ベクトル. (b) 楕円体の法線ベクトル.

（解） $f(x,y,z) = z - 2x^2 - 3y^2 - 1$ と置く.

$$\frac{\partial f}{\partial x} = -4x, \qquad \frac{\partial f}{\partial y} = -6y, \qquad \frac{\partial f}{\partial z} = 1 \tag{1.32}$$

であるから, $x = 2,\ y = 1$ を代入すると法線ベクトルは $\begin{pmatrix} -8 \\ -6 \\ 1 \end{pmatrix}$ となる（図 1.10(a)）. □

【例 題 1.12】 楕円体

$$\frac{x^2}{9} + \frac{y^2}{4} + \frac{z^2}{12} = 1 \tag{1.33}$$

の点 $(2, 1, \sqrt{33}/3)$ における法線ベクトルを求めよ.

（解） $f(x,y,z) = x^2/9 + y^2/4 + z^2/12 - 1$ と置く.

$$\frac{\partial f}{\partial x} = \frac{2}{9}x, \qquad \frac{\partial f}{\partial y} = \frac{1}{2}y, \qquad \frac{\partial f}{\partial z} = \frac{1}{6}z \tag{1.34}$$

であるから, $x = 2,\ y = 1,\ z = \sqrt{33}/3$ を代入すると法線ベクトルは $\begin{pmatrix} 4/9 \\ 1/2 \\ \sqrt{33}/18 \end{pmatrix}$ となる（図 1.10(b)）. □

☞　曲線の場合（↪1.1.2 項）と同様に，法線ベクトルの向きは曲面のどちら側でもよいし，長さも任意である．したがって例題 1.9 では $\begin{pmatrix} a \\ b \\ -1 \end{pmatrix}$ としてもよいし，$\begin{pmatrix} -2a \\ -2b \\ 2 \end{pmatrix}$ のように任意の零でない定数を掛けてもよい．例題 1.10〜1.12 についても同様である．

1.1.6　曲面の接平面

平面

$$A(x-a)+B(y-b)+C(z-c)=0 \tag{1.35}$$

は $Ax+By+Cz-(Aa+Bb+Cc)=0$ とも書けるから，例題 1.10 から法線ベクトルは $\begin{pmatrix} A \\ B \\ C \end{pmatrix}$ である．また平面 (1.35) は明らかに点 (a,b,c) を通る．したがって，**点 (a,b,c) を通り，法線ベクトルが $\begin{pmatrix} A \\ B \\ C \end{pmatrix}$ の平面は式 (1.35) で与えられる．**

曲面 $f(x,y,z)=0$ の点 $(\bar{x},\bar{y},\bar{z})$ における法線ベクトルは $\nabla\bar{f}$ であるから，この点を通る接平面の方程式が次のように得られる．

【定 理 1.4】　点 $(\bar{x},\bar{y},\bar{z})$ における曲面 $f(x,y,z)=0$ の接平面は次式で表される．

$$\frac{\partial\bar{f}}{\partial x}(x-\bar{x})+\frac{\partial\bar{f}}{\partial y}(y-\bar{y})+\frac{\partial\bar{f}}{\partial z}(z-\bar{z})=0 \tag{1.36}$$

☞　ベクトルを用いると式 (1.36) は $(\nabla\bar{f},\boldsymbol{x}-\bar{\boldsymbol{x}})=\boldsymbol{0}$ と書ける．これは，点 $\bar{\boldsymbol{x}}$ を通る接平面上の任意の点 $\boldsymbol{x}$ に対して，接点からの変位 $\boldsymbol{x}-\bar{\boldsymbol{x}}$ が法線ベクトル $\nabla\bar{f}$ に直交することを表している（図 1.11）．

【例 題 1.13】　放物面 $z=2x^2+3y^2+1$ の点 $(2,1,12)$ における接平面の方程式を求めよ．

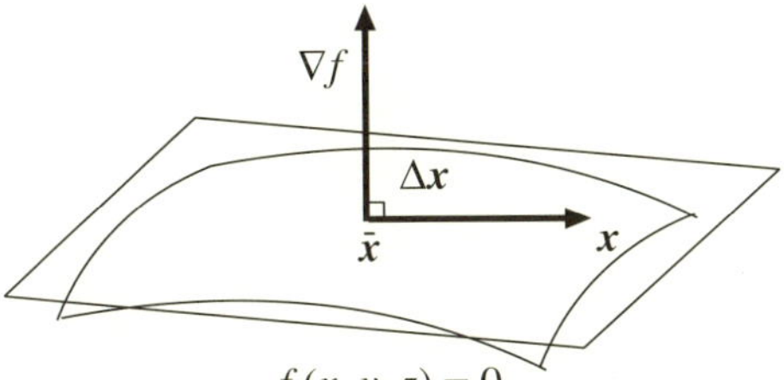

図 **1.11** 点 $(\bar{x}, \bar{y}, \bar{z})$ における曲面 $f(x, y, z) = 0$ の接平面は $(\partial\bar{f}/\partial x)(x-\bar{x})+(\partial\bar{f}/\partial y)(y-\bar{y}) + (\partial\bar{f}/\partial z)(z-\bar{z}) = 0$ である．接平面上の任意の点 $\boldsymbol{x}$ は式 $(\nabla\bar{f}, \boldsymbol{x}-\bar{\boldsymbol{x}}) = \boldsymbol{0}$ を満たす．

（解）例題 1.11 より，点 $(2, 1, 12)$ における法線ベクトルは $\begin{pmatrix} -8 \\ -6 \\ 1 \end{pmatrix}$ であるから，接平面の方程式は

$$-8(x-2) - 6(y-1) + (z-12) = 0 \tag{1.37}$$

すなわち $z = 8x + 6y - 10$ である（図 1.12(a)）． □

【例 題 **1.14**】 楕円体

$$\frac{x^2}{9} + \frac{y^2}{4} + \frac{z^2}{12} = 1 \tag{1.38}$$

の点 $(2, 1, \sqrt{33}/3)$ における接平面の方程式を求めよ．

（解）例題 1.12 より，点 $(2, 1, \sqrt{33}/3)$ における法線ベクトルは $\begin{pmatrix} 4/9 \\ 1/2 \\ \sqrt{33}/18 \end{pmatrix}$ であるから，接平面の方程式は

$$\frac{4}{9}(x-2) + \frac{1}{2}(y-1) + \frac{\sqrt{33}}{18}\left(z - \frac{\sqrt{33}}{3}\right) = 0 \tag{1.39}$$

すなわち $z = -8\sqrt{33}x/33 - 3\sqrt{33}y/11 + 12\sqrt{33}/11$ である（図 1.12(b)）． □

☞ 曲線の接線の場合（↪1.1.3 項）と同様に，曲面が $z = g(x, y)$ の形に表せれば x, y について偏微分して直接に接平面の傾きを計算することもできる．そして，それから法線ベクトルが求まる．しかし，$z = g(x, y)$ の形に表せなければ適用できないので一般性がない．ここに示した方法はどのような曲面にも適用できる．

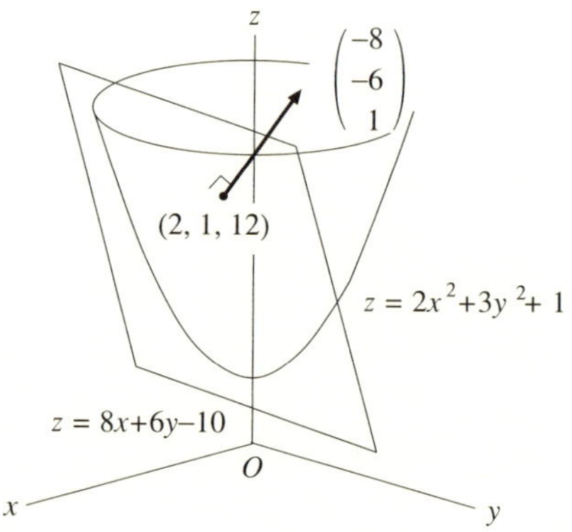

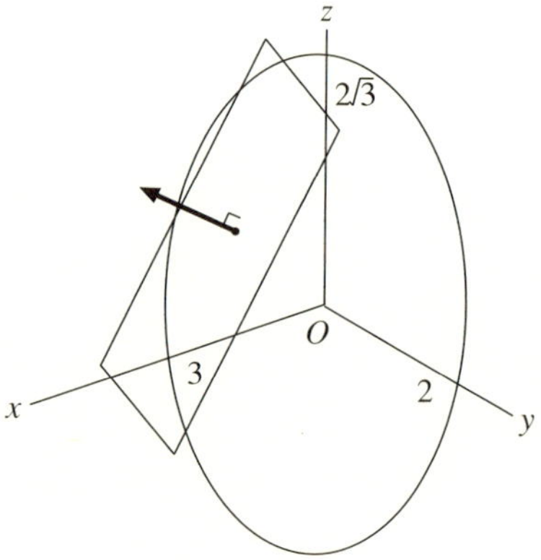

図 1.12 (a) 放物面の接平面. (b) 楕円体の接平面.

☞ 式 (1.38) のような楕円体に対しては接平面の公式が存在し，楕円体 $x^2/a^2+y^2/b^2+z^2/c^2=1$ 上の点 $(\bar{x},\bar{y},\bar{z})$ における接平面は $\bar{x}x/a^2+\bar{y}y/b^2+\bar{z}z/c^2=1$ となる. 一般の 2 次曲面に対しては，式中の x^2, y^2, z^2, yz, zx, xy, x, y, z をそれぞれ $\bar{x}x$, $\bar{y}y$, $\bar{z}z$, $(\bar{y}z+y\bar{z})/2$, $(\bar{z}x+z\bar{x})/2$, $(\bar{x}y+x\bar{y})/2$, $(\bar{x}+x)/2$, $(\bar{y}+y)/2$, $(\bar{z}+z)/2$ に置き換えればよいことが定理 1.4 から導ける.

1.2 1 次形式と 2 次形式

1.2.1 1 次形式

変数の 1 次の項のみからなる式を **1 次形式**と呼ぶ. n 変数 $x_1, \ldots, x_n$ の 1 次形式は次のように書ける.

$$f=a_1x_1+\cdots+a_nx_n=\sum_{i=1}^{n}a_ix_i \tag{1.40}$$

ベクトル $\boldsymbol{a}$, $\boldsymbol{x}$ を

$$\boldsymbol{a}=\begin{pmatrix}a_1\\ \vdots\\ a_n\end{pmatrix}, \qquad \boldsymbol{x}=\begin{pmatrix}x_1\\ \vdots\\ x_n\end{pmatrix} \tag{1.41}$$

と置くと，式 (1.40) はベクトルの内積として次のように書ける．

$$f = (\boldsymbol{a}, \boldsymbol{x}) \tag{1.42}$$

式 (1.40) を各 x_i で偏微分すると $\partial f/\partial x_1 = a_1$, …, $\partial f/\partial x_n = a_n$ となる．すなわち

$$\frac{\partial f}{\partial x_i} = a_i, \qquad i = 1, \ldots, n \tag{1.43}$$

である．ベクトル ∇f を

$$\nabla f = \begin{pmatrix} \partial f/\partial x_1 \\ \vdots \\ \partial f/\partial x_n \end{pmatrix} \tag{1.44}$$

と定義すると，式 (1.43) は次のように書ける．

$$\nabla f = \boldsymbol{a} \tag{1.45}$$

書き直すと，次のように 1 次形式の微分の公式が得られる．

【定 理 1.5】

$$\nabla(\boldsymbol{a}, \boldsymbol{x}) = \boldsymbol{a} \tag{1.46}$$

☞ 変数の 1 次の項のみからなる式を“1 次形式”と呼び，変数の 1 次“以下”（1 次および定数）の項からなる式を **1 次式**と呼ぶ．

☞ 一般に変数の n 次の項“のみ”からなる式を n **次形式**と呼び，変数の n 次“以下”の項からなる式を n **次式**と呼ぶ．

☞ 式 (1.46) は 1 変数の場合は $\dfrac{d}{dx}(ax) = a$ となる．定理 1.5 はその n 変数への拡張となっている．

1.2.2　2 次形式

変数の 2 次の項のみからなる式を **2 次形式**と呼ぶ．n 変数 x_1, …, x_n の 2 次形式は次のように書ける．

$$\begin{aligned} f = {} & a_{11}x_1^2 + a_{22}x_2^2 + \cdots + a_{nn}x_n^2 \\ & + 2a_{12}x_1x_2 + 2a_{13}x_1x_3 + \cdots + 2a_{(n-1)n}x_{n-1}x_n \end{aligned} \tag{1.47}$$

これは次のようにも書ける．

$$f = \sum_{i,j=1}^{n} a_{ij} x_i x_j \tag{1.48}$$

ただし $a_{ij} = a_{ji}$ と約束する．したがって，対称行列 $\boldsymbol{A}$ とベクトル $\boldsymbol{x}$ を

$$\boldsymbol{A} = \begin{pmatrix} a_{11} & \cdots & a_{1n} \\ \vdots & \ddots & \vdots \\ a_{n1} & \cdots & a_{nn} \end{pmatrix}, \qquad \boldsymbol{x} = \begin{pmatrix} x_1 \\ \vdots \\ x_n \end{pmatrix} \tag{1.49}$$

と置けば，式 (1.48) は次のようなベクトルの内積として表せる．

$$f = (\boldsymbol{x}, \boldsymbol{A}\boldsymbol{x}) \tag{1.50}$$

対称行列 $\boldsymbol{A}$ を 2 次形式 f の**係数行列**と呼ぶ．

☞ 行列 $\boldsymbol{A}$ の (i,j) 要素を a_{ij} とすると，$\boldsymbol{A}$ が**対称行列**であるとは $a_{ji} = a_{ij}$ となることである．

☞ $a_{ji} = a_{ij}$ とは限らない係数の 2 次形式 $f = \sum_{i,j=1}^{n} a_{ij} x_i x_j$ を考えても，$x_i x_j = x_j x_i$ だから $f = \sum_{i,j=1}^{n} (a_{ij} + a_{ji}) x_i x_j / 2$ と変形できる．$a'_{ij} = (a_{ij} + a_{ji})/2$ と定義すれば $a'_{ji} = a'_{ij}$ であり，$f = \sum_{i,j=1}^{n} a'_{ij} x_i x_j$ と書けるから，**2 次形式の係数行列は常に対称行列と約束する**．

【例 題 1.15】 次の 2 次形式をベクトルと対称行列とで表せ．

$$f = ax^2 + 2bxy + cy^2 \tag{1.51}$$

（解）次のように書ける．

$$f = (\begin{pmatrix} x \\ y \end{pmatrix}, \begin{pmatrix} a & b \\ b & c \end{pmatrix} \begin{pmatrix} x \\ y \end{pmatrix}) \tag{1.52}$$

実際，右辺を変形すると次のようになる．

$$f = (\begin{pmatrix} x \\ y \end{pmatrix}, \begin{pmatrix} ax + by \\ bx + cy \end{pmatrix}) = x(ax+by) + y(bx+cy) = ax^2 + 2bxy + cy^2 \tag{1.53}$$

□

【例 題 1.16】 次の 2 次形式をベクトルと対称行列とで表せ．

$$f = 5x^2 + 6xy + 4y^2 \tag{1.54}$$

（解）$6xy$ の項を $3xy + 3yx$ と考えると，次のように表せる．

$$f = (\begin{pmatrix} x \\ y \end{pmatrix}, \begin{pmatrix} 5 & 3 \\ 3 & 4 \end{pmatrix}\begin{pmatrix} x \\ y \end{pmatrix}) \tag{1.55}$$

□

【例 題 1.17】 次の 2 次形式をベクトルと対称行列とで表せ．

$$f = Ax^2 + By^2 + Cz^2 + 2(Dyz + Ezx + Fxy) \tag{1.56}$$

（解）次のように書ける．

$$f = (\begin{pmatrix} x \\ y \\ z \end{pmatrix}, \begin{pmatrix} A & F & E \\ F & B & D \\ E & D & C \end{pmatrix}\begin{pmatrix} x \\ y \\ z \end{pmatrix}) \tag{1.57}$$

実際，右辺を変形すると次のようになる．

$$\begin{aligned} f &= (\begin{pmatrix} x \\ y \\ z \end{pmatrix}, \begin{pmatrix} Ax + Fy + Ez \\ Fx + By + Dz \\ Ex + Dy + Cz \end{pmatrix}) \\ &= x(Ax + Fy + Ez) + y(Fx + By + Dz) + z(Ex + Dy + Cz) \\ &= Ax^2 + By^2 + Cz^2 + 2(Dyz + Ezx + Fxy) \end{aligned} \tag{1.58}$$

□

【例 題 1.18】 次の 2 次形式をベクトルと対称行列とで表せ．

$$f = 4x^2 + 3y^2 + 5z^2 + 4yz + 6zx + 2xy \tag{1.59}$$

（解）$4yz = 2yz + 2zy$，$6zx = 3zx + 3xz$，$2xy = xy + yx$ と考えると，次のように表せる．

$$f = (\begin{pmatrix} x \\ y \\ z \end{pmatrix}, \begin{pmatrix} 4 & 1 & 3 \\ 1 & 3 & 2 \\ 3 & 2 & 5 \end{pmatrix}\begin{pmatrix} x \\ y \\ z \end{pmatrix}) \tag{1.60}$$

□

1.2.3　2 次形式の微分

式 (1.47) の 2 次形式を x_1 で微分することを考える．x_1 を含む項は

$$a_{11}x_1^2 + 2a_{12}x_1x_2 + 2a_{13}x_1x_3 + \cdots + 2a_{1n}x_1x_n \tag{1.61}$$

のみである．これを微分すると

$$2a_{11}x_1 + 2a_{12}x_2 + 2a_{13}x_3 + \cdots + 2a_{1n}x_n = 2\sum_{j=1}^{n} a_{1j}x_j \tag{1.62}$$

となる．ほかの変数についても同様であるから，

$$\frac{\partial f}{\partial x_i} = 2\sum_{j=1}^{n} a_{ij}x_j, \qquad i = 1, \ldots, n \tag{1.63}$$

となる．これを式 (1.44) の記号と式 (1.49) の行列とベクトルを用いて表せば，次のように書ける．

$$\nabla f = 2\boldsymbol{A}\boldsymbol{x} \tag{1.64}$$

書き直すと，次のように 2 次形式の微分の公式が得られる．

【定 理 1.6】

$$\nabla(\boldsymbol{x}, \boldsymbol{A}\boldsymbol{x}) = 2\boldsymbol{A}\boldsymbol{x} \tag{1.65}$$

☞　式 (1.65) は 1 変数の場合は $\dfrac{d}{dx}(Ax^2) = 2Ax$ となる．定理 1.6 はその n 変数への拡張となっている．

【例 題 1.19】　式 (1.55) の 2 次形式を微分せよ．

（解）

$$\nabla f = \begin{pmatrix} \partial f/\partial x \\ \partial f/\partial y \end{pmatrix} = 2\begin{pmatrix} 5 & 3 \\ 3 & 4 \end{pmatrix}\begin{pmatrix} x \\ y \end{pmatrix} = 2\begin{pmatrix} 5x + 3y \\ 3x + 4y \end{pmatrix} \tag{1.66}$$

これは式 (1.54) を直接に微分した結果と一致している．　□

【例 題 1.20】 式 (1.60) の 2 次形式を微分せよ．

（解）

$$\nabla f = \begin{pmatrix} \partial f/\partial x \\ \partial f/\partial y \\ \partial f/\partial z \end{pmatrix} = 2\begin{pmatrix} 4 & 1 & 3 \\ 1 & 3 & 2 \\ 3 & 2 & 5 \end{pmatrix}\begin{pmatrix} x \\ y \\ z \end{pmatrix} = 2\begin{pmatrix} 4x+y+3z \\ x+3y+2z \\ 3x+2y+5z \end{pmatrix} \tag{1.67}$$

これは式 (1.59) を直接に微分した結果と一致している． □

1.2.4　双 1 次形式

$x_1, \ldots, x_n$ についても $y_1, \ldots, y_n$ についても 1 次の項のみからなる式をそれらの**双 1 次形式**と呼ぶ．これは次のように書ける．

$$f = a_{11}x_1y_1 + a_{12}x_1y_2 + \cdots + a_{nn}x_ny_n = \sum_{i,j=1}^{n} a_{ij}x_iy_j \tag{1.68}$$

行列 $\boldsymbol{A}$ とベクトル $\boldsymbol{x}, \boldsymbol{y}$ を

$$\boldsymbol{A} = \begin{pmatrix} a_{11} & \cdots & a_{1n} \\ \vdots & \ddots & \vdots \\ a_{n1} & \cdots & a_{nn} \end{pmatrix}, \quad \boldsymbol{x} = \begin{pmatrix} x_1 \\ \vdots \\ x_n \end{pmatrix}, \quad \boldsymbol{y} = \begin{pmatrix} y_1 \\ \vdots \\ y_n \end{pmatrix} \tag{1.69}$$

と置くと，式 (1.68) は次のように書ける．

$$f = (\boldsymbol{x}, \boldsymbol{A}\boldsymbol{y}) \tag{1.70}$$

実際，右辺は次のようになる．

$$f = \left(\begin{pmatrix} x_1 \\ \vdots \\ x_n \end{pmatrix}, \begin{pmatrix} a_{11} & \cdots & a_{1n} \\ \vdots & \ddots & \vdots \\ a_{n1} & \cdots & a_{nn} \end{pmatrix}\begin{pmatrix} y_1 \\ \vdots \\ y_n \end{pmatrix}\right) = \left(\begin{pmatrix} x_1 \\ \vdots \\ x_n \end{pmatrix}, \begin{pmatrix} a_{11}y_1 + \cdots + a_{1n}y_n \\ \vdots \\ a_{n1}y_1 + \cdots + a_{nn}y_n \end{pmatrix}\right)$$
$$= x_1(a_{11}y_1 + \cdots + a_{1n}y_n) + \cdots + x_n(a_{n1}y_1 + \cdots + a_{nn}y_n) = \sum_{i,j=1}^{n} a_{ij}x_iy_j \tag{1.71}$$

行列 $\boldsymbol{A}$ を双 1 次形式 f の**係数行列**と呼ぶ．これは 2 次形式の場合とは異なり，**対称行列**とは限らない．

次の関係が成り立つ．

$$(\boldsymbol{x}, \boldsymbol{A}^\top \boldsymbol{y}) = \sum_{i=1}^{n} x_i \left(\sum_{j=1}^{n} a_{ji} y_j \right) = \sum_{i,j=1}^{n} a_{ji} x_i y_j = \sum_{j=1}^{n} \left(\sum_{i=1}^{n} a_{ji} x_i \right) y_j = (\boldsymbol{A}\boldsymbol{x}, \boldsymbol{y}) \tag{1.72}$$

すなわち，任意のベクトル $\boldsymbol{x}$, $\boldsymbol{y}$ と任意の行列 $\boldsymbol{A}$ に対して次の公式を得る．

【定 理 1.7】

$$(\boldsymbol{A}\boldsymbol{x}, \boldsymbol{y}) = (\boldsymbol{x}, \boldsymbol{A}^\top \boldsymbol{y}) \tag{1.73}$$

☞ 上添字の ⊤ は (i, j) 要素と (j, i) 要素を入れ換える**転置**を表す．$\boldsymbol{A}$ が $m \times n$ 行列のとき，**転置行列** $\boldsymbol{A}^\top$ は次のような $n \times m$ 行列である．

$$\begin{pmatrix} a_{11} & a_{12} & \cdots & a_{1n} \\ a_{21} & a_{22} & \cdots & a_{2n} \\ \vdots & \vdots & \ddots & \vdots \\ a_{m1} & a_{m2} & \cdots & a_{mn} \end{pmatrix}^\top = \begin{pmatrix} a_{11} & a_{21} & \cdots & a_{m1} \\ a_{12} & a_{22} & \cdots & a_{m2} \\ \vdots & \vdots & \ddots & \vdots \\ a_{1n} & a_{2n} & \cdots & a_{mn} \end{pmatrix} \tag{1.74}$$

行列 $\boldsymbol{A}$ が対称行列であることは $\boldsymbol{A}^\top = \boldsymbol{A}$ とも書ける．

【例 題 1.21】　任意の $n \times n$ 行列 $\boldsymbol{A}$, $\boldsymbol{B}$ に対して次の公式が成り立つことを証明せよ．

$$(\boldsymbol{A}\boldsymbol{B})^\top = \boldsymbol{B}^\top \boldsymbol{A}^\top \tag{1.75}$$

（解）定理 1.7 より任意の n 次元ベクトル $\boldsymbol{x}$, $\boldsymbol{y}$ に対して次の関係が成り立つ．

$$(\boldsymbol{A}\boldsymbol{B}\boldsymbol{x}, \boldsymbol{y}) = (\boldsymbol{x}, (\boldsymbol{A}\boldsymbol{B})^\top \boldsymbol{y}) \tag{1.76}$$

一方，定理 1.7 より次の関係が成り立つ．

$$(\boldsymbol{A}\boldsymbol{B}\boldsymbol{x}, \boldsymbol{y}) = (\boldsymbol{B}\boldsymbol{x}, \boldsymbol{A}^\top \boldsymbol{y}) = (\boldsymbol{x}, \boldsymbol{B}^\top \boldsymbol{A}^\top \boldsymbol{y}) \tag{1.77}$$

$\boldsymbol{x}$, $\boldsymbol{y}$ は任意の n 次元ベクトルであるから，式 (1.76), (1.77) を比較して式 (1.75) を得る．　□

【例 題 1.22】 任意の $n \times n$ 行列 $\boldsymbol{A}_1, \ldots, \boldsymbol{A}_N$ に対して次の公式が成り立つことを証明せよ．

$$(\boldsymbol{A}_1\boldsymbol{A}_2\cdots\boldsymbol{A}_N)^\top = \boldsymbol{A}_N^\top\boldsymbol{A}_{N-1}^\top\cdots\boldsymbol{A}_1^\top \tag{1.78}$$

（解）定理 1.7 より任意の n 次元ベクトル $\boldsymbol{x}, \boldsymbol{y}$ に対して次の関係が成り立つ．

$$(\boldsymbol{A}_1\boldsymbol{A}_2\cdots\boldsymbol{A}_N\boldsymbol{x}, \boldsymbol{y}) = (\boldsymbol{x}, (\boldsymbol{A}_1\boldsymbol{A}_2\cdots\boldsymbol{A}_N)^\top\boldsymbol{y}) \tag{1.79}$$

一方，定理 1.7 より次の関係が成り立つ．

$$\begin{aligned}(\boldsymbol{A}_1\boldsymbol{A}_2\cdots\boldsymbol{A}_N\boldsymbol{x}, \boldsymbol{y}) &= (\boldsymbol{A}_2\cdots\boldsymbol{A}_N\boldsymbol{x}, \boldsymbol{A}_1^\top\boldsymbol{y}) = (\boldsymbol{A}_3\cdots\boldsymbol{A}_N\boldsymbol{x}, \boldsymbol{A}_2^\top\boldsymbol{A}_1^\top\boldsymbol{y})\\ &= \cdots = (\boldsymbol{A}_N\boldsymbol{x}, \boldsymbol{A}_{N-1}^\top\boldsymbol{A}_{N-2}^\top\cdots\boldsymbol{A}_1^\top\boldsymbol{y}) = (\boldsymbol{x}, \boldsymbol{A}_N^\top\boldsymbol{A}_{N-1}^\top\cdots\boldsymbol{A}_1^\top\boldsymbol{y})\end{aligned} \tag{1.80}$$

$\boldsymbol{x}, \boldsymbol{y}$ は任意の n 次元ベクトルであるから，式 (1.79), (1.80) を比較して式 (1.78) を得る． □

☞ 任意のベクトル $\boldsymbol{x}, \boldsymbol{y}$ に対して $(\boldsymbol{x}, \boldsymbol{A}\boldsymbol{y}) = (\boldsymbol{x}, \boldsymbol{B}\boldsymbol{y})$ であれば $\boldsymbol{A} = \boldsymbol{B}$ である．実際，(ij) 要素が等しいことは $x_i = 1$ で残りの成分がすべて 0 の $\boldsymbol{x}$ と，$y_j = 1$ で残りの成分がすべて 0 の $\boldsymbol{y}$ を代入してみればわかる．

☞ 任意のベクトル $\boldsymbol{x}$ に対して $(\boldsymbol{x}, \boldsymbol{A}\boldsymbol{x}) = (\boldsymbol{x}, \boldsymbol{B}\boldsymbol{x})$ であっても $\boldsymbol{A}, \boldsymbol{B}$ が共に対称行列でなければ $\boldsymbol{A} = \boldsymbol{B}$ とは限らない．例えば $\boldsymbol{A}$ が**反対称行列**（$\boldsymbol{A}^\top = -\boldsymbol{A}$ となる，すなわち要素が $a_{ji} = -a_{ij}$ となる行列）であれば任意の $\boldsymbol{x}$ に対して $(\boldsymbol{x}, \boldsymbol{A}\boldsymbol{x}) = 0$ であるが，$\boldsymbol{A} \neq \boldsymbol{O}$ である．

☞ $\boldsymbol{A}, \boldsymbol{B}$ が共に対称行列であれば，$(\boldsymbol{x}, \boldsymbol{A}\boldsymbol{x}) = (\boldsymbol{x}, \boldsymbol{B}\boldsymbol{x})$ なら左辺と右辺は 2 次形式として $\boldsymbol{x}$ の恒等式であり，係数も等しい．

1.3　2 次形式の標準形

1.3.1　固有値と固有ベクトル

線形代数学でよく知られているように，行列 $\boldsymbol{A}$ に対して

$$\boldsymbol{A}\boldsymbol{u} = \lambda\boldsymbol{u} \tag{1.81}$$

が成り立つ $\boldsymbol{0}$ でないベクトル $\boldsymbol{u}$ を行列 $\boldsymbol{A}$ の**固有ベクトル**，λ をその**固有値**と呼ぶ．$\boldsymbol{A}$ が $n \times n$ 対称行列のとき，$\boldsymbol{A}$ は n 個の**実数**の固有値 $\lambda_1, \ldots, \lambda_n$ をも

ち，対応する固有ベクトル $\boldsymbol{u}_1, \ldots, \boldsymbol{u}_n$ は要素がすべて実数の互いに直交する**単位ベクトル**となるように選べる．

ベクトル $\boldsymbol{u}_1, \ldots, \boldsymbol{u}_n$ が互いに直交する単位ベクトルであることを式で表すと，次のように書ける．

$$(\boldsymbol{u}_i, \boldsymbol{u}_j) = \delta_{ij} \tag{1.82}$$

ここに，δ_{ij} は $i = j$ のときは 1，$i \neq j$ のときは 0 をとる記号であり，**クロネッカのデルタ**と呼ぶ．式 (1.82) を満たすベクトル $\{\boldsymbol{u}_1, \ldots, \boldsymbol{u}_n\}$ を**正規直交系**と呼ぶ．以上のことを定理としてまとめると次のようになる．

> **【定 理 1.8】** $n \times n$ 対称行列は n 個の固有値 $\lambda_1, \ldots, \lambda_n$ をもつ．それらはすべて実数であり，対応する実数の固有ベクトルからなる正規直交系 $\{\boldsymbol{u}_1, \ldots, \boldsymbol{u}_n\}$ が存在する．

式 (1.81) は次のように書き直せる．

$$(\lambda \boldsymbol{I} - \boldsymbol{A})\boldsymbol{u} = \boldsymbol{0} \tag{1.83}$$

ただし，$\boldsymbol{I}$ は単位行列であり，$\boldsymbol{0}$ は零ベクトルである．ベクトル $\boldsymbol{u}$ を未知数とする連立1次方程式 (1.83) は明らかに解 $\boldsymbol{u} = \boldsymbol{0}$ をもつ．これを**自明な解**と呼ぶ．定義より固有ベクトルは $\boldsymbol{0}$ でないから，固有ベクトルが存在するためには連立1次方程式 (1.83) が複数の解をもたなければならない．したがって，係数行列の行列式が 0 でなければならない．

$$|\lambda \boldsymbol{I} - \boldsymbol{A}| = 0 \tag{1.84}$$

これは λ の n 次方程式である．これを**固有方程式**（または**特性方程式**）と呼ぶ．これを解いて n 個の固有値 $\lambda_1, \ldots, \lambda_n$ が得られる．ただし，いくつかの値が等しい重解の場合もある．固有値が求まれば，連立1次方程式 (1.83) を解いて n 個の固有ベクトル $\boldsymbol{u}_1, \ldots, \boldsymbol{u}_n$ が得られる．

☞ **単位行列**とは対角要素が 1，それ以外がすべて 0 の対角行列のことであり，本書では $\boldsymbol{I}$ と書く（教科書によっては $\boldsymbol{E}$, $\boldsymbol{U}$ など，ほかの記号が用いられることもある）．$\boldsymbol{I}$ が $n \times n$ 単位行列のとき，任意の $n \times m$ 行列 $\boldsymbol{A}$ と任意の $m \times n$ 行列 $\boldsymbol{B}$ に対して $\boldsymbol{IA} = \boldsymbol{A}$, $\boldsymbol{BI} = \boldsymbol{B}$ が成り立つ．

☞ 連立 1 次方程式 $\boldsymbol{Ax} = \boldsymbol{b}$ が唯一の解をもつ必要十分条件は行列 $\boldsymbol{A}$ の行列式が $\boldsymbol{0}$ でない ($|\boldsymbol{A}| \neq 0$) ことである．これは線形代数学の最も基本となる定理である．

☞ 単位ベクトルとは $\|\boldsymbol{u}\| = 1$ となるベクトル $\boldsymbol{u}$ のことをいう．ただし $\|\boldsymbol{u}\| = \sqrt{u_1^2 + \cdots + u_n^2}$ であり，ベクトル $\boldsymbol{u}$ のノルムと呼ぶ．

☞ 式 (1.81) から明らかなように，固有ベクトルを何倍しても固有ベクトルであるから，単位ベクトルと約束しても一般性を失わない．

☞ 対称行列の異なる固有値に対応する固有ベクトルは直交することが証明できる．同じ固有値をもつ向きの異なる固有ベクトルが複数存在することもあるが，互いに直交するものを選べば，それ以外はすべてその線形結合で表せる．

【例 題 1.23】 次の行列の固有値とその単位固有ベクトルを求めよ．

$$\boldsymbol{A} = \begin{pmatrix} 6 & 2 \\ 2 & 3 \end{pmatrix} \tag{1.85}$$

（解） 定義より，固有値 λ と固有ベクトル $\boldsymbol{u} = \begin{pmatrix} u_1 \\ u_2 \end{pmatrix}$ は次の関係を満たす数とベクトルである．

$$\begin{pmatrix} 6 & 2 \\ 2 & 3 \end{pmatrix} \begin{pmatrix} u_1 \\ u_2 \end{pmatrix} = \lambda \begin{pmatrix} u_1 \\ u_2 \end{pmatrix} \tag{1.86}$$

書き直すと次の連立 1 次方程式が得られる．

$$\begin{pmatrix} \lambda - 6 & -2 \\ -2 & \lambda - 3 \end{pmatrix} \begin{pmatrix} u_1 \\ u_2 \end{pmatrix} = \begin{pmatrix} 0 \\ 0 \end{pmatrix} \tag{1.87}$$

この連立 1 次方程式が自明な解 $u_1 = u_2 = 0$ 以外の解をもつための必要十分条件は係数行列の行列式が 0 となることである．

$$\begin{vmatrix} \lambda - 6 & -2 \\ -2 & \lambda - 3 \end{vmatrix} = 0 \tag{1.88}$$

これは次の λ の 2 次方程式となる．

$$(\lambda - 6)(\lambda - 3) - (-2)(-2) = \lambda^2 - 9\lambda + 14 = (\lambda - 2)(\lambda - 7) = 0 \tag{1.89}$$

これから $\lambda = 2, 7$ を得る．

$\lambda = 2$:　式 (1.87) は次のようになる．

$$\begin{pmatrix} -4 & -2 \\ -2 & -1 \end{pmatrix} \begin{pmatrix} u_1 \\ u_2 \end{pmatrix} = \begin{pmatrix} 0 \\ 0 \end{pmatrix} \tag{1.90}$$

これは一つの方程式

$$2u_1 + u_2 = 0 \tag{1.91}$$

を表している．一つの解は $u_1 = 1$, $u_2 = -2$ である．しかし，固有ベクトルは何倍しても固有ベクトルであるから，単位ベクトルにとると次の解を得る．

$$\boldsymbol{u}_1 = \begin{pmatrix} 1/\sqrt{5} \\ -2/\sqrt{5} \end{pmatrix} \tag{1.92}$$

$\lambda = 7$:　式 (1.87) は次のようになる．

$$\begin{pmatrix} 1 & -2 \\ -2 & 4 \end{pmatrix} \begin{pmatrix} u_1 \\ u_2 \end{pmatrix} = \begin{pmatrix} 0 \\ 0 \end{pmatrix} \tag{1.93}$$

これは一つの方程式

$$u_1 - 2u_2 = 0 \tag{1.94}$$

を表している．一つの解は $u_1 = 2$, $u_2 = 1$ である．しかし，固有ベクトルは何倍しても固有ベクトルであるから，単位ベクトルにとると次の解を得る．

$$\boldsymbol{u}_2 = \begin{pmatrix} 2/\sqrt{5} \\ 1/\sqrt{5} \end{pmatrix} \tag{1.95}$$

以上より行列 $\boldsymbol{A}$ の固有値は 2, 7 であり，それぞれの単位固有ベクトルは次のようになる．

$$\boldsymbol{u}_1 = \begin{pmatrix} 1/\sqrt{5} \\ -2/\sqrt{5} \end{pmatrix}, \qquad \boldsymbol{u}_2 = \begin{pmatrix} 2/\sqrt{5} \\ 1/\sqrt{5} \end{pmatrix} \tag{1.96}$$

□

【例 題 1.24】　次の行列の固有値とその単位固有ベクトルを求めよ．

$$\boldsymbol{A} = \begin{pmatrix} 4 & -1 & 1 \\ -1 & 4 & -1 \\ 1 & -1 & 4 \end{pmatrix} \tag{1.97}$$

(解) 定義より，固有値 λ と固有ベクトル $\boldsymbol{u} = \begin{pmatrix} u_1 \\ u_2 \\ u_3 \end{pmatrix}$ は次の関係を満たす数とベクトルである.

$$\begin{pmatrix} 4 & -1 & 1 \\ -1 & 4 & -1 \\ 1 & -1 & 4 \end{pmatrix} \begin{pmatrix} u_1 \\ u_2 \\ u_3 \end{pmatrix} = \lambda \begin{pmatrix} u_1 \\ u_2 \\ u_3 \end{pmatrix} \tag{1.98}$$

書き直すと次の連立 1 次方程式が得られる.

$$\begin{pmatrix} \lambda-4 & 1 & -1 \\ 1 & \lambda-4 & 1 \\ -1 & 1 & \lambda-4 \end{pmatrix} \begin{pmatrix} u_1 \\ u_2 \\ u_3 \end{pmatrix} = \begin{pmatrix} 0 \\ 0 \\ 0 \end{pmatrix} \tag{1.99}$$

この連立 1 次方程式が自明な解 $u_1 = u_2 = u_3 = 0$ 以外の解をもつための必要十分条件は係数行列の行列式が 0 となることである.

$$\begin{vmatrix} \lambda-4 & 1 & -1 \\ 1 & \lambda-4 & 1 \\ -1 & 1 & \lambda-4 \end{vmatrix} = 0 \tag{1.100}$$

これは次の λ の 3 次方程式となる.

$$(\lambda-4)^3 - 1 - 1 - 3(\lambda-4) = \lambda^3 - 12\lambda^2 + 45\lambda - 54 = (\lambda-6)(\lambda-3)^2 = 0 \tag{1.101}$$

これから $\lambda = 6, 3$（2 重解）を得る.

$\lambda = 6$:　式 (1.99) は次のようになる.

$$\begin{pmatrix} 2 & 1 & -1 \\ 1 & 2 & 1 \\ -1 & 1 & 2 \end{pmatrix} \begin{pmatrix} u_1 \\ u_2 \\ u_3 \end{pmatrix} = \begin{pmatrix} 0 \\ 0 \\ 0 \end{pmatrix} \tag{1.102}$$

第 2 式から第 1 式を引けば第 3 式となる. したがって第 1 式と第 2 式のみを考えればよい. すなわち，上式は二つの方程式

$$2u_1 + u_2 - u_3 = 0, \qquad u_1 + 2u_2 + u_3 = 0 \tag{1.103}$$

を表している．変数が一つ過剰であるから，例えば $u_3 = 1$ と置くと，$2u_1 + u_2 = 1$, $u_1 + 2u_2 = -1$ より解 $u_1 = 1$, $u_2 = -1$ を得る．固有ベクトルは何倍しても固有ベクトルであるから，単位ベクトルにとると次の解を得る．

$$\boldsymbol{u}_1 = \begin{pmatrix} 1/\sqrt{3} \\ -1/\sqrt{3} \\ 1/\sqrt{3} \end{pmatrix} \tag{1.104}$$

$\lambda = 3$:　式 (1.99) は次のようになる．

$$\begin{pmatrix} -1 & 1 & -1 \\ 1 & -1 & 1 \\ -1 & 1 & -1 \end{pmatrix} \begin{pmatrix} u_1 \\ u_2 \\ u_3 \end{pmatrix} = \begin{pmatrix} 0 \\ 0 \\ 0 \end{pmatrix} \tag{1.105}$$

これは一つの方程式

$$u_1 - u_2 + u_3 = 0 \tag{1.106}$$

を表している．まず $u_3 = 0$ とすると $u_1 - u_2 = 0$ となり，例えば $u_1 = 1$ とすると $u_2 = 1$ となって $\boldsymbol{u} = \begin{pmatrix} 1 \\ 1 \\ 0 \end{pmatrix}$ が得られる．次に $u_3 = 1$ とすると $u_1 - u_2 = -1$ となり，例えば $u_2 = 0$ とすると $u_1 = -1$ となって $\boldsymbol{u}' = \begin{pmatrix} -1 \\ 0 \\ 1 \end{pmatrix}$ が得られる．しかし，これらの任意の線形結合も式 (1.105) を満たすので，$\boldsymbol{u}'$ の代わりに $\boldsymbol{u}'' = \boldsymbol{u}' - c\boldsymbol{u}$ と置き，$(\boldsymbol{u}, \boldsymbol{u}'') = 0$ となるように c を定める．$(\boldsymbol{u}, \boldsymbol{u}'') = (\boldsymbol{u}, \boldsymbol{u}') - c(\boldsymbol{u}, \boldsymbol{u}) = -1 - 2c = 0$ より $c = -1/2$ となり，$\boldsymbol{u}'' = \begin{pmatrix} -1/2 \\ 1/2 \\ 1 \end{pmatrix}$ となる．定数倍して単位ベクトルを作ると次の解を得る．

$$\boldsymbol{u}_2 = \begin{pmatrix} 1/\sqrt{2} \\ 1/\sqrt{2} \\ 0 \end{pmatrix}, \qquad \boldsymbol{u}_3 = \begin{pmatrix} -1/\sqrt{6} \\ 1/\sqrt{6} \\ 2/\sqrt{6} \end{pmatrix} \tag{1.107}$$

以上より，行列 $\boldsymbol{A}$ の固有値は 6, 3, 3 であり，それぞれの互いに直交する単位固有ベクトルは次のようになる．

$$\boldsymbol{u}_1 = \begin{pmatrix} 1/\sqrt{3} \\ -1/\sqrt{3} \\ 1/\sqrt{3} \end{pmatrix}, \quad \boldsymbol{u}_2 = \begin{pmatrix} 1/\sqrt{2} \\ 1/\sqrt{2} \\ 0 \end{pmatrix}, \quad \boldsymbol{u}_3 = \begin{pmatrix} -1/\sqrt{6} \\ 1/\sqrt{6} \\ 2/\sqrt{6} \end{pmatrix} \tag{1.108}$$

□

☞ 式 (1.107) のように直交するベクトルを作り出すことを（グラム・）**シュミットの直交化**と呼ぶ．これは，与えられた線形独立なベクトルの列 $\boldsymbol{u}_1$, $\boldsymbol{u}_2$, $\boldsymbol{u}_3$, ... の線形結合によって組織的に直交系 $\boldsymbol{e}_1$, $\boldsymbol{e}_2$, $\boldsymbol{e}_3$, ... を作り出す方法である（各々を単位ベクトルに正規化すれば正規直交系となる）．まず $\boldsymbol{e}_1 = \boldsymbol{u}_1$ とおき，$\boldsymbol{e}_1$, $\boldsymbol{e}_2$, ..., $\boldsymbol{e}_k$ まで直交系ができたとき，$\boldsymbol{e}_{k+1}$ を

$$\boldsymbol{e}_{k+1} = \boldsymbol{u}_{k+1} - c_1\boldsymbol{e}_1 - c_2\boldsymbol{e}_2 - \cdots - c_k\boldsymbol{e}_k \tag{1.109}$$

の形にとる．そして c_1, c_2, ..., c_k を $\boldsymbol{e}_{k+1}$ が $\boldsymbol{e}_1$, $\boldsymbol{e}_2$, ..., $\boldsymbol{e}_k$ と直交するように定める．しかし，$\boldsymbol{e}_1$, $\boldsymbol{e}_2$, ..., $\boldsymbol{e}_k$ がすでに直交系であるから

$$\begin{aligned}(\boldsymbol{e}_i, \boldsymbol{e}_{k+1}) &= (\boldsymbol{e}_i, \boldsymbol{u}_{k+1}) - c_1(\boldsymbol{e}_i, \boldsymbol{e}_1) - c_2(\boldsymbol{e}_i, \boldsymbol{e}_2) - \cdots - c_k(\boldsymbol{e}_i, \boldsymbol{e}_k) \\ &= (\boldsymbol{e}_i, \boldsymbol{u}_{k+1}) - c_i\|\boldsymbol{e}_i\|^2 = 0 \end{aligned} \tag{1.110}$$

となり，$c_i = (\boldsymbol{e}_i, \boldsymbol{u}_{k+1})/\|\boldsymbol{e}_i\|^2$ となる．ゆえに $\boldsymbol{e}_{k+1}$ は次のように定まる．

$$\boldsymbol{e}_{k+1} = \boldsymbol{u}_{k+1} - \frac{(\boldsymbol{e}_1, \boldsymbol{u}_{k+1})}{\|\boldsymbol{e}_1\|^2}\boldsymbol{e}_1 - \frac{(\boldsymbol{e}_2, \boldsymbol{u}_{k+1})}{\|\boldsymbol{e}_2\|^2}\boldsymbol{e}_2 - \cdots - \frac{(\boldsymbol{e}_k, \boldsymbol{u}_{k+1})}{\|\boldsymbol{e}_k\|^2}\boldsymbol{e}_k \tag{1.111}$$

となる．この操作を $k = 1, 2, 3, \ldots$ と順に行なう．

☞ 例題 1.24 では固有値 3 が固有方程式の 2 重解であったが，固有値 λ が $n \times n$ 対称行列 $\boldsymbol{A}$ の固有方程式の p 重解の場合は式 (1.83) から得られる n 個の式のうち $n-p$ 個のものしか独立でない．その場合は例えば u_1, ..., u_p に p 組の（全部が 0 ではない）適当な値を与え，残りの変数 u_{p+1}, ..., u_n について解くことによって p 組の解が得られる．それらにシュミットの直交化を施して単位ベクトルに正規化すれば，固有値 λ に対する p 個の互いに直交する単位固有ベクトルが得られる．

☞ u_1, ..., u_p に（全部が 0 ではない）どんな値を与えても $\boldsymbol{u}$ の独立な解は p 個しか得られない．例えば $u_1 = 1$，残りを 0 として得られる解を $\boldsymbol{u}_1$，$u_2 = 1$，残りを 0 として得られる解を $\boldsymbol{u}_2$，...，$u_p = 1$ として残りを 0 として得られる解を $\boldsymbol{u}_p$ とすれば，$u_1 = c_1$, $u_2 = c_2$, ..., $u_c = c_p$ として得られる解は $c_1\boldsymbol{u}_1 + c_2\boldsymbol{u}_2 + \cdots + c_p\boldsymbol{u}_p$ である．このようにすべての解はある p 個の解の線形結合で表せる．このことを，行列 $\boldsymbol{A}$ は固有値 λ に対する p **次元固有空間**をもつという．

1.3.2　対称行列の対角化

$\boldsymbol{u}_1, \ldots, \boldsymbol{u}_n$ が対称行列 $\boldsymbol{A}$ の固有値 $\lambda_1, \ldots, \lambda_n$ に対する固有ベクトルの正規直交系であるとき，これらを順に列とする $n \times n$ 行列を

$$\boldsymbol{U} = \begin{pmatrix} \boldsymbol{u}_1 & \boldsymbol{u}_2 & \cdots & \boldsymbol{u}_n \end{pmatrix} \tag{1.112}$$

と置く．このような正規直交系を列とする行列を**直交行列**と呼ぶ．

行列の積の計算の約束から正規直交系の定義式 (1.82) は次式と同値である．

$$\begin{pmatrix} \boldsymbol{u}_1^\top \\ \boldsymbol{u}_2^\top \\ \vdots \\ \boldsymbol{u}_n^\top \end{pmatrix} \begin{pmatrix} \boldsymbol{u}_1 & \boldsymbol{u}_2 & \cdots & \boldsymbol{u}_n \end{pmatrix} = \begin{pmatrix} (\boldsymbol{u}_1, \boldsymbol{u}_1) & (\boldsymbol{u}_1, \boldsymbol{u}_2) & \cdots & (\boldsymbol{u}_1, \boldsymbol{u}_n) \\ (\boldsymbol{u}_2, \boldsymbol{u}_1) & (\boldsymbol{u}_2, \boldsymbol{u}_2) & \cdots & (\boldsymbol{u}_2, \boldsymbol{u}_n) \\ \vdots & \vdots & \ddots & \vdots \\ (\boldsymbol{u}_n, \boldsymbol{u}_1) & (\boldsymbol{u}_n, \boldsymbol{u}_2) & \cdots & (\boldsymbol{u}_n, \boldsymbol{u}_n) \end{pmatrix}$$

$$= \begin{pmatrix} 1 & & & \\ & 1 & & \\ & & \ddots & \\ & & & 1 \end{pmatrix} \tag{1.113}$$

したがって，行列 $\boldsymbol{U}$ が直交行列である条件は次のように書ける．

$$\boldsymbol{U}^\top \boldsymbol{U} = \boldsymbol{I} \tag{1.114}$$

これはまた行列 $\boldsymbol{U}^\top$ が行列 $\boldsymbol{U}$ の逆行列であることを意味している．すなわち，次のように書ける．

$$\boldsymbol{U}^{-1} = \boldsymbol{U}^\top \tag{1.115}$$

固有値と固有ベクトルの定義から $\boldsymbol{A}\boldsymbol{u}_1 = \lambda_1 \boldsymbol{u}_1, \ldots, \boldsymbol{A}\boldsymbol{u}_n = \lambda_n \boldsymbol{u}_n$ であり，$\{\boldsymbol{u}_i\}$ が正規直交系であることと行列の積の計算の約束から次式が成り立つ．

$$\boldsymbol{A} \begin{pmatrix} \boldsymbol{u}_1 & \boldsymbol{u}_2 & \cdots & \boldsymbol{u}_n \end{pmatrix} = \begin{pmatrix} \boldsymbol{A}\boldsymbol{u}_1 & \boldsymbol{A}\boldsymbol{u}_2 & \cdots & \boldsymbol{A}\boldsymbol{u}_n \end{pmatrix} = \begin{pmatrix} \lambda_1 \boldsymbol{u}_1 & \lambda_2 \boldsymbol{u}_2 & \cdots & \lambda_n \boldsymbol{u}_n \end{pmatrix}$$

$$= \begin{pmatrix} \boldsymbol{u}_1 & \boldsymbol{u}_2 & \cdots & \boldsymbol{u}_n \end{pmatrix} \begin{pmatrix} \lambda_1 & & & \\ & \lambda_2 & & \\ & & \ddots & \\ & & & \lambda_n \end{pmatrix} = \boldsymbol{U} \begin{pmatrix} \lambda_1 & & & \\ & \lambda_2 & & \\ & & \ddots & \\ & & & \lambda_n \end{pmatrix} \tag{1.116}$$

両辺に左から $\boldsymbol{U}^\top$ を掛けると，式 (1.115) より次式を得る．

$$\boldsymbol{U}^\top \boldsymbol{A}\boldsymbol{U} = \begin{pmatrix} \lambda_1 & & & \\ & \lambda_2 & & \\ & & \ddots & \\ & & & \lambda_n \end{pmatrix} \tag{1.117}$$

これを対称行列 $\boldsymbol{A}$ の**対角化**と呼ぶ．両辺の左から $\boldsymbol{U}$，右から $\boldsymbol{U}^\top$ を掛けて式 (1.115) を用いると次式を得る．

$$\boldsymbol{A} = \boldsymbol{U} \begin{pmatrix} \lambda_1 & & & \\ & \lambda_2 & & \\ & & \ddots & \\ & & & \lambda_n \end{pmatrix} \boldsymbol{U}^\top \tag{1.118}$$

対称行列 $\boldsymbol{A}$ をこのように分解することを**スペクトル分解**（または**固有値分解**）と呼ぶ．

- ☞ 対角要素以外が 0 の行列を**対角行列**とよぶ．対角要素しか書いていない行列は，残りの要素がすべて 0 であると約束する．
- ☞ 直交行列 $\boldsymbol{U}$ の転置行列 $\boldsymbol{U}^\top$ が逆行列 $\boldsymbol{U}^{-1}$ に等しいことから，式 (1.114) だけでなく $\boldsymbol{U}\boldsymbol{U}^\top = \boldsymbol{I}$ も成り立つ．したがって，$\boldsymbol{U}$ が直交行列であれば，その転置行列 $\boldsymbol{U}^\top$ も直交行列である．このことから，直交行列 $\boldsymbol{U}$ の行ベクトルも正規直交系であることがわかる．
- ☞ 行列 $\boldsymbol{U}$ の定義式 (1.112) と行列の積の計算の約束から，式 (1.118) は次のようにも書ける．

$$\boldsymbol{A} = \lambda_1 \boldsymbol{u}_1 \boldsymbol{u}_1^\top + \lambda_2 \boldsymbol{u}_2 \boldsymbol{u}_2^\top + \cdots + \lambda_n \boldsymbol{u}_n \boldsymbol{u}_n^\top \tag{1.119}$$

1.3.3　2 次形式の標準形

対称行列 $\boldsymbol{A}$ を係数行列とする 2 次形式 $(\boldsymbol{x}, \boldsymbol{A}\boldsymbol{x})$ を考える．行列 $\boldsymbol{U}$ を式 (1.112) のように定義し，その (ij) 要素を u_{ij} と書く．変数 $x_1, \ldots, x_n$ の線形

結合を次のように定義する.

$$\begin{aligned} x'_1 &= u_{11}x_1 + u_{21}x_2 + \cdots + u_{n1}x_n \\ x'_2 &= u_{12}x_1 + u_{22}x_2 + \cdots + u_{n2}x_n \\ &\vdots \\ x'_n &= u_{1n}x_1 + u_{2n}x_2 + \cdots + u_{nn}x_n \end{aligned} \tag{1.120}$$

行列 $\boldsymbol{U}$ とベクトル $\boldsymbol{x}$ を用いると，上式は次のように書ける.

$$\boldsymbol{x}' = \boldsymbol{U}^\top \boldsymbol{x} \tag{1.121}$$

$\boldsymbol{U}$ は直交行列であるから，式 (1.115) より

$$\boldsymbol{x} = \boldsymbol{U}\boldsymbol{x}' \tag{1.122}$$

を得る．転置の公式 (1.73) を用いると，式 (1.117) より 2 次形式 $(\boldsymbol{x}, \boldsymbol{A}\boldsymbol{x})$ は次のように変形できる.

$$\begin{aligned} (\boldsymbol{x}, \boldsymbol{A}\boldsymbol{x}) &= (\boldsymbol{U}\boldsymbol{x}', \boldsymbol{A}\boldsymbol{U}\boldsymbol{x}') = (\boldsymbol{x}', \boldsymbol{U}^\top\boldsymbol{A}\boldsymbol{U}\boldsymbol{x}') = (\boldsymbol{x}', \begin{pmatrix} \lambda_1 & & \\ & \ddots & \\ & & \lambda_n \end{pmatrix} \boldsymbol{x}') \\ &= \lambda_1 {x'_1}^2 + \lambda_2 {x'_2}^2 + \cdots + \lambda_n {x'_n}^2 \end{aligned} \tag{1.123}$$

すなわち，式 (1.120) で定義した $x'_1, \ldots, x'_n$ を変数とみなすと二乗和の形に変形できる．これを 2 次形式の**標準形**と呼ぶ．まとめると次のようになる.

> **【定 理 1.9】** 任意の 2 次形式 $(\boldsymbol{x}, \boldsymbol{A}\boldsymbol{x})$ は変数変換によって二乗和の形の標準形に直せる．このときの係数は係数行列 $\boldsymbol{A}$ の固有値であり，変数変換の行列は単位固有ベクトルの正規直交系から得られる.

【例 題 1.25】 次の 2 次形式を標準形に直せ.

$$f = 6x^2 + 4xy + 3y^2 \tag{1.124}$$

（解） f はベクトルと行列を用いると次のように書き直せる．

$$f = \left(\begin{pmatrix} x \\ y \end{pmatrix}, \begin{pmatrix} 6 & 2 \\ 2 & 3 \end{pmatrix} \begin{pmatrix} x \\ y \end{pmatrix} \right) \tag{1.125}$$

例題 1.23 より，係数行列

$$\boldsymbol{A} = \begin{pmatrix} 6 & 2 \\ 2 & 3 \end{pmatrix} \tag{1.126}$$

の固有値は 2, 7 であり，それぞれの単位固有ベクトルは

$$\boldsymbol{u}_1 = \begin{pmatrix} 1/\sqrt{5} \\ -2/\sqrt{5} \end{pmatrix}, \quad \boldsymbol{u}_2 = \begin{pmatrix} 2/\sqrt{5} \\ 1/\sqrt{5} \end{pmatrix} \tag{1.127}$$

である．$\boldsymbol{u}_1, \boldsymbol{u}_2$ をそれぞれ第 1 列，第 2 列とする行列 $\boldsymbol{U} = \begin{pmatrix} \boldsymbol{u}_1 & \boldsymbol{u}_2 \end{pmatrix}$ は次のようになる．

$$\boldsymbol{U} = \begin{pmatrix} 1/\sqrt{5} & 2/\sqrt{5} \\ -2/\sqrt{5} & 1/\sqrt{5} \end{pmatrix} \tag{1.128}$$

これを用いると行列 $\boldsymbol{A}$ が次のように対角化される．

$$\boldsymbol{U}^\top \boldsymbol{A} \boldsymbol{U} = \begin{pmatrix} 1/\sqrt{5} & -2/\sqrt{5} \\ 2/\sqrt{5} & 1/\sqrt{5} \end{pmatrix} \begin{pmatrix} 6 & 2 \\ 2 & 3 \end{pmatrix} \begin{pmatrix} 1/\sqrt{5} & 2/\sqrt{5} \\ -2/\sqrt{5} & 1/\sqrt{5} \end{pmatrix} = \begin{pmatrix} 2 & 0 \\ 0 & 7 \end{pmatrix} \tag{1.129}$$

次のように新しい変数 x', y' を定義する．

$$x' = \frac{x}{\sqrt{5}} - \frac{2y}{\sqrt{5}}, \qquad y' = \frac{2x}{\sqrt{5}} + \frac{y}{\sqrt{5}} \tag{1.130}$$

x, y について表すと次のようになる．

$$x = \frac{x'}{\sqrt{5}} + \frac{2y'}{\sqrt{5}}, \qquad y = -\frac{2x'}{\sqrt{5}} + \frac{y'}{\sqrt{5}} \tag{1.131}$$

式 (1.130), (1.131) はベクトルと行列を用いるとそれぞれ $\boldsymbol{x}' = \boldsymbol{U}^\top \boldsymbol{x}$, $\boldsymbol{x} = \boldsymbol{U}\boldsymbol{x}'$ となっている．これから式 (1.125) が次のように変形される．

$$
\begin{aligned}
f &= (\begin{pmatrix} x \\ y \end{pmatrix}, \begin{pmatrix} 6 & 2 \\ 2 & 3 \end{pmatrix} \begin{pmatrix} x \\ y \end{pmatrix}) \\
&= (\begin{pmatrix} 1/\sqrt{5} & 2/\sqrt{5} \\ -2/\sqrt{5} & 1/\sqrt{5} \end{pmatrix} \begin{pmatrix} x' \\ y' \end{pmatrix}, \begin{pmatrix} 6 & 2 \\ 2 & 3 \end{pmatrix} \begin{pmatrix} 1/\sqrt{5} & 2/\sqrt{5} \\ -2/\sqrt{5} & 1/\sqrt{5} \end{pmatrix} \begin{pmatrix} x' \\ y' \end{pmatrix}) \\
&= (\begin{pmatrix} x' \\ y' \end{pmatrix}, \begin{pmatrix} 1/\sqrt{5} & -2/\sqrt{5} \\ 2/\sqrt{5} & 1/\sqrt{5} \end{pmatrix} \begin{pmatrix} 6 & 2 \\ 2 & 3 \end{pmatrix} \begin{pmatrix} 1/\sqrt{5} & 2/\sqrt{5} \\ -2/\sqrt{5} & 1/\sqrt{5} \end{pmatrix} \begin{pmatrix} x' \\ y' \end{pmatrix}) \\
&= (\begin{pmatrix} x' \\ y' \end{pmatrix}, \begin{pmatrix} 2 & 0 \\ 0 & 7 \end{pmatrix} \begin{pmatrix} x' \\ y' \end{pmatrix})
\end{aligned} \tag{1.132}
$$

ゆえに f の標準形は次のようになる．

$$
f = 2x'^2 + 7y'^2 \tag{1.133}
$$

□

【例 題 1.26】　次の 2 次形式を標準形に直せ．

$$
f = 4x^2 + 4y^2 + 4z^2 - 2yz + 2zx - 2xy \tag{1.134}
$$

（解）f はベクトルと行列を用いると次のように書き直せる．

$$
f = (\begin{pmatrix} x \\ y \\ z \end{pmatrix}, \begin{pmatrix} 4 & -1 & 1 \\ -1 & 4 & -1 \\ 1 & -1 & 4 \end{pmatrix} \begin{pmatrix} x \\ y \\ z \end{pmatrix}) \tag{1.135}
$$

例題 1.24 より，係数行列

$$
\boldsymbol{A} = \begin{pmatrix} 4 & -1 & 1 \\ -1 & 4 & -1 \\ 1 & -1 & 4 \end{pmatrix} \tag{1.136}
$$

の固有値は 6, 3, 3 であり，それぞれの単位固有ベクトルは

$$
\boldsymbol{u}_1 = \begin{pmatrix} 1/\sqrt{3} \\ -1/\sqrt{3} \\ 1/\sqrt{3} \end{pmatrix}, \quad \boldsymbol{u}_2 = \begin{pmatrix} 1/\sqrt{2} \\ 1/\sqrt{2} \\ 0 \end{pmatrix}, \quad \boldsymbol{u}_3 = \begin{pmatrix} -1/\sqrt{6} \\ 1/\sqrt{6} \\ 2/\sqrt{6} \end{pmatrix} \tag{1.137}
$$

である．$\boldsymbol{u}_1$, $\boldsymbol{u}_2$, $\boldsymbol{u}_3$ をそれぞれ第 1 列，第 2 列，第 3 列とする行列 $\boldsymbol{U} = \begin{pmatrix} \boldsymbol{u}_1 & \boldsymbol{u}_2 & \boldsymbol{u}_3 \end{pmatrix}$ は次のようになる．

$$\boldsymbol{U} = \begin{pmatrix} 1/\sqrt{3} & 1/\sqrt{2} & -1/\sqrt{6} \\ -1/\sqrt{3} & 1/\sqrt{2} & 1/\sqrt{6} \\ 1/\sqrt{3} & 0 & 2/\sqrt{6} \end{pmatrix} \tag{1.138}$$

これを用いると行列 $\boldsymbol{A}$ が次のように対角化される．

$$\boldsymbol{U}^\top \boldsymbol{A}\boldsymbol{U} = \begin{pmatrix} 1/\sqrt{3} & -1/\sqrt{3} & 1/\sqrt{3} \\ 1/\sqrt{2} & 1/\sqrt{2} & 0 \\ -1/\sqrt{6} & 1/\sqrt{6} & 2/\sqrt{6} \end{pmatrix} \begin{pmatrix} 4 & -1 & 1 \\ -1 & 4 & -1 \\ 1 & -1 & 4 \end{pmatrix} \begin{pmatrix} 1/\sqrt{3} & 1/\sqrt{2} & -1/\sqrt{6} \\ -1/\sqrt{3} & 1/\sqrt{2} & 1/\sqrt{6} \\ 1/\sqrt{3} & 0 & 2/\sqrt{6} \end{pmatrix} = \begin{pmatrix} 6 & 0 & 0 \\ 0 & 3 & 0 \\ 0 & 0 & 3 \end{pmatrix} \tag{1.139}$$

次のように新しい変数 x', y', z' を定義する．

$$x' = \frac{x}{\sqrt{3}} - \frac{y}{\sqrt{3}} + \frac{z}{\sqrt{3}}, \qquad y' = \frac{x}{\sqrt{2}} + \frac{y}{\sqrt{2}}, \qquad z' = -\frac{x}{\sqrt{6}} + \frac{y}{\sqrt{6}} + \frac{2z}{\sqrt{6}} \tag{1.140}$$

x, y, z について表すと次のようになる．

$$x = \frac{x'}{\sqrt{3}} + \frac{y'}{\sqrt{2}} - \frac{z'}{\sqrt{6}}, \qquad y = -\frac{x'}{\sqrt{3}} + \frac{y'}{\sqrt{2}} + \frac{z'}{\sqrt{6}}, \qquad z = \frac{x'}{\sqrt{3}} + \frac{2z'}{\sqrt{6}} \tag{1.141}$$

式 (1.140), (1.141) はベクトルと行列を用いるとそれぞれ $\boldsymbol{x}' = \boldsymbol{U}^\top\boldsymbol{x}$, $\boldsymbol{x} = \boldsymbol{U}\boldsymbol{x}'$ となっている．これから式 (1.135) が次のように変形される．

$$\begin{aligned} f &= (\begin{pmatrix} x \\ y \\ z \end{pmatrix}, \begin{pmatrix} 4 & -1 & 1 \\ -1 & 4 & -1 \\ 1 & -1 & 4 \end{pmatrix} \begin{pmatrix} x \\ y \\ z \end{pmatrix}) \\ &= (\begin{pmatrix} 1/\sqrt{3} & 1/\sqrt{2} & -1/\sqrt{6} \\ -1/\sqrt{3} & 1/\sqrt{2} & 1/\sqrt{6} \\ 1/\sqrt{3} & 0 & 2/\sqrt{6} \end{pmatrix} \begin{pmatrix} x' \\ y' \\ z' \end{pmatrix}, \\ &\qquad \begin{pmatrix} 4 & -1 & 1 \\ -1 & 4 & -1 \\ 1 & -1 & 4 \end{pmatrix} \begin{pmatrix} 1/\sqrt{3} & 1/\sqrt{2} & -1/\sqrt{6} \\ -1/\sqrt{3} & 1/\sqrt{2} & 1/\sqrt{6} \\ 1/\sqrt{3} & 0 & 2/\sqrt{6} \end{pmatrix} \begin{pmatrix} x' \\ y' \\ z' \end{pmatrix}) \end{aligned}$$

$$= (\begin{pmatrix} x' \\ y' \\ z' \end{pmatrix}, \begin{pmatrix} 1/\sqrt{3} & -1/\sqrt{3} & 1/\sqrt{3} \\ 1/\sqrt{2} & 1/\sqrt{2} & 0 \\ -1/\sqrt{6} & 1/\sqrt{6} & 2/\sqrt{6} \end{pmatrix} \begin{pmatrix} 4 & -1 & 1 \\ -1 & 4 & -1 \\ 1 & -1 & 4 \end{pmatrix}$$

$$\begin{pmatrix} 1/\sqrt{3} & 1/\sqrt{2} & -1/\sqrt{6} \\ -1/\sqrt{3} & 1/\sqrt{2} & 1/\sqrt{6} \\ 1/\sqrt{3} & 0 & 2/\sqrt{6} \end{pmatrix} \begin{pmatrix} x' \\ y' \\ z' \end{pmatrix})$$

$$= (\begin{pmatrix} x' \\ y' \\ z' \end{pmatrix}, \begin{pmatrix} 6 & 0 & 0 \\ 0 & 3 & 0 \\ 0 & 0 & 3 \end{pmatrix} \begin{pmatrix} x' \\ y' \\ z' \end{pmatrix}) \tag{1.142}$$

ゆえに f の標準形は次のようになる．

$$f = 6x'^2 + 3y'^2 + 3z'^2 \tag{1.143}$$

□

1.3.4　正値対称行列

対称行列の0でない固有値の個数をその行列の**ランク**（または**階数**）と呼ぶ．$n \times n$ 対称行列が正則行列である必要十分条件は**どの固有値も0でないこと**，すなわち**ランクが n となる**ことである．固有値がすべて正の対称行列を**正値**（または**正定値**）対称行列といい，固有値がどれも正または0の対称行列を**半正値**（または**半正定値**）対称行列という．式(1.123)より次のことがわかる．

【定 理 1.10】　$\boldsymbol{A}$ が正値対称行列である必要十分条件は任意の $\boldsymbol{0}$ でないベクトル $\boldsymbol{x}$ に対して次式が成り立つことである．

$$(\boldsymbol{x}, \boldsymbol{A}\boldsymbol{x}) > 0 \tag{1.144}$$

> **【定 理 1.11】** $\boldsymbol{A}$ が半正値対称行列である必要十分条件は任意のベクトル $\boldsymbol{x}$ に対して次式が成り立つことである．
>
> $$(\boldsymbol{x}, \boldsymbol{A}\boldsymbol{x}) \geq 0 \tag{1.145}$$

- ☞ 逆行列が存在する行列を**正則行列**と呼ぶ．行列の列（または行）の中で線形独立であるものの最大の個数を**ランク**と呼ぶ．$n \times n$ 行列 $\boldsymbol{A}$ が正則行列である（すなわち逆行列をもつ）必要十分条件はその行列式が 0 でないこと ($|\boldsymbol{A}| \neq 0$) である．これはそのランクが n に等しいことと同値である．これらは $\boldsymbol{A}$ が対称行列であってもなくても成り立つが，特に $\boldsymbol{A}$ が対称行列であれば，ランクは 0 でない固有値の個数に等しく，したがって，どの固有値も 0 でないことが正則行列となる必要十分条件となる．
- ☞ $\lambda_1, \ldots, \lambda_n > 0$ のとき式 (1.123) が 0 となるのは $x'_1 = \cdots = x'_n = 0$ の場合であるが，式 (1.121), (1.122) より $\boldsymbol{x}' = \boldsymbol{0}$ と $\boldsymbol{x} = \boldsymbol{0}$ とは同値である．すなわち，正値対称行列 $\boldsymbol{A}$ に対して $(\boldsymbol{x}, \boldsymbol{A}\boldsymbol{x}) = 0$ となるのは $\boldsymbol{x} = \boldsymbol{0}$ の場合のみである．
- ☞ 式 (1.112) より式 (1.122) は $\boldsymbol{x} = \sum_{i=1}^{n} x'_i \boldsymbol{u}_i$ と書ける．$\lambda_1, \ldots, \lambda_r > 0$, $\lambda_{r+1} = \cdots = \lambda_n = 0$ であれば，式 (1.123) が 0 となるのは $x'_1 = \cdots = x'_r = 0$ の場合である．これは $\boldsymbol{x} = \sum_{i=r+1}^{n} x'_i \boldsymbol{u}_i$ と書ける．すなわち，半正値対称行列 $\boldsymbol{A}$ に対して $(\boldsymbol{x}, \boldsymbol{A}\boldsymbol{x}) = 0$ となるのは $\boldsymbol{x}$ が $\boldsymbol{A}$ の固有値 0 の固有ベクトルの線形結合で表せる場合である．

1.3.5　正値 2 次形式

正値対称行列を係数とする 2 次形式を**正値 2 次形式**，半正値対称行列を係数とする 2 次形式を**半正値 2 次形式**とも呼ぶ．次の定理が成り立つ．

> **【定 理 1.12】** $\boldsymbol{A}$ が半正値対称行列のとき，2 次形式 $(\boldsymbol{x}, \boldsymbol{A}\boldsymbol{x})$ を最大にする単位ベクトル $\boldsymbol{x}$ は $\boldsymbol{A}$ の最大固有値に対する固有ベクトルであり，$(\boldsymbol{x}, \boldsymbol{A}\boldsymbol{x})$ の最大値は行列 $\boldsymbol{A}$ の最大固有値に等しい．

【定 理 1.13】 $\boldsymbol{A}$ が半正値対称行列のとき，2 次形式 $(\boldsymbol{x}, \boldsymbol{A}\boldsymbol{x})$ を最小にする単位ベクトル $\boldsymbol{x}$ は $\boldsymbol{A}$ の最小固有値に対する固有ベクトルであり，$(\boldsymbol{x}, \boldsymbol{A}\boldsymbol{x})$ の最小値は行列 $\boldsymbol{A}$ の最小固有値に等しい．

定義より正値対称行列は半正値対称行列でもある．したがって，正値 2 次形式は半正値 2 次形式でもあり，定理 1.12, 1.13 は正値 2 次形式についても成り立つ．

固有値がすべて負の対称行列を**負値**（または**負定値**）対称行列といい，固有値がどれも負または 0 の対称行列を**半負値**（または**半負定値**）対称行列という．これらについても不等号の向きが反対の同様な関係が成立する．正値対称行列と負値対称行列を合わせて**定値対称行列**と呼ぶ．

☞ $\boldsymbol{U}$ が直交行列のとき，$\boldsymbol{x}$ が単位ベクトルなら $\boldsymbol{U}\boldsymbol{x}$ も単位ベクトルである．なぜなら転置の公式 (1.73) と式 (1.114) より $\|\boldsymbol{U}\boldsymbol{x}\|^2 = (\boldsymbol{U}\boldsymbol{x}, \boldsymbol{U}\boldsymbol{x}) = (\boldsymbol{x}, \boldsymbol{U}^\top\boldsymbol{U}\boldsymbol{x}) = (\boldsymbol{x}, \boldsymbol{x}) = \|\boldsymbol{x}\|^2$ となるからである．

☞ 定理 1.12, 1.13 は次のように証明できる．上記のことから $\|\boldsymbol{x}\| = 1$ と $\|\boldsymbol{x}'\| = 1$ は同値であり，最大固有値を λ_1 とすると，式 (1.123) より $(\boldsymbol{x}, \boldsymbol{A}\boldsymbol{x}) \leq \sum_{i=1}^n \lambda_1 x_i'^2 = \lambda_1 \sum_{i=1}^n x_i'^2 = \lambda_1$ となる．$x_1' = 1$, $x_2' = \cdots = x_n' = 0$ とすると等号が成立するが，これは式 (1.122) より $\boldsymbol{x} = \boldsymbol{u}_1$ を意味する．最小値についても同様である．

【例 題 1.27】 $x^2 + y^2 = 1$ のとき，次の 2 次関数の最大値と最小値を求めよ．

$$f = 6x^2 + 4xy + 3y^2 \tag{1.146}$$

（解）新しい変数 x', y' を

$$\begin{cases} x = \dfrac{x'}{\sqrt{5}} + \dfrac{2y'}{\sqrt{5}} \\ y = -\dfrac{2x'}{\sqrt{5}} + \dfrac{y'}{\sqrt{5}} \end{cases} \qquad \begin{cases} x' = \dfrac{x}{\sqrt{5}} - \dfrac{2y}{\sqrt{5}} \\ y' = \dfrac{2x}{\sqrt{5}} + \dfrac{y}{\sqrt{5}} \end{cases} \tag{1.147}$$

と定義すると，例題 1.25 より，関数 f は次の標準形となる．

$$f = 2x'^2 + 7y'^2 \tag{1.148}$$

ベクトル $\boldsymbol{x}, \boldsymbol{x}'$ と行列 $\boldsymbol{U}$ を

$$\boldsymbol{x} = \begin{pmatrix} x \\ y \end{pmatrix}, \quad \boldsymbol{x}' = \begin{pmatrix} x' \\ y' \end{pmatrix}, \quad \boldsymbol{U} = \begin{pmatrix} 1/\sqrt{5} & 2/\sqrt{5} \\ -2/\sqrt{5} & 1/\sqrt{5} \end{pmatrix} \tag{1.149}$$

と定義すれば，式 (1.147) は $\boldsymbol{x} = \boldsymbol{U}\boldsymbol{x}'$, $\boldsymbol{x}' = \boldsymbol{U}^\top \boldsymbol{x}$ とも書ける．行列 $\boldsymbol{U}$ は直交行列であるから，条件 $x^2 + y^2 = 1$ は $x'^2 + y'^2 = 1$ と同値である．式 (1.148) より $x'^2 + y'^2 = 1$ のとき f が最大値をとるのは $x' = 0$, $y' = 1$ のときであり，$f = 7$ となる．最小値をとるのは $x' = 1$, $y' = 0$ のときであり，$f = 2$ となる．$x' = 0$, $y' = 1$ および $x' = 1$, $y' = 0$ はそれぞれ

$$\begin{pmatrix} x \\ y \end{pmatrix} = \begin{pmatrix} 1/\sqrt{5} & 2/\sqrt{5} \\ -2/\sqrt{5} & 1/\sqrt{5} \end{pmatrix} \begin{pmatrix} 0 \\ 1 \end{pmatrix} = \begin{pmatrix} 2/\sqrt{5} \\ 1/\sqrt{5} \end{pmatrix}$$
$$\begin{pmatrix} x \\ y \end{pmatrix} = \begin{pmatrix} 1/\sqrt{5} & 2/\sqrt{5} \\ -2/\sqrt{5} & 1/\sqrt{5} \end{pmatrix} \begin{pmatrix} 1 \\ 0 \end{pmatrix} = \begin{pmatrix} 1/\sqrt{5} \\ -2/\sqrt{5} \end{pmatrix} \tag{1.150}$$

である．すなわち，$f = (\boldsymbol{x}, \boldsymbol{A}\boldsymbol{x})$ と表した場合の係数行列 $\boldsymbol{A} = \begin{pmatrix} 6 & 2 \\ 2 & 3 \end{pmatrix}$ の最大固有値，最小固有値に対する単位固有ベクトルであり，最大固有値，最小固有値がそれぞれ f の最大値，最小値となる． □

【例 題 1.28】 $x^2 + y^2 + z^2 = 1$ のとき，次の 2 次関数の最大値と最小値を求めよ．

$$f = 4x^2 + 4y^2 + 4z^2 - 2yz + 2zx - 2xy \tag{1.151}$$

（解） 新しい変数 x', y', z' を

$$\begin{cases} x = \dfrac{x'}{\sqrt{3}} + \dfrac{y'}{\sqrt{2}} - \dfrac{z'}{\sqrt{6}} \\ y = -\dfrac{x'}{\sqrt{3}} + \dfrac{y'}{\sqrt{2}} + \dfrac{z'}{\sqrt{6}} \\ z = \dfrac{x'}{\sqrt{3}} + \dfrac{2z'}{\sqrt{6}} \end{cases} \qquad \begin{cases} x' = \dfrac{x}{\sqrt{3}} - \dfrac{y}{\sqrt{3}} + \dfrac{z}{\sqrt{3}} \\ y' = \dfrac{x}{\sqrt{2}} + \dfrac{y}{\sqrt{2}} \\ z' = -\dfrac{x}{\sqrt{6}} + \dfrac{y}{\sqrt{6}} + \dfrac{2z}{\sqrt{6}} \end{cases} \tag{1.152}$$

と定義すると，例題 1.26 より，関数 f は次の標準形となる．

$$f = 6x'^2 + 3y'^2 + 3z'^2 \tag{1.153}$$

ベクトル $\boldsymbol{x}, \boldsymbol{x}'$ と行列 $\boldsymbol{U}$ を

$$\boldsymbol{x} = \begin{pmatrix} x \\ y \\ z \end{pmatrix}, \quad \boldsymbol{x}' = \begin{pmatrix} x' \\ y' \\ z' \end{pmatrix}, \quad \boldsymbol{U} = \begin{pmatrix} 1/\sqrt{3} & 1/\sqrt{2} & -1/\sqrt{6} \\ -1/\sqrt{3} & 1/\sqrt{2} & 1/\sqrt{6} \\ 1/\sqrt{3} & 0 & 2/\sqrt{6} \end{pmatrix} \tag{1.154}$$

と定義すれば，式 (1.152) は $\boldsymbol{x} = \boldsymbol{U}\boldsymbol{x}'$, $\boldsymbol{x}' = \boldsymbol{U}^\top \boldsymbol{x}$ とも書ける．行列 $\boldsymbol{U}$ は直交行列であるから，条件 $x^2 + y^2 + z^2 = 1$ は $x'^2 + y'^2 + z'^2 = 1$ と同値である．式 (1.153) より $x'^2 + y'^2 + z'^2 = 1$ のとき f が最大値をとるのは $x' = 1$, $y' = z' = 0$ のときであり，$f = 6$ である．最小値をとるのは $y' = 1$, $x' = z' = 0$ のときであり，$f = 3$ である．$x' = 1$, $y' = z' = 0$ および $y' = 1$, $x' = z' = 0$ はそれぞれ

$$\begin{pmatrix} x \\ y \\ z \end{pmatrix} = \begin{pmatrix} 1/\sqrt{3} & 1/\sqrt{2} & -1/\sqrt{6} \\ -1/\sqrt{3} & 1/\sqrt{2} & 1/\sqrt{6} \\ 1/\sqrt{3} & 0 & 2/\sqrt{6} \end{pmatrix} \begin{pmatrix} 1 \\ 0 \\ 0 \end{pmatrix} = \begin{pmatrix} 1/\sqrt{3} \\ -1/\sqrt{3} \\ 1/\sqrt{3} \end{pmatrix}$$

$$\begin{pmatrix} x \\ y \\ z \end{pmatrix} = \begin{pmatrix} 1/\sqrt{3} & 1/\sqrt{2} & -1/\sqrt{6} \\ -1/\sqrt{3} & 1/\sqrt{2} & 1/\sqrt{6} \\ 1/\sqrt{3} & 0 & 2/\sqrt{6} \end{pmatrix} \begin{pmatrix} 0 \\ 1 \\ 0 \end{pmatrix} = \begin{pmatrix} 1/\sqrt{2} \\ 1/\sqrt{2} \\ 0 \end{pmatrix} \tag{1.155}$$

である．すなわち，$f = (\boldsymbol{x}, \boldsymbol{A}\boldsymbol{x})$ と表した場合の係数行列 $\boldsymbol{A} = \begin{pmatrix} 4 & -1 & 1 \\ -1 & 4 & -1 \\ 1 & -1 & 4 \end{pmatrix}$ の最大固有値，最小固有値に対する単位固有ベクトルであり，最大固有値，最小固有値がそれぞれ f の最大値，最小値となる．　□

☞ もとの 2 次形式の係数行列の固有値に重解があれば，式 (1.153) のように標準形の係数に同じものが現れる．このため，最大値または最小値は一意的に定まっても，それをとる $\boldsymbol{x}$ の値は一意的ではない．例えば式 (1.153) では $x' = 0$, $y' = z' = 1/\sqrt{2}$ としても最小値 $f = 3$ をとる．

☞ 上記のことは，固有方程式の重解に対して固有ベクトルの組が無数に存在して一意的に決まらないことに対応している．便宜上，シュミットの直交化によって一組求めるが，ほかの選び方も可能である．このため 2 次形式が最大値，最小値をとるベクトルの選び方も一意的ではなくなる（最大値，最小値そのものは一意的である）．

第2章

関数の極値

本章では関数が極値をもつ条件を調べる．まず1次関数と2次関数のベクトルと行列による表現，およびその勾配や等高線の意味を述べ，2次関数が極値をもつかどうかの判定はヘッセ行列の固有値と固有ベクトルの計算に帰着することを示す．そして，一般の関数はテイラー展開による2次近似の極値を調べればよいことを述べる．最後に，制約条件のもとで関数の極値を求めるラグランジュの未定乗数法とその計算例を示す．

2.1 1次関数と2次関数

2.1.1 1次関数の勾配

x, y の1次関数

$$f(x,y) = ax + by + c \tag{2.1}$$

は xy 面上の各点 (x,y) に高さ $f(x,y)$ を与えれば，xyz 空間中の平面を表す．xy 面上を x 軸に平行な方向に距離1だけ進むと関数値は a だけ増え，y 軸に平行な方向に距離1だけ進むと関数値は b だけ増える．すなわち，x 軸，y 軸方向への勾配の大きさがそれぞれ a, b である．これらを成分とするベクトル

$$\boldsymbol{n} = \begin{pmatrix} a \\ b \end{pmatrix} \tag{2.2}$$

を1次関数 $f(x,y)$ の**勾配**（または**グラジエント**）と呼ぶ．

xy 面上のある点 $(\bar{x}, \bar{y})$ から x 軸，y 軸方向へそれぞれ Δx, Δy だけ移動すると，

$$f(\bar{x}+\Delta x, \bar{y}+\Delta y) = a(\bar{x}+\Delta x) + b(\bar{y}+\Delta y) + c \tag{2.3}$$

$$f(\bar{x}, \bar{y}) = a\bar{x} + b\bar{y} + c \tag{2.4}$$

であるから

$$f(\bar{x}+\Delta x, \bar{y}+\Delta y) - f(\bar{x}, \bar{y}) = a\Delta x + b\Delta y \tag{2.5}$$

となる．左辺を Δf と置き，Δx, Δy を成分とするベクトルを $\Delta \boldsymbol{x}$ と書くと，上式は次のように書ける．

$$\Delta f = (\boldsymbol{n}, \Delta \boldsymbol{x}) \tag{2.6}$$

ベクトル $\Delta \boldsymbol{x}$ のノルムを $\Delta s = \|\Delta \boldsymbol{x}\|$ とする．勾配 $\boldsymbol{n}$ とベクトル $\Delta \boldsymbol{x}$ のなす角を θ とすると（図 2.1(a)），式 (2.6) は次のように書き直せる．

$$\Delta f = \|\boldsymbol{n}\| \Delta s \cos\theta \tag{2.7}$$

$-1 \leq \cos\theta \leq 1$ であるから，右辺が最大となるのは $\theta = 0$ のときであり，そのとき $\Delta f = \|\boldsymbol{n}\| \Delta s$ となる．このことより，点 $(\bar{x}, \bar{y})$ から一定の距離 Δs だけ移動して関数値が最も急激に増大するのは勾配 $\boldsymbol{n}$ の方向に移動するときであることがわかる．すなわち，勾配 $\boldsymbol{n}$ は**関数値が最も急激に増大する方向**を表す（図 2.1(a)）．またそのノルム $\|\boldsymbol{n}\|$ は**その方向の増加率（単位長さ当たりの増加量）**を表す．

関数値が一定値をとる xy 面上の点の軌跡を**等高線**という．明らかに 1 次関数の等高線は直線であり，どの関数値に対する等高線も互いに平行である．式 (2.7) から，関数値が一定になる方向 ($\Delta f = 0$) は $\theta = \pi/2$ のときである．したがって，**勾配は等高線に直交している**（図 2.1(a)）．

以上のことは n 変数の 1 次関数

$$f(x_1, \ldots, x_n) = a_1 x_1 + \cdots + a_n x_n + c \tag{2.8}$$

でもそのまま成立する．各係数 a_i は x_i 軸方向への勾配の大きさである．これらを成分とするベクトル

$$\boldsymbol{n} = \begin{pmatrix} a_1 \\ \vdots \\ a_n \end{pmatrix} \tag{2.9}$$

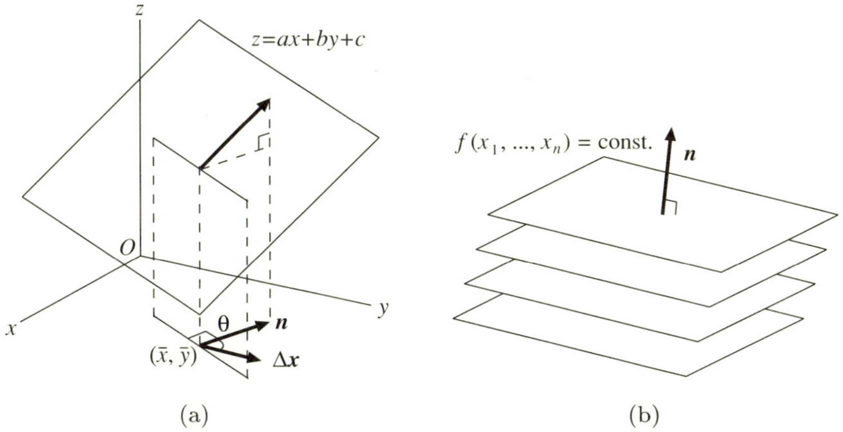

図 **2.1**　1 次関数の勾配．(a) 2 変数の場合．(b) n 変数の場合．

を**勾配**（または**グラジエント**）と呼ぶ．これに対しても，やはり式 (2.6) が成り立つ．したがって，勾配 $\boldsymbol{n}$ の方向は n 次元 $x_1 \cdots x_n$ 空間内で**関数値が最も急激に増大する方向**を表し，そのノルム $\|\boldsymbol{n}\|$ は**その方向の増加率**を表している．

2 変数関数の等高線に相当するものは，n 次元 $x_1 \cdots x_n$ 空間中の関数値が一定値をとる曲面である．これを**等値面**と呼ぶ．次のことがなりたつ（図 2.1(b)）．

【定 理 2.1】　1 次関数の等値面は平面であり，どの関数値に対する等値面も互いに平行である．そして勾配は等値面に直交する．

☞　n 次元ベクトル $\boldsymbol{a} = (a_1, \ldots, a_n)^\top$, $\boldsymbol{b} = (b_1, \ldots, b_n)^\top$ の**内積**を $(\boldsymbol{a}, \boldsymbol{b}) = a_1 b_1 + \cdots + a_n b_n \; (= \boldsymbol{a}^\top \boldsymbol{b})$ と書き，n 次元ベクトル $\boldsymbol{a} = (a_1, \ldots, a_n)^\top$ の**ノルム**を $\|\boldsymbol{a}\| = \sqrt{a_1^2 + \cdots + a_n^2}$ と定義する．$\top$ は転置を表す．

☞　式 (2.7) は 2 次元空間と 3 次元空間で成り立つ関係であるが，一般の次元の場合は式 (2.6) に**シュワルツの不等式**を適用すれば $-\|\boldsymbol{n}\|\Delta s \leq \Delta f \leq \|\boldsymbol{n}\|\Delta s$ が得られる．$\boldsymbol{n} \neq \boldsymbol{0}$, $\Delta s \neq 0$ のとき，右側の等号が成り立つのは $\Delta \boldsymbol{x} = t\boldsymbol{n}$ となる正の定数 t があるときに限る．

☞　**シュワルツの不等式**とは任意のベクトル $\boldsymbol{a}, \boldsymbol{b}$ に対して $-\|\boldsymbol{a}\| \cdot \|\boldsymbol{b}\| \leq (\boldsymbol{a}, \boldsymbol{b}) \leq \|\boldsymbol{a}\| \cdot \|\boldsymbol{b}\|$ が成り立つことである．左右の等号が成り立つのはそれぞれ $\boldsymbol{b} = t\boldsymbol{a}$ となる正および

負の定数 t が存在するか，または $\boldsymbol{a}$, $\boldsymbol{b}$ のいずれかが $\boldsymbol{0}$ の場合である．これは t の2次式 $F(t)=\|\boldsymbol{b}-t\boldsymbol{a}\|^2$ (≥ 0) の判別式が零または負であることから導ける．

☞ n 次元空間中の $g(x_1,\ldots,x_n)=\mathrm{const.}$ と表される領域は厳密には**超曲面**というべきであるが，本書では単に"曲面"と呼ぶ．同様に $g(x_1,\ldots,x_n)=a_1x_1+\cdots+a_nx_n+c$ の形のものは厳密には**超平面**というべきであるが，これも単に"平面"と呼ぶ．

2.1.2　2次関数の平行移動

2次関数は平行移動によって2次の項と定数のみで表すことができる．

【例 題 2.1】 次の2次関数を平行移動によって2次の項と定数のみで表せ．

$$f(x,y)=3x^2-6xy+4y^2+6x-4y+1 \tag{2.10}$$

（解）x 方向に a だけ，y 方向に b だけ平行移動すると次のようになる．

$$\begin{aligned}
f(x-a,y-b)&=3(x-a)^2-6(x-a)(y-b)\\
&\quad+4(y-b)^2+6(x-a)-4(y-b)+1\\
&=3x^2-6ax+3a^2-6xy+6bx+6ay-6ab\\
&\quad+4y^2-8by+4b^2+6x-6a-4y+4b+1\\
&=3x^2-6xy+4y^2-(6a-6b-6)x+(6a-8b-4)y\\
&\quad+3a^2-6ab+4b^2-6a+4b+1
\end{aligned} \tag{2.11}$$

したがって，a,b の連立1次方程式

$$6a-6b=6, \qquad 6a-8b=4 \tag{2.12}$$

を解いて $a=2, b=1$ とすれば，

$$f(x-2,y-1)=3x^2-6xy+4y^2-3 \tag{2.13}$$

と2次の項と定数のみで表せる．□

【例 題 2.2】 次の2次関数を平行移動によって2次の項と定数のみで表せ $(h_{ij}=h_{ji})$．

$$f(x_1,\ldots,x_n)=\frac{1}{2}\sum_{i,j=1}^{n}h_{ij}x_ix_j+\sum_{i=1}^{n}a_ix_i+c \tag{2.14}$$

（解）行列 $\boldsymbol{H}$ とベクトル $\boldsymbol{a}, \boldsymbol{x}$ を

$$\boldsymbol{H} = \begin{pmatrix} h_{11} & \cdots & h_{1n} \\ \vdots & \ddots & \vdots \\ h_{n1} & \cdots & h_{nn} \end{pmatrix}, \quad \boldsymbol{a} = \begin{pmatrix} a_1 \\ \vdots \\ a_n \end{pmatrix}, \quad \boldsymbol{x} = \begin{pmatrix} x_1 \\ \vdots \\ x_n \end{pmatrix} \tag{2.15}$$

と定義すれば式 (2.14) は次のように書ける．

$$f(\boldsymbol{x}) = \frac{1}{2}(\boldsymbol{x}, \boldsymbol{H}\boldsymbol{x}) + (\boldsymbol{a}, \boldsymbol{x}) + c \tag{2.16}$$

$x_1, x_2, \ldots, x_n$ 方向にそれぞれ $p_1, p_2, \ldots, p_n$ だけ平行移動すると次のようになる．

$$\begin{aligned} f(\boldsymbol{x}-\boldsymbol{p}) &= \frac{1}{2}(\boldsymbol{x}-\boldsymbol{p}, \boldsymbol{H}(\boldsymbol{x}-\boldsymbol{p})) + (\boldsymbol{a}, \boldsymbol{x}-\boldsymbol{p}) + c \\ &= \frac{1}{2}\Big((\boldsymbol{x}, \boldsymbol{H}\boldsymbol{x}) - (\boldsymbol{x}, \boldsymbol{H}\boldsymbol{p}) - (\boldsymbol{p}, \boldsymbol{H}\boldsymbol{x}) + (\boldsymbol{p}, \boldsymbol{H}\boldsymbol{p})\Big) + (\boldsymbol{a}, \boldsymbol{x}) - (\boldsymbol{a}, \boldsymbol{p}) + c \\ &= \frac{1}{2}(\boldsymbol{x}, \boldsymbol{H}\boldsymbol{x}) - (\boldsymbol{H}\boldsymbol{p}, \boldsymbol{x}) + (\boldsymbol{a}, \boldsymbol{x}) + \frac{1}{2}(\boldsymbol{p}, \boldsymbol{H}\boldsymbol{p}) - (\boldsymbol{a}, \boldsymbol{p}) + c \end{aligned} \tag{2.17}$$

ただし $\boldsymbol{p} = (p_i)$ は p_i を第 i 成分とするベクトルであり，転置の公式 (1.73)（$\hookrightarrow$ 第 1 章 1.2.4 項）と $\boldsymbol{H}$ が対称行列であること ($\boldsymbol{H}^\top = \boldsymbol{H}$) を用いた．ベクトル $\boldsymbol{p}$ として，連立 1 次方程式

$$\boldsymbol{H}\boldsymbol{p} = \boldsymbol{a} \tag{2.18}$$

の解を選べば，式 (2.17) は次のように 2 次の項と定数のみで表せる．

$$f(\boldsymbol{x}-\boldsymbol{p}) = \frac{1}{2}(\boldsymbol{x}, \boldsymbol{H}\boldsymbol{x}) + \frac{1}{2}(\boldsymbol{p}, \boldsymbol{a}) - (\boldsymbol{a}, \boldsymbol{p}) + c = \frac{1}{2}(\boldsymbol{x}, \boldsymbol{H}\boldsymbol{x}) - \frac{1}{2}(\boldsymbol{p}, \boldsymbol{a}) + c \tag{2.19}$$

□

☞ 以下，一般式を書くときは 2 次の項の前に 1/2 をつける．これは便宜上の習慣で，特に意味はない．しかし，微分するとこの 1/2 が打ち消されて式が見やすくなるという利点がある．

☞ 行列 $\boldsymbol{H}$ の行列式が 0 のとき，連立 1 次方程式 (2.18) は無数の解をもつ（**不定**）か，あるいは互いに矛盾して解が存在しない（**不能**）かのどちらかになる．不定の場合はそのうちの任意の解を用いれば式 (2.19) が得られる．不能の場合は極値が存在しないことが示されるので（$\hookrightarrow$2.3 節），ここでは考えない．

2.1.3　2 次関数の極値

前項の結果から，2 次関数は一般に平行移動によって 2 次の項と定数のみで表せることがわかった．関数が極値をとる位置を求めるのに定数項は無関係である．したがって，2 次関数の極値を求めるには 2 次の項のみを考えればよい．

まず 2 変数の場合の 2 次関数

$$f(x,y)=\frac{1}{2}(ax^2+2bxy+cy^2) \tag{2.20}$$

を考える．ただし，$a=b=c=0$ ではないとする．xy 面上の各点 (x,y) に高さ $f(x,y)$ を与えれば，これは xyz 空間中の 2 次曲面を表す．特殊な場合として次の場合がある．

- $a>0, b=0, c>0$（例えば $f(x,y)=2x^2+3y^2$）のときは原点で最小値をとる（図 2.2(a)）．$a<0, b=0, c<0$（例えば $f(x,y)=-2x^2-3y^2$）のときは正負が逆になり，原点で最大値をとる．この両方の場合に，このような 2 次曲面は**楕円型**であるという．x, y 軸がその対称軸であり，この曲面の**主軸**と呼ぶ．その等高線は図 2.3(a) のようになる．
- $a=b=0$（例えば $f(x,y)=2y^2$, $f(x,y)=-3y^2$ など）のときは x 軸に沿って関数値が一定であり，その両側では関数値がともに増加または減少する（図 2.2(b)）．このような 2 次曲面は**放物型**であるという．x 軸がその対称軸であり，この曲面の**主軸**と呼ぶ．その等高線は図 2.3(b) のようになる．同様に $b=c=0$（例えば $f(x,y)=2x^2$, $f(x,y)=-3x^2$ など）のときも放物型であり，y 軸がその軸となる．
- $ac<0, b=0$（例えば $f(x,y)=2x^2-3y^2$, $f(x,y)=-3x^2+2y^2$）のときは x 軸方向に凹，y 軸方向に凸，または x 軸方向に凸，y 軸方向に凹の曲面を表す（図 2.2(c)）．このような 2 次曲面は**双曲型**であるという．x, y 軸がその対称軸であり，この曲面の**主軸**と呼ぶ．原点ではある方向に沿って最大値をとり，別の方向に沿って最小値をとる．このような点を**鞍点**という．等高線は図 2.3(c) のようになる．

☞　曲面 $z=2x^2+3y^2$ が**楕円型**であるというのは xy 面に平行な面で切った切り口が楕円だからである．xy 面に直交する面で切れば，切り口は放物線となる．

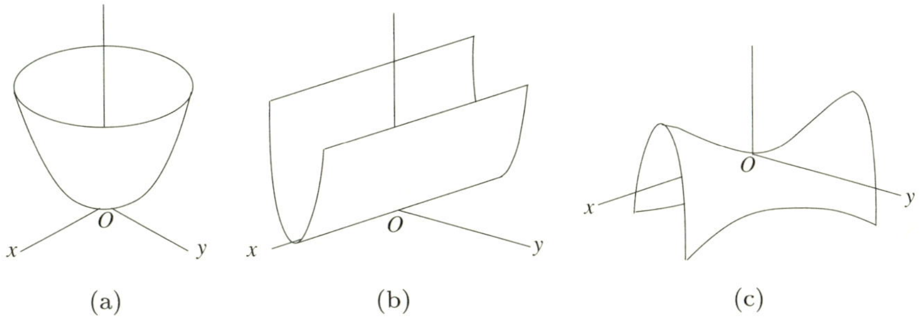

図 2.2 (a) 楕円型曲面. (b) 放物型曲面. (c) 双曲型曲面.

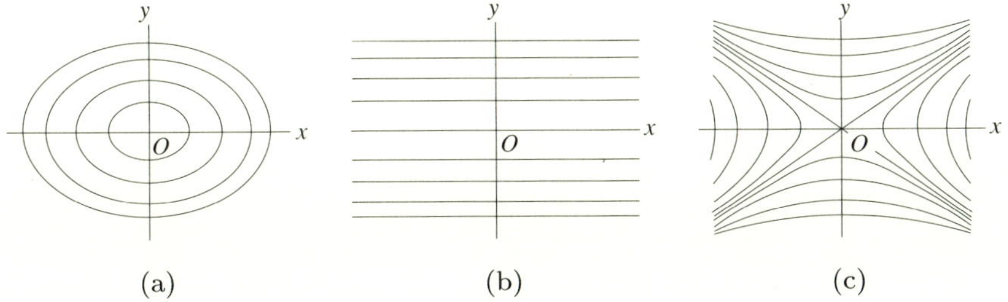

図 2.3 (a) 楕円型曲面の等高線. (b) 放物型曲面の等高線. (c) 双曲型曲面の等高線.

☞ 曲面 $z = 2y^2$ が**放物型**であるというのは, x 軸に垂直な面で切った切り口が放物線だからである. x 軸に平行な面で切れば, 切り口は 2 本（または 1 本）の直線となる.

☞ 曲面 $z = 2x^2 - 3y^2$ が**双曲型**であるというのは, xy 面に平行な面で切った切り口が双曲線だからである. xy 面に直交する面で切れば, 切り口は放物線（または 1 本の直線）となる.

☞ 双曲型の曲面上の点を**鞍点**と呼ぶのは形が馬の鞍に似ているからである. **峠点**と呼ばれることもある.

残った $b \neq 0$ の場合を調べよう. ベクトルと行列を用いれば, 式 (2.20) は次のように書ける.

$$f = \frac{1}{2}\left(\begin{pmatrix} x \\ y \end{pmatrix}, \begin{pmatrix} a & b \\ b & c \end{pmatrix}\begin{pmatrix} x \\ y \end{pmatrix}\right) \tag{2.21}$$

右辺は対称行列

$$\boldsymbol{H} = \begin{pmatrix} a & b \\ b & c \end{pmatrix} \tag{2.22}$$

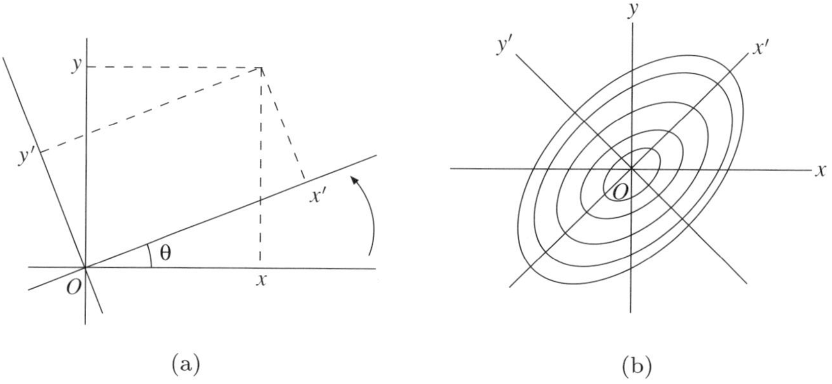

図 **2.4**　(a) 座標軸の回転．(b) 主軸変換．

を係数とする 2 次形式（↪ 第 1 章 1.2.2 項）である（ただし，便宜上 1/2 を付けている）．行列 $\boldsymbol{H}$ を 2 次関数 $f(x,y)$ の**ヘッセ行列**（または**ヘシアン**）と呼ぶ．

x, y 軸を原点の周りに角度 θ だけ回転して新しい座標軸 x', y' を作ると，新しい座標 (x', y') ともとの座標 (x, y) には次の関係がある（図 2.4(a)）．

$$\begin{pmatrix} x \\ y \end{pmatrix} = \begin{pmatrix} \cos\theta & -\sin\theta \\ \sin\theta & \cos\theta \end{pmatrix} \begin{pmatrix} x' \\ y' \end{pmatrix} \tag{2.23}$$

これを式 (2.21) に代入すると次のようになる．

$$\begin{aligned} f &= \frac{1}{2}\left(\begin{pmatrix} \cos\theta & -\sin\theta \\ \sin\theta & \cos\theta \end{pmatrix} \begin{pmatrix} x' \\ y' \end{pmatrix}, \begin{pmatrix} a & b \\ b & c \end{pmatrix} \begin{pmatrix} \cos\theta & -\sin\theta \\ \sin\theta & \cos\theta \end{pmatrix} \begin{pmatrix} x' \\ y' \end{pmatrix}\right) \\ &= \frac{1}{2}\left(\begin{pmatrix} x' \\ y' \end{pmatrix}, \begin{pmatrix} \cos\theta & \sin\theta \\ -\sin\theta & \cos\theta \end{pmatrix} \begin{pmatrix} a & b \\ b & c \end{pmatrix} \begin{pmatrix} \cos\theta & -\sin\theta \\ \sin\theta & \cos\theta \end{pmatrix} \begin{pmatrix} x' \\ y' \end{pmatrix}\right) \end{aligned} \tag{2.24}$$

ただし転置の公式 (1.73) を用いた．式 (2.23) は座標系の回転を表すから，その係数行列は直交行列（↪ 第 1 章 1.3.2 項）であり，角度 θ を適切に選んで次のように右辺の行列を対角行列にすることができる（↪ 第 1 章 1.3.2 項）．

$$\begin{pmatrix} \cos\theta & \sin\theta \\ -\sin\theta & \cos\theta \end{pmatrix} \begin{pmatrix} a & b \\ b & c \end{pmatrix} \begin{pmatrix} \cos\theta & -\sin\theta \\ \sin\theta & \cos\theta \end{pmatrix} = \begin{pmatrix} \lambda_1 & \\ & \lambda_2 \end{pmatrix} \tag{2.25}$$

対角要素 λ_1, λ_2 は行列 $\boldsymbol{H}$ の固有値である．このように選んだ x', y' 軸を**主軸**と呼び，2 次曲面をこのように選んだ座標系で表すことを**主軸変換**と呼ぶ（図 2.4(b)）．この結果，$x'y'$ 座標系では曲面の方程式が次の標準形になる（↪ 第 1 章 1.3.3 項）．

$$f = \frac{1}{2}(\lambda_1 x'^2 + \lambda_2 y'^2) \tag{2.26}$$

これは $\lambda_1\lambda_2 > 0$ のとき x', y' 軸を主軸とする楕円型曲面，$\lambda_1\lambda_2 = 0$ のとき x' 軸または y' 軸を軸とする放物型曲面，$\lambda_1\lambda_2 < 0$ のとき x', y' 軸を主軸とする双曲型曲面を表す．

以上のことから，関数 $f(x, y)$ が**唯一の最小値をとるのはヘッセ行列の固有値がともに正のとき，唯一の最大値をとるのはヘッセ行列の固有値がともに負のときに限る**ことがわかる．固有値がすべて正の行列を**正値**（または**正定値**）対称行列，固有値がすべて負の行列を**負値**（または**負定値**）対称行列といい，あわせて**定値**対称行列という（↪ 第 1 章 1.3.4, 1.3.5 項）．したがって，関数 $f(x, y)$ が**唯一の最小値をとるのはヘッセ行列が正値対称行列のとき，唯一の最大値をとるのはヘッセ行列が負値対称行列のとき**である，ともいえる．

☞ 対称行列 $\boldsymbol{H}$ の単位固有ベクトルの右手正規直交系を $\{\boldsymbol{u}_1, \boldsymbol{u}_2\}$ とする．ただし，$\boldsymbol{u}_1$, $\boldsymbol{u}_2$ の順序は $\boldsymbol{u}_1$ を $\boldsymbol{u}_2$ の方向に回すのが反時計周りであるように選ぶ．このとき，$\boldsymbol{u}_1$ と x 軸の成す角を θ とすると $\boldsymbol{u}_1 = \begin{pmatrix} \cos\theta \\ \sin\theta \end{pmatrix}$, $\boldsymbol{u}_2 = \begin{pmatrix} -\sin\theta \\ \cos\theta \end{pmatrix}$ と表せる．したがって，$\boldsymbol{u}_1$, $\boldsymbol{u}_2$ を列とする行列を $\boldsymbol{U} = \begin{pmatrix} \boldsymbol{u}_1 & \boldsymbol{u}_2 \end{pmatrix}$ とすると，式 (2.25) は $\boldsymbol{U}^\top \boldsymbol{H}\boldsymbol{U} = \begin{pmatrix} \lambda_1 & \\ & \lambda_2 \end{pmatrix}$ と書ける（↪ 式 (1.117)）．

☞ このことから，2 次形式 (2.21) を式 (2.26) の標準形に直すには，ヘッセ行列 $\boldsymbol{H}$ の固有ベクトルの方向に新しい x' 軸，y' 軸をとればよい．

これは n 変数の 2 次関数

$$f(x_1, \ldots, x_n) = \frac{1}{2}\sum_{i,j=1}^{n} h_{ij} x_i x_j \tag{2.27}$$

でもそのまま成立する．ベクトルと行列を用いれば，n 変数の 2 次関数は

$$f = \frac{1}{2}(\begin{pmatrix} x_1 \\ \vdots \\ x_n \end{pmatrix}, \begin{pmatrix} h_{11} & \cdots & h_{1n} \\ \vdots & \ddots & \vdots \\ h_{n1} & \cdots & h_{nn} \end{pmatrix}\begin{pmatrix} x_1 \\ \vdots \\ x_n \end{pmatrix}) \tag{2.28}$$

と書ける．そして，行列

$$\boldsymbol{H} = \begin{pmatrix} h_{11} & \cdots & h_{1n} \\ \vdots & \ddots & \vdots \\ h_{n1} & \cdots & h_{nn} \end{pmatrix} \tag{2.29}$$

は対称行列 $(h_{ij} = h_{ji})$ である（↪ 第 1 章 1.2.2 項）．これを 2 次関数 $f(x_1, \ldots, x_n)$ の**ヘッセ行列**（または**ヘシアン**）と呼ぶ．

2 変数の場合と同じように，$x_1 \cdots x_n$ 座標系を原点の周りに回転した新しい $x'_1 \cdots x'_n$ 座標系を作ると，新しい座標 $(x'_1, \ldots, x'_n)$ ともとの座標 $(x_1, \ldots, x_n)$ には次の関係がある．

$$\begin{pmatrix} x_1 \\ \vdots \\ x_n \end{pmatrix} = \begin{pmatrix} u_{11} & \cdots & u_{n1} \\ \vdots & \ddots & \vdots \\ u_{1n} & \cdots & u_{nn} \end{pmatrix} \begin{pmatrix} x'_1 \\ \vdots \\ x'_n \end{pmatrix} \tag{2.30}$$

ただし，行列

$$\boldsymbol{U} = \begin{pmatrix} u_{11} & \cdots & u_{n1} \\ \vdots & \ddots & \vdots \\ u_{1n} & \cdots & u_{nn} \end{pmatrix} \tag{2.31}$$

は直交行列（↪ 第 1 章 1.3.2 項）である．式 (2.30) を式 (2.28) に代入し，転置の公式 (1.73) を用いると次のようになる．

$$\begin{aligned} f &= \frac{1}{2}\left(\begin{pmatrix} u_{11} & \cdots & u_{n1} \\ \vdots & \ddots & \vdots \\ u_{1n} & \cdots & u_{nn} \end{pmatrix} \begin{pmatrix} x'_1 \\ \vdots \\ x'_n \end{pmatrix}, \begin{pmatrix} h_{11} & \cdots & h_{1n} \\ \vdots & \ddots & \vdots \\ h_{n1} & \cdots & h_{nn} \end{pmatrix} \begin{pmatrix} u_{11} & \cdots & u_{n1} \\ \vdots & \ddots & \vdots \\ u_{1n} & \cdots & u_{nn} \end{pmatrix} \begin{pmatrix} x'_1 \\ \vdots \\ x'_n \end{pmatrix} \right) \\ &= \frac{1}{2}\left(\begin{pmatrix} x'_1 \\ \vdots \\ x'_n \end{pmatrix}, \begin{pmatrix} u_{11} & \cdots & u_{1n} \\ \vdots & \ddots & \vdots \\ u_{n1} & \cdots & u_{nn} \end{pmatrix} \begin{pmatrix} h_{11} & \cdots & h_{1n} \\ \vdots & \ddots & \vdots \\ h_{n1} & \cdots & h_{nn} \end{pmatrix} \begin{pmatrix} u_{11} & \cdots & u_{n1} \\ \vdots & \ddots & \vdots \\ u_{1n} & \cdots & u_{nn} \end{pmatrix} \begin{pmatrix} x'_1 \\ \vdots \\ x'_n \end{pmatrix} \right) \end{aligned} \tag{2.32}$$

ヘッセ行列 $\boldsymbol{H}$ の固有ベクトルを列とする行列を直交行列 $\boldsymbol{U}$ に選べば右辺を

対角化することができる（↪ 第 1 章 1.3.2 項）．

$$\begin{pmatrix} u_{11} & \cdots & u_{1n} \\ \vdots & \ddots & \vdots \\ u_{n1} & \cdots & u_{nn} \end{pmatrix} \begin{pmatrix} h_{11} & \cdots & h_{1n} \\ \vdots & \ddots & \vdots \\ h_{n1} & \cdots & h_{nn} \end{pmatrix} \begin{pmatrix} u_{11} & \cdots & u_{n1} \\ \vdots & \ddots & \vdots \\ u_{1n} & \cdots & u_{nn} \end{pmatrix} = \begin{pmatrix} \lambda_1 & & \\ & \ddots & \\ & & \lambda_n \end{pmatrix} \tag{2.33}$$

対角要素 $\lambda_1, \ldots, \lambda_n$ は行列 $\boldsymbol{H}$ の固有値である．このように選んだ $x'_1, \ldots, x'_n$ 軸を**主軸**と呼ぶ．$x'_1 \cdots x'_n$ 座標系では式 (2.32) が次の標準形になる．これを関数 (2.27) の**主軸変換**と呼ぶ．

$$f = \frac{1}{2}(\lambda_1 {x'_1}^2 + \cdots + \lambda_n {x'_n}^2) \tag{2.34}$$

上式より，$\lambda_1 > 0, \ldots, \lambda_n > 0$ のとき最小値をとり，$\lambda_1 < 0, \ldots, \lambda_n < 0$ のとき最大値をとることがわかる．すなわち，2 変数の場合と同様に次のことがいえる．

【定 理 2.2】　2 次関数が唯一の最小値をとるのはヘッセ行列の固有値がすべて正のとき，唯一の最大値をとるのはヘッセ行列の固有値がすべて負のときである．

【定 理 2.3】　2 次関数が唯一の最小値をとるのはヘッセ行列が正値対称行列のとき，唯一の最大値をとるのはヘッセ行列が負値対称行列のとき，唯一の最大または最小値をとるのはヘッセ行列が定値対称行列のときである．

- ☞ 第 1 章 1.3.2 項に述べたように，ヘッセ行列 $\boldsymbol{H}$ の単位固有ベクトルの正規直交系を $\{\boldsymbol{u}_1, \ldots, \boldsymbol{u}_n\}$ とし，これらを列とする行列を $\boldsymbol{U} = \begin{pmatrix} \boldsymbol{u}_1 & \cdots & \boldsymbol{u}_n \end{pmatrix}$ とすれば
  $\boldsymbol{U}^\top \boldsymbol{H} \boldsymbol{U} = \begin{pmatrix} \lambda_1 & & \\ & \ddots & \\ & & \lambda_n \end{pmatrix}$ と対角化できる（↪ 式 (1.117)）．
- ☞ 正規直交系 $\{\boldsymbol{u}_1, \ldots, \boldsymbol{u}_n\}$ を列とする行列を**直交行列**（↪ 第 1 章 1.3.2 項）といい，$\boldsymbol{U}^\top \boldsymbol{U} = \boldsymbol{I}$（単位行列）を満たす（↪ 式 (1.114)）．$\boldsymbol{U}$ の行列式は $|\boldsymbol{U}| = \pm 1$ であり，

これが $+1$ のとき行列 $\boldsymbol{U}$ による線形写像は n 次元空間での回転を表す．$|\boldsymbol{U}| = -1$ のときは回転と**鏡映**（反転）の合成となる．

☞ 直交行列 $\boldsymbol{U}$ の行列式が ± 1 であることは，行列式に関する公式 $|\boldsymbol{AB}| = |\boldsymbol{A}| \cdot |\boldsymbol{B}|$, $|\boldsymbol{A}^\top| = |\boldsymbol{A}|$ によって示される．実際 $\boldsymbol{U}^\top \boldsymbol{U} = \boldsymbol{I}$ の両辺の行列式をとると $|\boldsymbol{U}|^2 = 1$ となり，$|\boldsymbol{U}| = \pm 1$ である．

2.1.4　極値の判定

対称行列が正値対称行列または負値対称行列かどうかを固有値を計算しないで調べる方法として，次の**シルベスタの定理**が有名である．

【定 理 2.4】　対称行列

$$\begin{pmatrix} a_{11} & \cdots & a_{1n} \\ \vdots & \ddots & \vdots \\ a_{n1} & \cdots & a_{nn} \end{pmatrix} \tag{2.35}$$

が正値対称行列である必要十分条件は

$$a_{11} > 0, \quad \begin{vmatrix} a_{11} & a_{12} \\ a_{21} & a_{22} \end{vmatrix} > 0, \quad \begin{vmatrix} a_{11} & a_{12} & a_{13} \\ a_{21} & a_{22} & a_{23} \\ a_{31} & a_{32} & a_{33} \end{vmatrix} > 0, \quad \ldots, \quad \begin{vmatrix} a_{11} & \cdots & a_{1n} \\ \vdots & \ddots & \vdots \\ a_{n1} & \cdots & a_{nn} \end{vmatrix} > 0 \tag{2.36}$$

であり，負値対称行列である必要十分条件は

$$a_{11} < 0, \quad \begin{vmatrix} a_{11} & a_{12} \\ a_{21} & a_{22} \end{vmatrix} > 0, \quad \begin{vmatrix} a_{11} & a_{12} & a_{13} \\ a_{21} & a_{22} & a_{23} \\ a_{31} & a_{32} & a_{33} \end{vmatrix} < 0, \quad \ldots, \quad (-1)^n \begin{vmatrix} a_{11} & \cdots & a_{1n} \\ \vdots & \ddots & \vdots \\ a_{n1} & \cdots & a_{nn} \end{vmatrix} > 0 \tag{2.37}$$

である．

式 (2.36), (2.37) に現われる行列式を行列 (2.35) の 1 次, 2 次, 3 次, …, n 次の**主小行列式**という．

2 次関数が最大，最小値をもつかどうかの判定は平行移動しても変わらな

いから，2次の項のみを考えればよい（↪2.1.2項）．すなわち，ヘッセ行列の正値性のみを判定すればよい．

【例 題 2.3】 次の2次関数は最小値をとることを示せ．

$$f(x,y)=\frac{1}{2}(3x^2-6xy+4y^2)+5x-2y+1 \tag{2.38}$$

（解）ヘッセ行列は次のようになる．

$$\boldsymbol{H}=\begin{pmatrix} 3 & -3 \\ -3 & 4 \end{pmatrix} \tag{2.39}$$

1次，2次の主小行列式は次のようになる．

$$3>0, \qquad \begin{vmatrix} 3 & -3 \\ -3 & 4 \end{vmatrix}=12-9=3>0 \tag{2.40}$$

シルベスタの定理により，これは正値対称行列である．ゆえに式 (2.38) は最小値をとる．　□

【例 題 2.4】 2次関数

$$f(x,y)=\frac{1}{2}(ax^2+2bxy+cy^2)+px+qy+r \tag{2.41}$$

が最小値をとるための必要十分条件は

$$a>0, \qquad ac-b^2>0 \tag{2.42}$$

であり，最大値をとる必要十分条件は

$$a<0, \qquad ac-b^2>0 \tag{2.43}$$

であることを示せ．

（解）ヘッセ行列は次のようになる．

$$\boldsymbol{H}=\begin{pmatrix} a & b \\ b & c \end{pmatrix} \tag{2.44}$$

1次，2次の主小行列式はそれぞれ

$$a, \qquad \begin{vmatrix} a & b \\ b & c \end{vmatrix} = ac - b^2 \tag{2.45}$$

であるから，式 (2.42), (2.43) を得る． □

【例 題 2.5】 2次関数

$$f(x,y,z) = \frac{1}{2}(4x^2 + 3y^2 + 5z^2 + 2xy + 4yz + 6zx) + 3x - 7y + 8z - 12 \tag{2.46}$$

は最小値をとることを示せ．

（解）ヘッセ行列は次のようになる．

$$\boldsymbol{H} = \begin{pmatrix} 4 & 1 & 3 \\ 1 & 3 & 2 \\ 3 & 2 & 5 \end{pmatrix} \tag{2.47}$$

1次, 2次, 3次の主小行列式は次のようになる．

$$4 > 0, \qquad \begin{vmatrix} 4 & 1 \\ 1 & 3 \end{vmatrix} = 11 > 0, \qquad \begin{vmatrix} 4 & 1 & 3 \\ 1 & 3 & 2 \\ 3 & 2 & 5 \end{vmatrix} = 24 > 0 \tag{2.48}$$

シルベスタの定理により，これは正値対称行列である．ゆえに式 (2.46) は最小値をとる． □

【例 題 2.6】 2次関数

$$f(x,y,z) = \frac{1}{2}(x^2 + 5y^2 + z^2 + 2xy + 2yz + 6zx) + 7x - 3y + 4 \tag{2.49}$$

は最大値も最小値もとらないことを示せ．

（解）ヘッセ行列は次のようになる．

$$\boldsymbol{H} = \begin{pmatrix} 1 & 1 & 3 \\ 1 & 5 & 1 \\ 3 & 1 & 1 \end{pmatrix} \tag{2.50}$$

1 次, 2 次, 3 次の主小行列式は次のようになる.

$$1 > 0, \qquad \begin{vmatrix} 1 & 1 \\ 1 & 5 \end{vmatrix} = 4 > 0, \qquad \begin{vmatrix} 1 & 1 & 3 \\ 1 & 5 & 1 \\ 3 & 1 & 1 \end{vmatrix} = -36 < 0 \tag{2.51}$$

シルベスタの定理により，これは正値対称行列でも負値対称行列でもない. ゆえに式 (2.49) は最大値も最小値もとらない. □

☞ 2 次形式が正値かどうかを判定する別の方法は**平方完成**（**ラグランジュの方法**）である. 例えば式 (2.38) の 2 次の項は，これを x の 2 次式とみなして（すなわち y を定数とみなして）x を含む項の平方と剰余項とに分ければ $\frac{3}{2}(x-y)^2 + \frac{1}{2}y^2$ となり，正値であることがわかる. 式 (2.46) の 2 次の項は，これをまず x の 2 次式とみなして（y, z は定数とみなして）x を含む項の平方と剰余 x を含む項の平方と剰余項とに分け，次にその剰余項を y の 2 次式とみなして（z は定数とみなして）y を含む項の平方と剰余項とに分けると $2\left(x+\frac{1}{4}y+\frac{3}{4}z\right)^2 + \frac{11}{8}\left(y+\frac{5}{11}z\right)^2 + \frac{12}{11}z^2$ と書ける. したがって正値である. しかし，式 (2.49) の 2 次の項をそのように変形すると $\frac{1}{2}(x+y+3z)^2 + 2\left(y-\frac{1}{2}z\right)^2 - \frac{9}{2}z^2$ となり，正値でないことがわかる. これらはヘッセ行列を**掃き出し**によって上三角行列に変形していることに相当する. 一般の行列のランクを計算するときにもこの計算が用いられる.

2.2　関数の勾配と等高線

2.2.1　関数の勾配

2 変数関数 $f(x, y)$ を考える. これは xyz 空間中に曲面として表せる（図 2.5）. xy 面上の点 $(\bar{x}, \bar{y})$ での関数値 $f(\bar{x}, \bar{y})$ とそれに隣接する点 (x, y) での関数値 $f(x, y)$ を比べてみる. テイラー展開すると次のようになる（↪ 式 (1.10)）.

$$f(x, y) = \bar{f} + \frac{\partial \bar{f}}{\partial x}(x - \bar{x}) + \frac{\partial \bar{f}}{\partial y}(y - \bar{y}) + \cdots \tag{2.52}$$

ただし，バーは点 $(\bar{x}, \bar{y})$ での値を表す. $\cdots$ は $x - \bar{x}$ と $y - \bar{y}$ に関して 2 次以上の項であり，点 (x, y) が点 $(\bar{x}, \bar{y})$ に近いほど急速に小さくなる. そこでこの高次の項を無視した関数を

$$f_{\rm I}(x, y) = \bar{f} + \frac{\partial \bar{f}}{\partial x}(x - \bar{x}) + \frac{\partial \bar{f}}{\partial y}(y - \bar{y}) \tag{2.53}$$

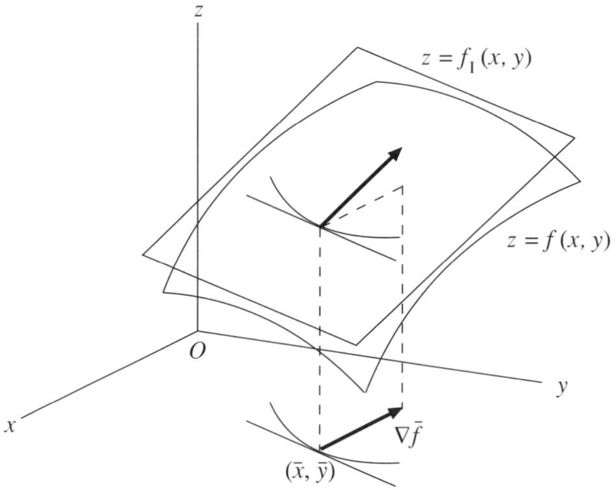

図 **2.5**　関数 $f(x, y)$ を表す曲面と 1 次近似.

とする．この関数 $f_{\mathrm{I}}(x, y)$ は x, y の 1 次関数であるから，xyz 空間では平面を表す．この平面と関数 $f(x, y)$ が表す曲面は $(\bar{x}, \bar{y})$ において同じ値をとり，その差は $(\bar{x}, \bar{y})$ に近いほど急速に小さくなる（図 2.5）．このことは，その平面が点 $(\bar{x}, \bar{y}, f(\bar{x}, \bar{y}))$ における**接平面**であることを意味する．関数 $f(x, y)$ は $(\bar{x}, \bar{y})$ の近傍では接平面を表す 1 次関数 $f_{\mathrm{I}}(x, y)$ で近似できる．そのような近似を **1 次近似**と呼ぶ.

式 (2.53) からわかるように，接平面の勾配は $(\partial\bar{f}/\partial x, \partial\bar{f}/\partial y)$ である．そこで

$$\nabla f = \begin{pmatrix} \partial f/\partial x \\ \partial f/\partial y \end{pmatrix} \tag{2.54}$$

と書き，これを関数 $f(x, y)$ の**勾配**（または**グラジエント**）と呼ぶ．これは点 (x, y) での接平面の勾配に等しいから，その方向は**その点の近傍で関数値が最も急激に増大する方向**を示し，そのノルム $\|\nabla f\|$ は**その方向の増加率**を表している.

以上のことは n 変数関数 $f(x_1, \ldots, x_n)$ でもそのまま成立する．点

$(\bar{x}_1, \ldots, \bar{x}_n)$ でテイラー展開の 2 次以上の項を無視した

$$f_{\mathrm{I}}(x_1, \ldots, x_n) = \bar{f} + \frac{\partial \bar{f}}{\partial x_1}(x_1 - \bar{x}_1) + \cdots + \frac{\partial \bar{f}}{\partial x_n}(x_n - \bar{x}_n) \tag{2.55}$$

を関数 $f(x_1, \ldots, x_n)$ の点 $(\bar{x}_1, \ldots, \bar{x}_n)$ における**1 次近似**と呼ぶ（↪ 式 (1.11)）．これは x_1, …, x_n の 1 次関数である．ただし，バーは点 $(\bar{x}_1, \ldots, \bar{x}_n)$ での値を表す．関数 $f(x_1, \ldots, x_n)$ の**勾配**（または**グラジエント**）を次のように定義する．

$$\nabla f = \begin{pmatrix} \partial f/\partial x_1 \\ \vdots \\ \partial f/\partial x_n \end{pmatrix} \tag{2.56}$$

このベクトルは**その点の近傍で関数値が最も急激に増大する方向**を指し，そのノルム $\|\nabla f\|$ は**その方向の増加率**を表している．

2.2.2 関数の等高線

2 変数関数 $f(x, y)$ を考える．xy 面上で関数値が一定 $(f(x, y) = \mathrm{const.})$ の軌跡を**等高線**と呼ぶ（図 2.6(a)）．点 $(\bar{x}, \bar{y})$ での関数値を c とすると，点 $(\bar{x}, \bar{y})$ は等高線 $f(x, y) = c$ 上にある．点 $(\bar{x}, \bar{y})$ の近くにあってその等高線の上にある点 (x, y) を考える．$\Delta x = x - \bar{x}$, $\Delta y = y - \bar{y}$ と置くと $x = \bar{x} + \Delta x$, $y = \bar{y} + \Delta y$ であり，その点で $f(x, y) = c$ が成立しているから

$$f(\bar{x} + \Delta x, \bar{y} + \Delta y) = c \tag{2.57}$$

である．テイラー展開すると（↪ 式 (1.10)）

$$f(\bar{x}, \bar{y}) + \frac{\partial \bar{f}}{\partial x}\Delta x + \frac{\partial \bar{f}}{\partial y}\Delta y + \cdots = c \tag{2.58}$$

となる．ただし，$\partial \bar{f}/\partial x$, $\partial \bar{f}/\partial y$ はそれぞれ $\partial f/\partial x$, $\partial f/\partial y$ の点 $(\bar{x}, \bar{y})$ での値であり，$\cdots$ は Δx と Δy に関して 2 次以上の項である．$f(\bar{x}, \bar{y}) = c$ であるから

$$\frac{\partial \bar{f}}{\partial x}\Delta x + \frac{\partial \bar{f}}{\partial y}\Delta y + \cdots = 0 \tag{2.59}$$

となる．Δx, Δy を成分とするベクトルを $\Delta \boldsymbol{x}$ とし，点 $(\bar{x}, \bar{y})$ での勾配を $\nabla \bar{f}$ と書くと，上式は

$$(\nabla \bar{f}, \Delta \boldsymbol{x}) + \cdots = 0 \tag{2.60}$$

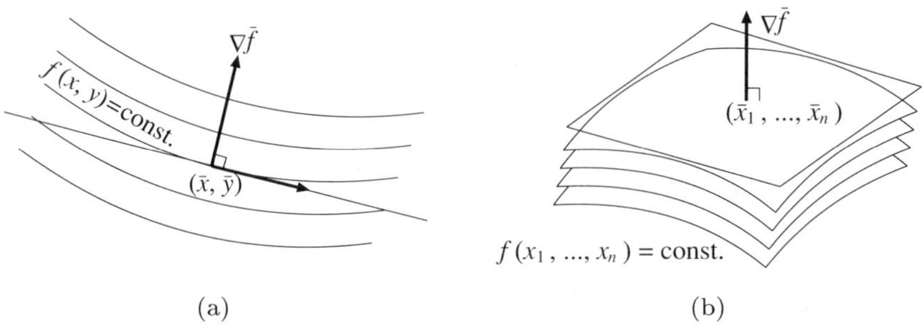

図 **2.6**　(a) 関数 $f(x,y)$ の等高線．(b) 関数の等値面．

と書ける．そして，$\Delta \boldsymbol{x}$ が小さいほど $\cdots$ は急速に小さくなる．このことは等高線 $f(x,y)=c$ が点 $(\bar{x},\bar{y})$ の近傍で勾配 $\nabla \bar{f}$ に**直交していることを意味する**（図 2.6(a)）．これはどの点でも成立するから，**勾配 ∇f はその点を通る等高線に直交する**．いい換えれば，**等高線 $f(x,y)=c$ の法線ベクトルは勾配 ∇f である．**

式 (2.59) で $\Delta x = x-\bar{x}$, $\Delta y = y-\bar{y}$ と置いて 2 次以上の項 $\cdots$ を無視すると

$$\frac{\partial \bar{f}}{\partial x}(x-\bar{x})+\frac{\partial \bar{f}}{\partial y}(y-\bar{y})=0 \tag{2.61}$$

となる．これは直線の方程式であり，点 $(\bar{x},\bar{y})$ を通る．そして，その点を通る等高線との差はその点に近づくほど急速に小さくなる．すなわち，式 (2.61) は点 $(\bar{x},\bar{y})$ での等高線の接線を表し（図 2.6(a)），$\nabla \bar{f}$ がその法線ベクトルとなっている．

以上のことは n 変数関数 $f(x_1,\ldots,x_n)$ でも成立する．等高線に相当するものは $f(x_1,\ldots,x_n)=c$ で表される曲面（**等値面**）である（図 2.6(b)）．

【定 理 2.5】　関数 $f(x_1,\ldots,x_n)$ の勾配 ∇f は等値面 $f(x_1,\ldots,x_n) =$ const. の法線ベクトルである．

【定 理 2.6】 等値面 $f(x_1, \ldots, x_n) = \text{const.}$ の点 $(\bar{x}_1, \ldots, \bar{x}_n)$ における接平面の方程式は

$$\frac{\partial \bar{f}}{\partial x_1}(x_1 - \bar{x}_1) + \cdots + \frac{\partial \bar{f}}{\partial x_n}(x_n - \bar{x}_n) = 0 \tag{2.62}$$

である．接平面の法線ベクトルは $\nabla \bar{f}$ である．

☞ 式 (2.61) は次のようにも解釈できる．点 $(\bar{x}, \bar{y})$ を通り，ベクトル $\begin{pmatrix} a \\ b \end{pmatrix}$ を法線とする直線は $a(x - \bar{x}) + b(y - \bar{y}) = 0$ である（↪ 第 1 章 1.1.3 項）．ゆえに点 $(\bar{x}, \bar{y})$ を通り，$\nabla \bar{f}$ を法線とする直線は式 (2.61) で与えられる．

☞ 次のように考えてもよい．点 $(\bar{x}, \bar{y})$ を通り，$\nabla \bar{f}$ を法線とする直線上の任意の点 (x, y) に対して，ベクトル $\begin{pmatrix} x - \bar{x} \\ y - \bar{y} \end{pmatrix}$ とベクトル $\nabla \bar{f}$ が直交する（図 2.6(a)）．

2.3 関数の極値

2.3.1 関数の 2 次近似

関数 $f(x_1, \ldots, x_n)$ の点 $(\bar{x}_1, \ldots, \bar{x}_n)$ でのテイラー展開は次のように書ける（↪ 式 (1.11)）．

$$f(\bar{x}_1 + \Delta x_1, \ldots, \bar{x}_n + \Delta x_n) = \bar{f} + \sum_{i=1}^{n} \frac{\partial \bar{f}}{\partial x_i} \Delta x_i + \frac{1}{2} \sum_{i,j=1}^{n} \frac{\partial^2 \bar{f}}{\partial x_i \partial x_j} \Delta x_i \Delta x_j + \cdots \tag{2.63}$$

ただし，バーは点 $(\bar{x}_1, \ldots, \bar{x}_n)$ での値を表し，$\cdots$ は Δx_1, …, Δx_n に関する 3 次以上の項である．そのような高次の項は点 $(\bar{x}_1, \ldots, \bar{x}_n)$ の近傍では急速に小さくなる．これを無視した関数

$$f_{\mathrm{II}}(x_1, \ldots, x_n) = \bar{f} + \sum_{i=1}^{n} \frac{\partial \bar{f}}{\partial x_i}(x_i - \bar{x}_i) + \frac{1}{2} \sum_{i,j=1}^{n} \frac{\partial^2 \bar{f}}{\partial x_i \partial x_j}(x_i - \bar{x}_i)(x_j - \bar{x}_j) \tag{2.64}$$

を関数 $f(x_1, \ldots, x_n)$ の点 $(\bar{x}_1, \ldots, \bar{x}_n)$ における **2 次近似**と呼ぶ．これは x_1, …, x_n の 2 次関数である．

例えば，2 変数関数の場合に関数値を z 軸方向の長さとして表した曲面を考えると，曲面 $z = f(x, y)$ と曲面 $z = f_{\mathrm{II}}(x, y)$ のくい違いは点 $(\bar{x}, \bar{y}, \bar{f})$ の近

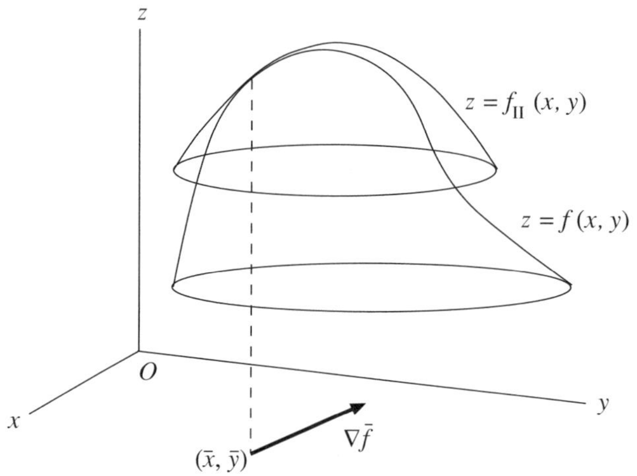

図 **2.7**　関数の 2 次近似.

傍で $x-\bar{x}, y-\bar{y}$ に関して 3 次以上である．このことを，曲面 $z=f_{\mathrm{II}}(x,y)$ は点 $(\bar{x},\bar{y},\bar{f})$ において曲面 $z=f(x,y)$ に **2 次の接触**をするという（図 2.7）.

2.3.2　関数の停留点

関数 $f(x_1,\ldots,x_n)$ のある点 $(\bar{x}_1,\ldots,\bar{x}_n)$ での値 $f(\bar{x}_1,\ldots,\bar{x}_n)$ が**極大値**（あるいは**極小値**）であるとは，点 $(\bar{x}_1,\ldots,\bar{x}_n)$ を含むある小さい領域をとるとその内部では $f(\bar{x}_1,\ldots,\bar{x}_n)$ が最大値（あるいは最小値）となっていることをいう．極大値と極小値とをあわせて**極値**という．

2.2.1 項に示したように，関数 f の勾配 ∇f は関数値が最も急激に増大する方向を指し，そのノルム $\|\nabla f\|$ がその方向の増加率である．ゆえに**極値では勾配 ∇f が $\mathbf{0}$ である**．なぜなら，もし $\mathbf{0}$ でなければ，勾配の方向に少しでも進むと関数値 f が増大し，逆の方向に進めば減少するからである．このことから解析学でよく知られた次の定理を得る．

【定 理 2.7】 点 $(x_1, \ldots, x_n)$ で関数 $f(x_1, \ldots, x_n)$ が極値をとれば，その点で各変数に関する偏微分係数が 0 となる．

$$\frac{\partial f}{\partial x_1} = \cdots = \frac{\partial f}{\partial x_n} = 0 \tag{2.65}$$

式 (2.65) を満たす点のことを**停留点**，その点での関数値を**停留値**と呼ぶ．

- ☞ 本章では滑らかな関数のみを扱う．**滑らか**とは何回偏微分しても連続な偏導関数が得られることをいう．
- ☞ 関数 $f(x)$ がある領域で**連続**であるとは，その領域の任意の x で，任意の正数 ϵ に対してある正数 δ が存在して，その領域の $|x'-x| < \delta$ を満たすすべての x' で $|f(x')-f(x)| < \epsilon$ が成り立つことをいう．このことを形式的に $\lim_{x' \to x} f(x') = f(x)$ とも書く．多変数関数 $f(x_1, \ldots, x_n)$ の場合は x と書いたものをベクトル $(x_1, \ldots, x_n)$ に，絶対値 $|\cdot|$ をベクトルのノルム $\|\cdot\|$ に置き換えて定義される．
- ☞ 前項の定義に現われる正数 δ は x に依存してもよいが，依存しないときは関数 $f(x)$ は**一様連続**であるという．
- ☞ 点 $(\bar{x}_1, \ldots, \bar{x}_n)$ での値 $f(\bar{x}_1, \ldots, \bar{x}_n)$ が極大値（あるいは極小値）であることを正式に言うと，点 $\bar{\boldsymbol{x}} = (\bar{x}_1, \ldots, \bar{x}_n)$ を含むある開集合 S が存在して，任意の点 $\boldsymbol{x} = (x_1, \ldots, x_n) \in S$ に対して $f(\bar{x}_1, \ldots, \bar{x}_n) > f(x_1, \ldots, x_n)$（あるいは $f(\bar{x}_1, \ldots, \bar{x}_n) < f(x_1, \ldots, x_n)$）となることである．
- ☞ 定理 2.7 の逆は必ずしも常には成り立たない．すなわち，式 (2.65) が成り立ってもその点で極値をとるとは限らない．例えば，放物型 2 次曲面の軸上の点や双曲型 2 次曲面の鞍点などがそうである（$\hookrightarrow$ 図 2.2(b), (c)）．

式 (2.65) から，関数 $f(x_1, \ldots, x_n)$ が点 $(\bar{x}_1, \ldots, \bar{x}_n)$ で極値をとれば，その点での 2 次近似は式 (2.64) より次のように書ける．

$$f_{\mathrm{II}}(x_1, \ldots, x_n) = \bar{f} + \frac{1}{2} \sum_{i,j=1}^{n} \bar{H}_{ij}(x_i - \bar{x}_i)(x_j - \bar{x}_j) \tag{2.66}$$

ただし $\bar{H}_{ij}$ は次の行列 $\boldsymbol{H} = (H_{ij})$ の点 $(\bar{x}_1, \ldots, \bar{x}_n)$ での値を表す．

$$\boldsymbol{H} = \begin{pmatrix} \partial^2 f/\partial x_1 \partial x_1 & \cdots & \partial^2 f/\partial x_1 \partial x_n \\ \vdots & \ddots & \vdots \\ \partial^2 f/\partial x_n \partial x_1 & \cdots & \partial^2 f/\partial x_n \partial x_n \end{pmatrix} \tag{2.67}$$

これを関数 $f(x_1,\ldots,x_n)$ の**ヘッセ行列**（または**ヘシアン**）と呼ぶ．

2次近似が極大値または極小値をとれば，それより高次の項は点 $(\bar{x}_1,\ldots,\bar{x}_n)$ の近くではいくらでも小さくなるから，もとの関数も極大値，極小値をとる．したがって，定理2.3より次の定理が得られる．

【定 理 2.8】 停留点におけるヘッセ行列が正値対称行列であればその点で極小値をとり，負値対称行列であればその点で極大値をとる．

- ☞ 2次関数 $f=(1/2)\sum_{i,j=1}^{n} h_{ij}x_ix_j$ $(h_{ij}=h_{ji})$ に対しては $\partial^2 f/\partial x_i\partial x_j = h_{ij}$ であるから，h_{ij} を (i,j) 要素とする行列 $\boldsymbol{H}=(h_{ij})$ が関数 f のヘッセ行列になっている（↪ 式 (2.28), (2.29)）．
- ☞ もとの関数が極大値または極小値をとっても，その2次近似が極大値，極小値をとるとは限らない．例えば $f(x,y)=x^4+y^4$ は原点で極小値をとるが，2次近似は $f_{\rm II}(x,y)=0$ である．
- ☞ このことから，定理2.8の逆は必ずしも常には成立しない．すなわち，極大値，極小値をとってもヘッセ行列が正値対称行列または負値対称行列であるとは限らない．

【例 題 2.7】 関数 $f(x,y,z)=x^3+y^2+z^3-3xz-4y$ の極値を求めよ．

（解）

$$\frac{\partial f}{\partial x}=0, \qquad \frac{\partial f}{\partial y}=0, \qquad \frac{\partial f}{\partial z}=0 \tag{2.68}$$

より

$$3x^2-3z=0, \qquad 2y-4=0, \qquad 3z^2-3x=0 \tag{2.69}$$

が得られる．これらを解いて次の二組の解が得られる．

$$x=1, \qquad y=2, \qquad z=1 \tag{2.70}$$

$$x=0, \qquad y=2, \qquad z=0 \tag{2.71}$$

ヘッセ行列は

$$\boldsymbol{H}=\begin{pmatrix} 6x & 0 & -3 \\ 0 & 2 & 0 \\ -3 & 0 & 6z \end{pmatrix} \tag{2.72}$$

である．点 $(1,2,1)$ では

$$\begin{pmatrix} 6 & 0 & -3 \\ 0 & 2 & 0 \\ -3 & 0 & 6 \end{pmatrix} \tag{2.73}$$

であり，1 次, 2 次, 3 次の主小行列式は次のようになる．

$$6 > 0, \qquad \begin{vmatrix} 6 & 0 \\ 0 & 2 \end{vmatrix} = 12 > 0, \qquad \begin{vmatrix} 6 & 0 & -3 \\ 0 & 2 & 0 \\ -3 & 0 & 6 \end{vmatrix} = 54 > 0 \tag{2.74}$$

シルベスタの定理によりこれは正値対称行列であるから，点 $(1,2,1)$ で関数 $f(x,y,z)$ は極小値をとり，その値は $f(1,2,1) = -5$ である．

一方，点 $(0,2,0)$ ではヘッセ行列は

$$\begin{pmatrix} 0 & 0 & -3 \\ 0 & 2 & 0 \\ -3 & 0 & 0 \end{pmatrix} \tag{2.75}$$

であり，1 次, 2 次, 3 次の主小行列式は次のようになる．

$$0, \qquad \begin{vmatrix} 0 & 0 \\ 0 & 2 \end{vmatrix} = 0, \qquad \begin{vmatrix} 0 & 0 & -3 \\ 0 & 2 & 0 \\ -3 & 0 & 0 \end{vmatrix} = -18 < 0 \tag{2.76}$$

シルベスタの定理により，これは正値対称行列でも負値対称行列でもない．これだけでは何ともいえないが，点 $(0,2,0)$ を通り x 軸に平行な直線上での関数値は $f(x,2,0) = x^3 - 4$ であるから，極大値も極小値もとらないことがわかる．　□

2.4　ラグランジュの未定乗数法

2.4.1　制約条件が一つの場合

【例 題 2.8】　条件 $x + y = 1$ のもとで関数 $f(x,y) = 2x^2 + 3y^2$ を最小にする (x,y) を求めよ．

このx+y=1のような条件のことを**制約条件**（または**拘束条件**）と呼ぶ．この問題を解くには，例えば $y=1-x$ を関数 $f(x,y)=2x^2+3y^2$ に代入して y を消去し，1 変数関数に帰着させてもよいが，変数の消去を行なわないで組織的に解く**ラグランジュの未定乗数法**と呼ばれる方法がある．

（例題 2.8 の解） 関数 $f(x,y)$ の等高線は図 2.8 のようになっている．制約条件 $x+y=1$ を直線で表すから，問題は直線 $x+y=1$ 上で関数 $f(x,y)$ が最小となる点を見つけることである．図 2.8 からわかるように，その点を通る $f(x,y)$ の等高線は直線 $x+y=1$ に接していなければならない．このことは接点で**両者の法線ベクトルが平行**（すなわち向きが同じか正反対）であることを意味する．関数 $f(x,y)$ の等高線の法線ベクトルは ∇f であり（↪2.2.2 項），直線 $x+y=1$ の法線ベクトルは $\begin{pmatrix} 1 \\ 1 \end{pmatrix}$ である．両者が平行ということは，ある定数 λ があって

$$\nabla f = \lambda \begin{pmatrix} 1 \\ 1 \end{pmatrix} \tag{2.77}$$

となっていることである．$\nabla f = \begin{pmatrix} 4x \\ 6y \end{pmatrix}$ であるから，上式より

$$x = \frac{1}{4}\lambda, \qquad y = \frac{1}{6}\lambda \tag{2.78}$$

が得られる．これを制約条件 $x+y=1$ に代入すれば $\lambda = 12/5$ が得られ，これを上式に代入して次の解が得られる．

$$x = \frac{3}{5}, \qquad y = \frac{2}{5} \tag{2.79}$$

このとき $f(x,y)$ は最小値 6/5 をとる．　□

☞ 直線 $x+y=1$ 上で関数 f が最小となる点で f の等高線が直線 $x+y=1$ に接する理由は，次のように考えればよい．もし等高線と交差していれば，直線 $x+y=1$ に沿って f の値が小さいほうから大きいほうへ，またはその逆に変化するので，その点では最小値をとらない．ゆえに接していなければならない．

☞ 例題 2.8 の解をよく見ると，用いたのは等高線と制約条件が接するという事実のみであり，どちらが等高線でどちらが制約条件かには無関係である．したがって，条件

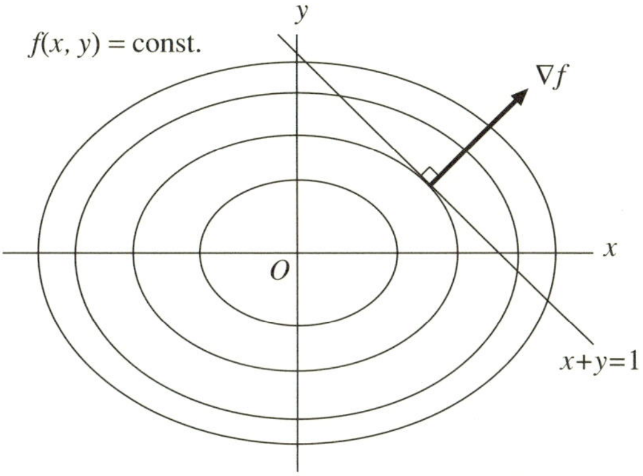

図 2.8 関数 $f(x,y)=2x^2+3y^2$ の等高線と制約条件 $x+y=1$.

$2x^2+3y^2=6/5$ のもとで関数 $f(x,y)=x+y$ を最大にする問題を考えても，まったく同じ計算によって式 (2.79) の解が得られ，関数 $f(x,y)=x+y$ は最大値 1 をとる．このような関係を**双対原理**と呼び，制約条件のもとでの最大，最小化に対して解において $\lambda>0$ であれば成り立つ．このとき，「最大」と「最小」が入れ替わっていることに注意.

式 (2.77) の定数 λ を**ラグランジュ乗数**と呼ぶ．一般化して

制約条件 $g(x,y)=0$ のもとで関数 $f(x,y)$ の極値を求めよ．

という問題を考える．制約条件 $g(x,y)=0$ は xy 面上の曲線で表される．この曲線上で関数 $f(x,y)$ が極値をとる点では，その点を通る $f(x,y)$ の等高線がその曲線に接している (図 2.9)．このことは，曲線 $g(x,y)=0$ と $f(x,y)$ の等高線の法線ベクトルがその点で平行であることを意味する．等高線 $f(x,y)$ の法線ベクトルは ∇f であり，曲線 $g(x,y)=0$ の法線ベクトルは ∇g である．両者が平行ということは，ある定数（**ラグランジュ乗数**）λ が存在して

$$\nabla f=\lambda\nabla g \tag{2.80}$$

となるということである．これと制約条件 $g(x,y)=0$ とをあわせて解が求まる．

☞ 曲線 $g=0$ 上で関数 f が極値をとる点で f の等高線がその曲線に接する理由は，次のように考えればよい．もし等高線と交差していれば，その曲線上で f の値が小さいほ

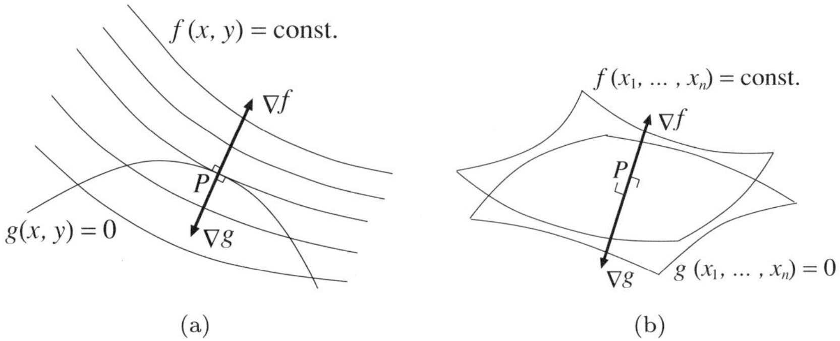

図 **2.9**　(a) 2 変数関数の制約条件．(b) n 変数関数の制約条件．

うから大きいほうへ，またはその逆に変化するので，その点では極値をとらない．ゆえに接していなければならない．

☞ f の等高線が曲線 $g = 0$ に接することは f が極値をとる必要条件であっても十分条件ではない．例えば等高線が曲線 $g = 0$ の一方から接するように交わって反対側から離れて行くなら，f はその交点では極値をとらない．

n 変数関数の場合も同じである．

制約条件 $g(x_1, \ldots, x_n) = 0$ のもとで関数 $f(x_1, \ldots, x_n)$ の極値を求めよ．

という問題を考えると，$g(x_1, \ldots, x_n) = 0$ は n 次元空間内の曲面を表す．この曲面上で関数 $f(x_1, \ldots, x_n)$ が極値をとる点では f の等値面が曲面 $g(x_1, \ldots, x_n) = 0$ に接している．両者の法線ベクトルはそれぞれ ∇f, ∇g である．それらが平行でなければならないから，ある定数（**ラグランジュ乗数**）λ が存在して式 (2.80) が成り立つ．これと制約条件 $g(x_1, \ldots, x_n) = 0$ とをあわせて解が求まる．

☞ 曲面 $g = 0$ 上で関数 f が極値をとる点で f の等値面が曲面 $g = 0$ に接する理由は，次のように考えればよい．もし等値面と交差していれば，その曲面上で f の値が小さいほうから大きいほうへ，またはその逆に変化するので，その点では極地をとらない．ゆえに接していなければならない．

☞ f の等値面が曲面 $g = 0$ に接することは f が極値をとる必要条件であっても十分条件ではない．例えば等値面が曲面 $g = 0$ の一方から接するように交わって反対側から離れて行くなら，f はその交点では極値をとらない．

式 (2.80) は $\nabla(f-\lambda g)=\mathbf{0}$ と書き直せる．これから極値を求める手順を次のように述べることもできる．

【定 理 2.9】 制約条件 $g(x_1,\ldots,x_n)=0$ のもとで関数 $f(x_1,\ldots,x_n)$ が極値をとる点は

$$F(x_1,\ldots,x_n,\lambda)=f(x_1,\ldots,x_n)-\lambda g(x_1,\ldots,x_n) \tag{2.81}$$

と置くと，次の式を満たす．

$$\frac{\partial F}{\partial x_i}=0, \qquad i=1,\ldots,n, \qquad\qquad \frac{\partial F}{\partial \lambda}=0 \tag{2.82}$$

（**証明**）式 (2.81) を x_i で偏微分すると

$$\frac{\partial F}{\partial x_i}=\frac{\partial f}{\partial x_i}-\lambda\frac{\partial g}{\partial x_i} \tag{2.83}$$

となる．これが $i=1,\ldots,n$ で 0 であるということは

$$\nabla f=\lambda\nabla g \tag{2.84}$$

を意味する．また

$$\frac{\partial F}{\partial \lambda}=-g(x_1,\ldots,x_n) \tag{2.85}$$

であるから，これが 0 となるということは制約条件 $g(x_1,\ldots,x_n)=0$ にほかならない． □

式 (2.82) から $n+1$ 個の方程式が得られる．未知数は x_1, …, x_n, λ の $n+1$ 個であるから，一般にはこれを解いて解が求まる．

☞ 式 (2.82) は f が制約条件 $g=0$ のもとで極値をとる必要条件であっても十分条件ではない．極値をとるかどうかの判定にはいろいろな方法があるが，ここでは立ち入らない．

2.4.2　応用例

【例 題 2.9】 制約条件 $x+y+z=1$ のもとでの関数 $f(x,y,z)=xy^2z^3$ の極値を求めよ．

（解）制約条件 $x+y+z=1$ に対するラグランジュ乗数を λ とし

$$F(x,y,z,\lambda) = xy^2z^3 - \lambda(x+y+z-1) \tag{2.86}$$

と置く．

$$\frac{\partial F}{\partial x} = 0, \qquad \frac{\partial F}{\partial y} = 0, \qquad \frac{\partial F}{\partial z} = 0, \qquad \frac{\partial F}{\partial \lambda} = 0 \tag{2.87}$$

から次の式が得られる．

$$y^2z^3 = \lambda, \qquad 2xyz^3 = \lambda, \qquad 3xy^2z^2 = \lambda \tag{2.88}$$

$$x+y+z=1 \tag{2.89}$$

式 (2.88) の第 1 式と第 2 式の左辺を等しく置いて $y=2x$ が得られ，第 1 式と第 3 式の左辺を等しく置いて $z=3x$ が得られる．これらを式 (2.89) に代入すると

$$x = \frac{1}{6}, \qquad y = \frac{1}{3}, \qquad z = \frac{1}{2} \tag{2.90}$$

となる．このときの関数値は $f(1/6,1/3,1/2)=1/432$ である．　□

【例 題 2.10】　周長が一定である長方形のうち，面積が最大のものは正方形であることを示せ（図 2.10(a)）．

（解）長方形の隣り合う辺の長さを x, y とし，周長を L とすると，問題は制約条件

$$2(x+y) = L \tag{2.91}$$

のもとで次の関数を最大にすることである．

$$f(x,y) = xy \tag{2.92}$$

面積が無限大に発散することはないから，明らかに最大値は存在する．ラグランジュ乗数を導入して

$$F(x,y,\lambda) = xy - \lambda(2x+2y-L) \tag{2.93}$$

と置く．

$$\frac{\partial F}{\partial x} = 0, \qquad \frac{\partial F}{\partial y} = 0, \qquad \frac{\partial F}{\partial \lambda} = 0 \tag{2.94}$$

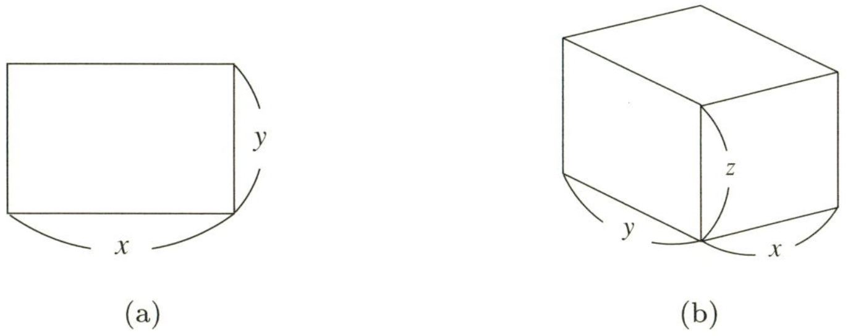

図 **2.10** (a) 長方形の周囲. (b) 直方体の体積.

から次の式が得られる.

$$y = 2\lambda, \qquad x = 2\lambda, \qquad 2x + 2y = L \tag{2.95}$$

ゆえに $x = y$ であり，長方形は正方形である. □

【例 題 2.11】 表面積が一定である直方体のうち，体積が最大のものは立方体であることを示せ（図 2.10(b)）.

(解) 直方体の 3 種類の辺の長さを x, y, z とし，表面積を S とすると，問題は制約条件

$$2(yz + zx + xy) = S \tag{2.96}$$

のもとで次の関数を最大にすることである.

$$f(x, y, z) = xyz \tag{2.97}$$

体積が無限大に発散することはないから，明らかに最大値は存在する. ラグランジュ乗数を導入して

$$F(x, y, z, \lambda) = xyz - \lambda(2yz + 2zx + 2xy - S) \tag{2.98}$$

と置く.

$$\frac{\partial F}{\partial x} = 0, \qquad \frac{\partial F}{\partial y} = 0, \qquad \frac{\partial F}{\partial z} = 0, \qquad \frac{\partial F}{\partial \lambda} = 0 \tag{2.99}$$

から次の式が得られる.

$$yz = 2\lambda(y + z), \qquad zx = 2\lambda(z + x), \qquad xy = 2\lambda(x + y) \tag{2.100}$$

$$2yz + 2zx + 2xy = S \tag{2.101}$$

式 (2.100) の右辺をそれぞれの左辺で割って整理すると，逆数 $1/x$, $1/y$, $1/z$ に関する次のような連立 1 次方程式が得られる．

$$\frac{1}{y}+\frac{1}{z}=\frac{1}{2\lambda},\qquad \frac{1}{z}+\frac{1}{x}=\frac{1}{2\lambda},\qquad \frac{1}{x}+\frac{1}{y}=\frac{1}{2\lambda} \tag{2.102}$$

これら 3 式を足して 2 で割ると次のようになる．

$$\frac{1}{x}+\frac{1}{y}+\frac{1}{z}=\frac{3}{4\lambda} \tag{2.103}$$

これから式 (2.102) の各式をそれぞれ引くと次の式を得る．

$$\frac{1}{x}=\frac{1}{4\lambda},\qquad \frac{1}{y}=\frac{1}{4\lambda},\qquad \frac{1}{z}=\frac{1}{4\lambda} \tag{2.104}$$

ゆえに $x=y=z$ であり，直方体は立方体である． □

【例 題 2.12】 楕円

$$\frac{x^2}{16}+\frac{y^2}{4}=1 \tag{2.105}$$

に内接し，各辺が座標軸に平行な長方形の中で面積が最大のものを求めよ（図 2.11(a)）．

（解） 長方形の第 1 象限にある頂点を (x,y) とすると，面積は $4xy$ である．したがって，問題は制約条件

$$\frac{x^2}{16}+\frac{y^2}{4}=1 \tag{2.106}$$

のもとで次の関数を最大にすることである．

$$f(x,y)=4xy \tag{2.107}$$

面積が無限大に発散することはないから，明らかに最大値は存在する．ラグランジュ乗数を導入して

$$F(x,y,\lambda)=4xy-\lambda\left(\frac{x^2}{16}+\frac{y^2}{4}-1\right) \tag{2.108}$$

と置く．

$$\frac{\partial F}{\partial x}=0,\qquad \frac{\partial F}{\partial y}=0,\qquad \frac{\partial F}{\partial \lambda}=0 \tag{2.109}$$

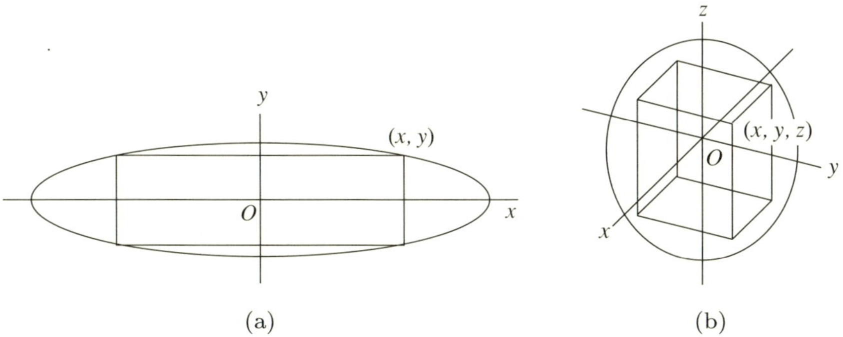

図 2.11 (a) 楕円に内接する長方形. (b) 楕円体に内接する直方体.

から次の式が得られる.

$$4y = \frac{\lambda}{8}x, \qquad 4x = \frac{\lambda}{2}y, \qquad \frac{x^2}{16} + \frac{y^2}{4} = 1 \tag{2.110}$$

$x > 0, y > 0$ であるから，第 1 式，第 2 式の辺々の比をとって λ を消去すると次のようになる.

$$\frac{y}{x} = \frac{x}{4y} \tag{2.111}$$

ゆえに $x^2 = 4y^2$，すなわち $x = 2y$ が得られ，これを式 (2.110) の第 3 式に代入して解くと次の解を得る.

$$x = 2\sqrt{2}, \qquad y = \sqrt{2} \tag{2.112}$$

□

【例 題 2.13】 楕円体

$$\frac{x^2}{4} + \frac{y^2}{9} + \frac{z^2}{16} = 1 \tag{2.113}$$

に内接し，各辺が座標軸に平行な直方体の中で体積が最大のものを求めよ（図 2.11(b)）.

(解) 直方体の第 1 象限にある頂点を (x, y, z) とすると，体積は $8xyz$ である．したがって，問題は制約条件

$$\frac{x^2}{4} + \frac{y^2}{9} + \frac{z^2}{16} = 1 \tag{2.114}$$

のもとで次の関数を最大にすることである.

$$f(x, y, z) = 8xyz \tag{2.115}$$

体積が無限大に発散することはないから，明らかに最大値は存在する．ラグランジュ乗数を導入して

$$F(x, y, z, \lambda) = 8xyz - \lambda\left(\frac{x^2}{4} + \frac{y^2}{9} + \frac{z^2}{16} - 1\right) \tag{2.116}$$

と置く.

$$\frac{\partial F}{\partial x} = 0, \qquad \frac{\partial F}{\partial y} = 0, \qquad \frac{\partial F}{\partial z} = 0, \qquad \frac{\partial F}{\partial \lambda} = 0 \tag{2.117}$$

から次の式が得られる.

$$8yz = \frac{\lambda}{2}x, \qquad 8zx = \frac{2\lambda}{9}y, \qquad 8xy = \frac{\lambda}{8}z \tag{2.118}$$

$$\frac{x^2}{4} + \frac{y^2}{9} + \frac{z^2}{16} = 1 \tag{2.119}$$

式 (2.118) にそれぞれ x, y, z を掛けて 2 で割ると次のようになる.

$$4xyz = \frac{\lambda}{4}x^2, \qquad 4xyz = \frac{\lambda}{9}y^2, \qquad 4xyz = \frac{\lambda}{16}z^2 \tag{2.120}$$

これらから

$$\frac{x^2}{4} = \frac{y^2}{9} = \frac{z^2}{16} \tag{2.121}$$

が得られ，式 (2.119) から上式の各辺は 1/3 に等しい．ゆえに次の解を得る.

$$x = \frac{2}{\sqrt{3}}, \qquad y = \frac{3}{\sqrt{3}}, \qquad z = \frac{4}{\sqrt{3}} \tag{2.122}$$

□

【例 題 2.14】　平面上の点 $(-7, 12)$ から直線 $y = 2x + 1$ へ下ろした垂線の足を求めよ（図 2.12(a)）.

（**解**）点 $(-7, 12)$ から点 (x, y) までの距離は $\sqrt{(x+7)^2 + (y-12)^2}$ である．したがって，制約条件

$$y = 2x + 1 \tag{2.123}$$

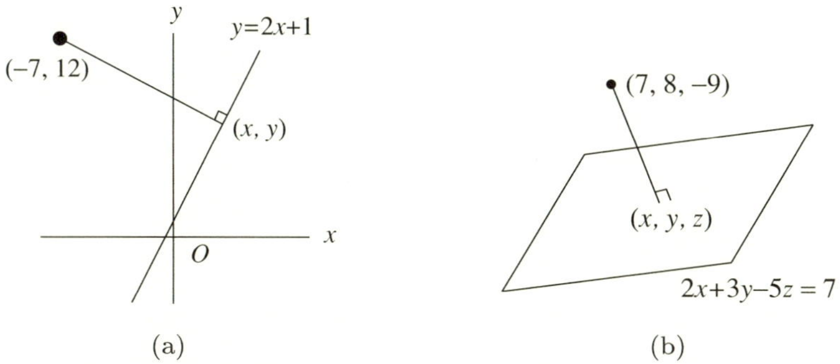

図 **2.12** (a) 直線に下ろした垂線. (b) 平面に下ろした垂線.

のもとで次の関数を最小にする (x, y) を求めればよい.

$$f(x, y) = (x + 7)^2 + (y - 12)^2 \tag{2.124}$$

これは負にはならないから，明らかに最小値は存在する．ラグランジュ乗数を導入して

$$F(x, y, \lambda) = (x + 7)^2 + (y - 12)^2 - \lambda(y - 2x - 1) \tag{2.125}$$

と置く.

$$\frac{\partial F}{\partial x} = 0, \qquad \frac{\partial F}{\partial y} = 0, \qquad \frac{\partial F}{\partial \lambda} = 0 \tag{2.126}$$

から次の式が得られる.

$$2(x + 7) = -2\lambda, \qquad 2(y - 12) = \lambda, \qquad 2x - y = -1 \tag{2.127}$$

第 1 式，第 2 式より

$$x = -\lambda - 7, \qquad y = \frac{1}{2}\lambda + 12 \tag{2.128}$$

が得られ，これらを第 3 式に代入すると $\lambda = -10$ を得る．これを上式に代入すると，解

$$x = 3, \qquad y = 7 \tag{2.129}$$

を得る．すなわち，垂線の足は $(3, 7)$ である. □

【例 題 2.15】　空間の点 $(7,8,-9)$ から平面 $2x+3y-5z=7$ へ下ろした垂線の足を求めよ（図 2.12(b)）．

（解）点 $(7,8,-9)$ から点 (x,y,z) までの距離は $\sqrt{(x-7)^2+(y-8)^2+(z+9)^2}$ である．したがって，制約条件

$$2x+3y-5z=7 \tag{2.130}$$

のもとで次の関数を最小にする (x,y) を求めればよい．

$$f(x,y,z)=(x-7)^2+(y-8)^2+(z+9)^2 \tag{2.131}$$

これは負にはならないから，明らかに最小値は存在する．ラグランジュ乗数を導入して

$$F(x,y,z,\lambda)=(x-7)^2+(y-8)^2+(z+9)^2-\lambda(2x+3y-5z-7) \tag{2.132}$$

と置く．

$$\frac{\partial F}{\partial x}=0, \qquad \frac{\partial F}{\partial y}=0, \qquad \frac{\partial F}{\partial z}=0, \qquad \frac{\partial F}{\partial \lambda}=0 \tag{2.133}$$

から次の式が得られる．

$$2(x-7)=2\lambda, \qquad 2(y-8)=3\lambda, \qquad 2(z+9)=-5\lambda \tag{2.134}$$

$$2x+3y-5z=7 \tag{2.135}$$

式 (2.134) から

$$x=\lambda+7, \qquad y=\frac{3}{2}\lambda+8, \qquad z=-\frac{5}{2}\lambda-9 \tag{2.136}$$

となる．これらを式 (2.135) に代入すると $\lambda=-4$ を得る．これを上式に代入すると解

$$x=3, \qquad y=2, \qquad z=1 \tag{2.137}$$

を得る．すなわち，垂線の足は $(3,2,1)$ である．　□

☞ 例題 2.10，2.11 では解において $\lambda > 0$ であるから，例題 2.8 の解について先に述べた**双対原理**により，最大，最小にする関数と制約条件の式を入れ換えてもよい．このとき「最大」が「最小」に，「最小」が「最大」に入れ替わる．したがって，例題 2.10 は面積が一定で周長が最小の長方形は正方形であることを，例題 2.11 は体積が一定で表面積が最小の直方体は立方体であることを意味している．

☞ 例題 2.14, 2.15 の垂線の足を求める問題は，直線や平面の法線方向がすぐわかるので（↪ 第 1 章 1.1.2 項），それを利用してもよい．直線 (2.124)，平面 (2.131) の法線方向はそれぞれ $\begin{pmatrix} -2 \\ 1 \end{pmatrix}$, $\begin{pmatrix} 2 \\ 3 \\ -5 \end{pmatrix}$ であるから，垂線上の点はそれぞれ $(-7-2t, 12+t)$, $(7+2t, 8+3t, -9-5t)$ と表せる．これらがそれぞれ (2.124), (2.131) を満たすことからパラメータ t が定まり，同じ解が得られる．しかし，この方法は直線や平面の場合しか扱えない．それに対して例題 2.14, 2.15 のようにラグランジュ乗数を用いれば，任意の曲線や曲面への垂線の足が計算できる．

2.4.3 制約条件が複数の場合

制約条件はいくつあっても同様にできる．例えば，

> 制約条件 $g_1(x,y,z) = 0$, $g_2(x,y,z) = 0$ のもとで関数 $f(x,y,z)$ の極値を求めよ．

という問題を考えよう．制約条件 $g_1(x,y,z) = 0$, $g_2(x,y,z) = 0$ はそれぞれ xyz 空間内の曲面を表すから，問題は，その交線の上で関数 $f(x,y,z)$ が極値をとる点を求めることである（図 2.13）．この交線は $f(x,y,z)$ の等値面に接している．

∇g_1, ∇g_2 はそれぞれ曲面 $g_1(x,y,z) = 0$, $g_2(x,y,z) = 0$ の法線ベクトルであるから，∇g_1, ∇g_2 は共にこれらの曲面の交線に直交している．図 2.13 からわかるように，交線が $f(x,y,z)$ の等値面に接しているということは，$f(x,y,z)$ の等値面の法線ベクトル ∇f が ∇g_1, ∇g_2 と**同一平面上にある**ということである．したがって，ある定数（**ラグランジュ乗数**）λ_1, λ_2 が存在して

$$\nabla f = \lambda_1 \nabla g_1 + \lambda_2 \nabla g_2 \tag{2.138}$$

が成り立つ．これと制約条件 $g_1(x,y,z) = 0$, $g_2(x,y,z) = 0$ とから解が求まる．

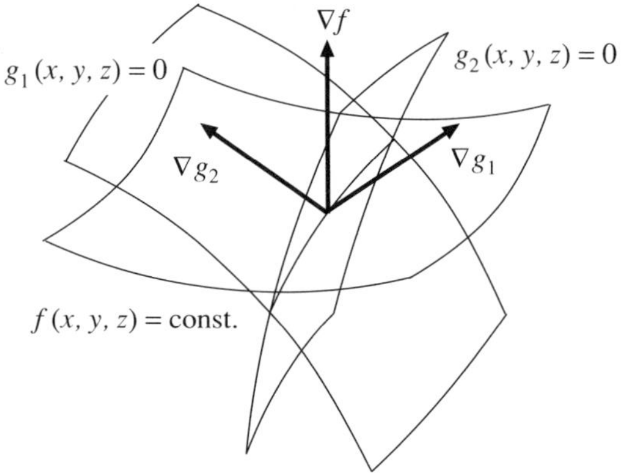

図 **2.13**　制約条件が二つある場合.

☞ 曲面 $g_1 = 0$, $g_2 = 0$ の交線が f の等値面に接する理由は，次のように考えればよい．もし等値面を横切ればその交線上で f の値が小さいほうから大きいほうへ，またはその逆に変化するので，その点では極値をとらない．ゆえに接しなければならない．

☞ 制約条件が一つの場合と同様に，これは必要条件であっても十分条件ではない．

☞ ベクトル ∇f, ∇g_1, ∇g_2 が同一平面上にあるということは，それらが**線形従属**（**1 次従属**）であることを意味する．したがって，どの一つのベクトルも残りのベクトルの線形結合で表せる．ゆえにある定数 λ_1, λ_2 が存在して式 (2.138) が成り立つ．

一般的に書けば次のようになる．

> 制約条件 $g_j(x_1, \ldots, x_n) = 0$, $j = 1, \ldots, m$ のもとで関数 $f(x_1, \ldots, x_n)$ の極値を求めよ．

という問題では，その解において次式が成り立つ．

$$\nabla f = \sum_{j=1}^{m} \lambda_j \nabla g_j, \qquad g_j(x_1, \ldots, x_n) = 0, \qquad j = 1, \ldots, m \tag{2.139}$$

第 1 式は $\nabla(f - \sum_{j=1}^{m} \lambda_j g_j) = \mathbf{0}$ と書き直せる．したがって，定理 2.9 のように述べると，次のようになる．

【定 理 2.10】 制約条件 $g_j(x_1,\ldots,x_n)=0,\ j=1,\ldots,m$ のもとで関数 $f(x_1,\ldots,x_n)$ が極値をとる点は

$$F(x_1,\ldots,x_n,\lambda_1,\ldots,\lambda_m)=f(x_1,\ldots,x_n)-\sum_{j=1}^{m}\lambda_j g_j(x_1,\ldots,x_n) \quad (2.140)$$

と置くと，次の式を満たす．

$$\frac{\partial F}{\partial x_i}=0,\quad i=1,\ldots,n,\qquad \frac{\partial F}{\partial \lambda_j}=0,\quad j=1,\ldots,m \quad (2.141)$$

式 (2.141) から $n+m$ 個の方程式が得られる．未知数は $x_1,\ \ldots,\ x_n,\ \lambda_1,\ \ldots,\ \lambda_m$ の $n+m$ 個であるから，一般にはこれを解いて解が求まる．

☞ 制約条件 $g_j=0,\ j=1,\ldots,m$ のもとで関数 f が極値をとるとき式 (2.141) が成り立つ理由は，次のように考えればよい．もし ∇f が $\nabla g_1,\ \ldots,\ \nabla g_n$ の張る部分空間に含まれていなければ，∇f がその部分空間に直交する方向の成分をもつので，その方向は $\nabla g_1,\ \ldots,\ \nabla g_n$ のすべてに直交する．すなわち，その方向はすべての制約曲面に接して，しかもその方向に f の勾配が 0 でない．したがって，その方向に移動すれば f の値が増え，反対方向に移動すれば f の値が減るので f は極値をとらない．ゆえに，f が極値をとるならそのようなことは起きない．

☞ 定理 2.9 と同様に，式 (2.141) は必要条件であっても十分条件ではない．したがって，これを満たす点で極値をとらない場合もある．

第3章

関数の最適化

本章では一般の多変数関数の極値を数値的に計算する代表的な手法を紹介する．これらはどれも，その関数の定義域に与えた初期位置から関数が増大または減少する方向を探索し，その方向に移動して，これを収束するまで繰り返すという反復解法である．まず最も基本となる「勾配法」を述べ，次に収束速度の速いことで知られる「ニュートン法」を説明するとともに，収束の仕方を解析する．さらにその計算を簡略化した「共役勾配法」の考え方，およびその拡張と応用を述べる．

3.1 勾配法

3.1.1 1変数の場合

与えられた制約条件のもとで関数の値を最大または最小にする変数の値を求めることを**最適化**と呼ぶ． 本章では制約条件が与えられていない場合を考える．最も基本的なのは**勾配法**と呼ばれる方法である．

関数 $f(x)$ の最大値を計算する方法を考える．解析的に計算するには方程式 $f'(x) = 0$ の解を求める必要がある．しかし，導関数 $f'(x)$ が複雑な関数の場合は解析的に解が求まらないことが多い．このとき，「関数 $f(x)$ は考えている領域で $f'(x) = 0$ となる x が一つしかない」ということがわかっているなら，次のようにして数値的に計算できる．

まず，最大値をとる点に近いと思われる点 x_0 を**初期値**として与える．

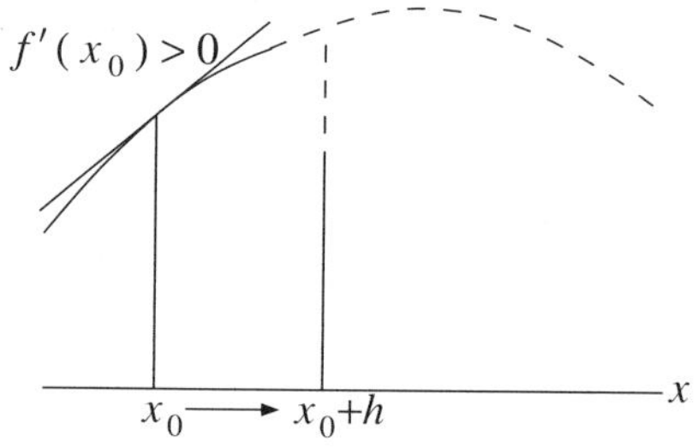

図 3.1　1 変数関数の勾配法.

$f'(x_0)=0$ ならそこで最大値をとる．$f'(x_0)$ が正なら x 軸上を右に，$f'(x_0)$ が負なら左に進む（図 3.1）．問題は**ステップ幅**，すなわち進む距離である．進みすぎると最大値をとる点を通り越して関数値が減少してしまう恐れがあり，進み方が小さいとなかなか最大値をとる点に到達しない．したがって，ステップ幅は**関数値が必ず増加する**ように，かつ**なるべく大きく**とるのが望ましい．

これには次の方法が代表的である．まず $f'(x_0)>0$ なら，一定値 h だけ進んだ点 x_0+h を調べる（ステップ 2）．そこでの関数値がより大きければ（ステップ 3），さらに $2h$ だけ進む．そこでの関数値がより大きければ，さらに $4h$ だけ進む……，という具合に関数値が増加し続ける限り，ステップ幅を倍倍にしていく（ステップ 3(a)）．増加が止まったらその直前で停止して，そこを次の位置 x_1 とする（ステップ 3(b)）．一方，点 x_0+h での値が $f(x_0)$ より小さければ（ステップ 4），点 $x_0+h/2$ を調べる．その点での関数値が $f(x_0)$ より小さければ点 $x_0+h/4$ を調べ……，という具合にステップ幅を半分半分にしていく（ステップ 4(a)）．こうすると，ついには $f(x_0)$ より大きい値が見つかる（なぜなら $f'(x_0)>0$ だから）．そこを次の位置 x_1 とする（ステップ 4(b)）．初めに $f'(x_0)<0$ なら，h の符号を換えて同じことをする（ステップ 2）．このようにして関数値が増加した次の位置 x_1 が求まったら，その直前のステップ幅を h として改めて同じことを行ない，数列 $x_0, x_1, x_2, \ldots$ を計算し，$f'(x_n)\approx 0$ となるまで繰り返す（ステップ 5）．

これを，関数 $f(x)$ とその導関数 $f'(x)$ を与えて最大値をとる点 x を返す手順としてまとめたものが，アルゴリズム 3.1 である．ただし，h_0 は初期に与える正のステップ幅であり，ϵ は収束を判定するための小さい正定数である．

procedure *search*$(f(x), f'(x))$

1. x の初期値を与え，$h \leftarrow h_0$ とする．
2. 次のように置く．
$$h \leftarrow \mathrm{sgn}(f'(x))|h|, \qquad X \leftarrow x, \qquad X' \leftarrow x + h$$
3. もし $f(X) < f(X')$ であれば次の計算を行なう．
   (a) $f(X) \geq f(X')$ となるまで次の計算を繰り返す．
$$h \leftarrow 2h, \qquad X \leftarrow X', \qquad X' \leftarrow X + h$$
   (b) $x \leftarrow X$, $h \leftarrow h/2$ と置く．
4. そうでなければ次の計算を行なう．
   (a) $f(X) \leq f(X')$ となるまで次の計算を繰り返す．
$$h \leftarrow \frac{h}{2}, \qquad X' \leftarrow X' - h$$
   (b) $x \leftarrow X'$, $h \leftarrow 2h$ と置く．
5. ステップ 2 に戻り，これを $|f'(x)| \leq \epsilon$ となるまで繰り返す．
6. 得られた x を返す．

アルゴリズム **3.1**　1 変数の勾配法.

- ☞ アルゴリズム 3.1 中の $\leftarrow$ は左辺の変数に右辺で計算される値を代入するという意味である．
- ☞ アルゴリズム 3.1 中の記号 sgn は**符号関数**である．これは $x > 0$ なら $\mathrm{sgn}(x) = 1$ であり，$x = 0$ なら $\mathrm{sgn}(x) = 0$ であり，$x < 0$ なら $\mathrm{sgn}(x) = -1$ であると定義する．
- ☞ アルゴリズム 3.1 のステップ 5 の反復は理想的には $|f'(x)| = 0$ となるまで繰り返すべきであるが，計算機では実数を有限桁で打ち切った計算をしているので，いくら反復しても厳密に 0 にならない可能性がある．したがってある程度小さい値になった時点で反復を終了する．その判定条件を**収束判定**という．ここでは与えた微小量 ϵ に対して $|f'(x)| \leq \epsilon$ のときを収束と判定している．これは求めたいのが最大値そのものの場合に適している．
- ☞ 解の移動量が微小量 δ 以下となること ($|h| \leq \delta$) を収束判定としてもよい．このようにして求めた解はほぼ $\pm\delta$ の精度がある．これは求めたいものが最大値を与える x である場合に適している．ただし解を含む広い範囲で $f'(x) \approx 0$ のときは収束に時間がかかる．
- ☞ 整数 d を与えて，解の移動量と解との比が 10^{-d} 以下となること ($|h/x| \leq 10^{-d}$) を

収束判定とすることも考えられる．このようにして求めた解はほぼ d 桁の精度がある．これは最大値を与える x の先頭から d 桁を正しく求めたい場合に適している．ただし解が厳密に0のときに適用できないし，解が0に近いときに収束に時間がかかり，場合によっては収束しないこともある．

☞ 1変数の関数 $f(x)$ が考えている x の範囲で唯一の極値をもつということは，その導関数 $f'(x)$ がその範囲で単調に増加または減少して符号を変えるということである．したがって，極値を求めることは方程式 $f'(x)=0$ の解を探索することに相当する．その方法として**二分探索法**，**セカント法**，**はさみうち法**，あるいは**逆2次補間法**などのさまざまな方法が存在する．ここに示したのはやや原始的な方法である．また，勾配 $f'(x)$ を用いずに値 $f(x)$ が極値をとる範囲を次第に狭める**囲い込み**と呼ぶ方法もあり，**黄金分割法**や**逆2次補間法**などが利用される．

3.1.2　多変数の場合

2変数関数 $f(x,y)$ の最大値を求める勾配法は次のように行なう．まず最大値をとる点に近いと思われる点 (x_0,y_0) を**初期値**として与える．関数値が最も大きく増大する方向は勾配 ∇f で与えられるから，その方向の直線上で関数値が最大になる点まで進む．その点で再び勾配 ∇f を計算して，その方向の直線上で関数値が最大になる点まで進む……，ということを収束するまで繰り返す（図3.2）．勾配 ∇f の方向の直線上で関数値が最大になる点を探すことを**直線探索**といい，その直線を**探索直線**と呼ぶ．その計算には上に述べた1変数関数の勾配法を使えばよい．

n 変数関数 $f(x_1,\ldots,x_n)$ のときも同様であり，関数 $f(x_1,\ldots,x_n)$ とその勾配 ∇f を与えて最大値をとる点 $(x_1,\ldots,x_n)$ を返す手順はアルゴリズム3.2のようになる．ここでは最大値を求めることを考えているが，最小値を求める

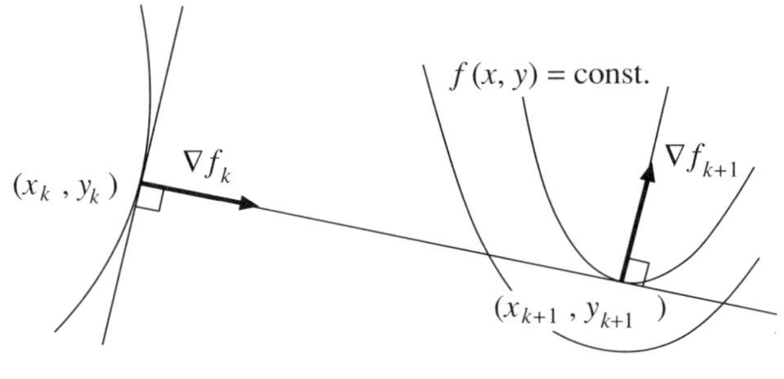

図 3.2　2変数関数の勾配法.

procedure *hill-climbing*$(f(x), \nabla f(x))$

1. $\boldsymbol{x}$ の初期値を与える．
2. 関数 $F(t) = f(\boldsymbol{x} + t\nabla f(\boldsymbol{x}))$ に対して手続き $search(F, F')$ を呼んで，直線探索を行なう．
3. 返された t を用いて $\Delta\boldsymbol{x} \leftarrow t\nabla f(\boldsymbol{x})$, $\boldsymbol{x} \leftarrow \boldsymbol{x} + \Delta\boldsymbol{x}$ とする．
4. ステップ 2 に戻り，これを $\|\Delta\boldsymbol{x}\| < \delta$ となるまで繰り返す．
5. $\boldsymbol{x}$ を返す．

アルゴリズム **3.2**　多変数の勾配法．

には $-f(x_1, \ldots, x_n)$ の最大値を求めればよい．

アルゴリズム 3.2 中で，関数 $F(t)$ に手続き $search(F, F')$ を施すためには，導関数 $F'(t)$ が必要である．$\boldsymbol{x}(t) = \boldsymbol{x}_0 + t\nabla f_0$ と置いて $F(t) = f(\boldsymbol{x}(t))$ を t で微分すると次のようになる．

$$\frac{dF}{dt} = \sum_{i=1}^{n} \frac{\partial f}{\partial x_i} \frac{dx_i}{dt} = \sum_{i=1}^{n} \frac{\partial f}{\partial x_i} \frac{\partial f_0}{\partial x_i} = (\nabla f, \nabla f_0) \tag{3.1}$$

ここに $\partial f_0/\partial x_i$, ∇f_0 はそれぞれ $\partial f/\partial x_i$, ∇f の初期値 $\boldsymbol{x}_0$ での値である．このことから，F が極値をとれば $(\nabla f, \nabla f_0) = 0$，すなわち初期値 $\boldsymbol{x}_0$ での直線探索の方向 ∇f_0 と極値をとる点 $\boldsymbol{x}$ での勾配 ∇f とが**直交する**ことがわかる．

これは次のように幾何学的に解釈できる．2 変数の場合は図 3.2 のように，直線探索で定まる点では**その点を通る等高線が探索直線に接している**．したがって，直線探索の方向は直前の探索方向と直交する．n 変数関数 $f(x_1, \ldots, x_n)$ のときも同様であり，勾配 ∇f の方向に直線探索を繰り返す．このことから，次のことが成り立つ．

【定 理 3.1】 関数 $f(x_1, \ldots, x_n)$ に対する勾配法の直線探索で定まる点では，その点を通る $f(x_1, \ldots, x_n)$ の等値面が探索直線に接する．したがって，次の直線探索の方向は直前の探索方向と直交する．

☞ アルゴリズム 3.2 中では $x_1, \ldots, x_n$ を成分とするベクトルを $\boldsymbol{x}$ で表している．

☞ アルゴリズム 3.2 中の δ は収束判定のための微小量である．このようにして得られる解の精度はほぼ δ である．これ以外の収束判定もいろいろ考えられる．

☞ 最大値を求める勾配法はそのイメージから**山登り法**とも呼ばれる．一方，最小値を求める勾配法は**最急降下法**と呼ばれることが多い．これは，山の表面を水が流れるように各点で最も急な方向に降下するという意味である．

☞ 2変数の場合に，探索直線上で最大値をとる点で探索直線が等高線に接している理由は，次のように考えればよい．もし探索直線が等高線と交差すれば，探索直線上でその関数値は小さいほうから大きいほうへ，またはその逆に変化するので，その点では最大値をとらない．ゆえに接していなければならない．

☞ これは必要条件ではあるが，逆は必ずしも成り立たない．なぜなら，探索直線が等高線に接していても，その点が等高線の変曲点であれば探索直線は関数値の小さいほうから大きいほうへ，またはその逆方向に通過するので，その点では極値をとらないからである（「停留値」をとる ↪ 第2章2.3.2項）．

☞ n 変数の場合も，探索直線上で最大値をとる点で探索直線が等値面に接している理由は，次のように考えればよい．もし探索直線が等値面と交差すれば，探索直線上でその関数値は小さいほうから大きいほうへ，またはその逆に変化するので，その点では最大値をとらない．ゆえに接していなければならない．

☞ 2変数の場合と同様に，これは必要条件ではあるが，逆は必ずしも成り立たない．なぜなら，探索直線が等値面に接していても，等値面の一方の側から近づいて接した後，反対の側から離れる場合は探索直線は関数値の小さいほうから大きいほうへ，またはその逆方向に通過するので，その点では極値をとらないからである（「停留値」をとる）．

以上に述べた勾配法は単純ではあるが，極めて有効であり，最も基本的な手法として広く用いられている．しかし，いくつかの欠点もある．主な問題は次の3点である．

1. 勾配 ∇f を式として与える必要があるから，微分できない（例えば不連続があったり，とがったりしている）関数では都合が悪い．また，理論的には微分可能であっても複雑すぎる，あるいは変数の数が数百もしくは数千あって，勾配を式として書くのが難しい場合も適用できない．
2. 最大値，最小値以外の極値が存在すれば，初期値の与え方によっては最大値，最小値でない極値に到達してしまう可能性がある（図3.3(a)）．したがって計算を開始するためには，最大値または最小値をとる点に十分近い初期値が推定できなければならない．
3. たとえ極値が一つしかないとしても，その極値付近の関数形によっては，なかなかその点に近づかないことが起こる．これは極値が細長い尾根の上や細長い谷の底にあるときに生じやすい（図3.3(b)）．

(a) (b)

図 **3.3** (a) 初期値によっては別の極値に到達する．(b) なかなか極値に到達しない．

- ☞ 上記の問題点は勾配法のみの問題ではない．第 1 点，第 2 点は微分を用いる方法すべてに共通であり，以下に述べるニュートン法（3.2 節），共役勾配法（3.3 節），ガウス・ニュートン法（第 4 章 4.3.1 項），レーベンバーグ・マーカート法（第 4 章 4.3.2 項）にも当てはまる．これらは主として第 3 点を改良する手法である．
- ☞ 関数の最適化プログラムは現在までにいろいろな改良が研究され，たいていの場合にうまくいく種々のアルゴリズムがプログラムライブラリとして用意されている．しかし，程度の差はあっても，どのアルゴリズムにもそれぞれ長短があり，任意の関数の最大値，最小値を計算できる“万能アルゴリズム”は存在しない．
- ☞ 導関数や偏導関数を式として書くことは可能でも極めて長い式になるような場合は，計算機によって式を生成する**数式処理**や，その（偏）導関数の値を計算するプログラムを生成する**自動微分法**のようなツールが利用できる．
- ☞ 最大値，最小値ではない極値をとる点はしばしば**局所解**と呼ばれる．これを避ける方法として**焼き鈍し法**（シミュレーテッドアニーリング），**遺伝アルゴリズム**，**タブーサーチ**などいろいろな方法が考案されている．いずれも，探索が局所解から脱出するために何らかのランダムな動きを導入している．

3.2 ニュートン法

3.2.1 1 変数の場合

1 階導関数 $f'(x)$ だけでなく 2 階導関数 $f''(x)$ も計算できるなら，勾配法より効率的な方法がある．x 軸上の点 $\bar{x}$ の近くの点 $\bar{x}+\Delta x$ での関数 $f(x)$ の値はテイラー展開して

$$f(\bar{x}+\Delta x) = f(\bar{x}) + f'(\bar{x})\Delta x + \frac{1}{2}f''(\bar{x})\Delta x^2 + \cdots \tag{3.2}$$

procedure $Newton(f'(x), f''(x))$

1. x の初期値を与える．
2. $\bar{x} \leftarrow x$ と置き，次のように x を更新する．

$$x \leftarrow \bar{x} - \frac{f'(\bar{x})}{f''(\bar{x})}$$

3. ステップ 2 に戻り，これを $|x - \bar{x}| < \delta$ となるまで繰り返す．
4. x を返す．

アルゴリズム **3.3**　1 変数のニュートン法．

と書ける（$\hookrightarrow$ 式 (1.9)）．$\cdots$ は Δx の 3 次以上の項であり，Δx が小さいと急速に小さくなる．そこで，これを無視した Δx の 2 次式を最大（または最小に）にする値を考える．Δx で微分して 0 と置けば次のようになる．

$$f'(\bar{x}) + f''(\bar{x})\Delta x = 0 \tag{3.3}$$

この解は $\Delta x = -f'(\bar{x})/f''(\bar{x})$ であるから，解 x のよりよい近似値が次のように得られる．

$$x = \bar{x} - \frac{f'(\bar{x})}{f''(\bar{x})} \tag{3.4}$$

これを反復する方法を**ニュートン法**と呼ぶ．計算手順はアルゴリズム 3.3 のようになる．ただし δ は収束判定の定数である．

ニュートン法の幾何学的意味は次の通りである．式 (3.2) の高次の項 $\cdots$ を無視することは，関数 $f(x)$ を次の放物線で近似することである．

$$f_{\mathrm{II}}(x) = f(\bar{x}) + f'(\bar{x})(x - \bar{x}) + \frac{1}{2}f''(\bar{x})(x - \bar{x})^2 \tag{3.5}$$

上式を関数 $f(x)$ の $\bar{x}$ における **2 次近似**と呼ぶ．式 (3.3) は関数 $f(x)$ の代わりに，それを 2 次近似した放物線の極値を与える x を計算していることに相当している（図 3.4(a)）．

☞　「ニュートン法」という名称は方程式 $f(x) = 0$ の解を計算する次の反復公式に由来する．

$$x = \bar{x} - \frac{f(\bar{x})}{f'(\bar{x})} \tag{3.6}$$

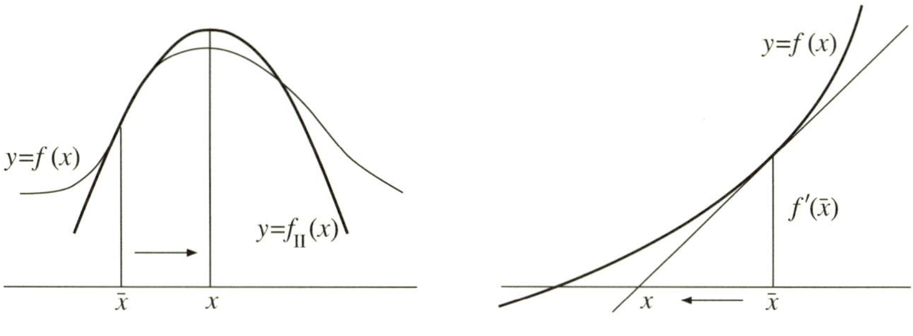

図 3.4　(a) 関数 $f(x)$ の極値を計算するニュートン法．2 次近似した放物線の極値に移動する．(b) 方程式 $f(x) = 0$ の解を計算するニュートン法．曲線をその点での接線で近似する．

☞ 式 (3.6) は幾何学的には次のように解釈できる．値 $\bar{x}$ での関数 $f(x)$ での接線の傾きは $f'(\bar{x})$ である．ゆえにその接線と x 軸との交点を $(x, 0)$ とすると，図 3.4(b) より $f'(\bar{x}) = f(\bar{x})/(\bar{x} - x)$ となり，x が式 (3.6) で与えられる．

☞ この方法を提案したのは英国の物理学者・数学者**ニュートン** (Sir Isaac Newton: 1642–1727) であり，**ニュートン法**と呼ばれるが，同じく英国の数学者**ラフソン** (Joseph Raphson: 1648–1715) も類似の方法を提案しているので，**ニュートン・ラフソン法**とも呼ばれる．

☞ 式 (3.6) と比較すると，式 (3.4) は $f'(x) = 0$ の解をニュートン法によって計算していると解釈できる．

【例 題 3.1】 次の関数を考える．

$$f(x) = x^3 - 2x^2 + x + 3 \tag{3.7}$$

1. この関数 $f(x)$ の $x = 2$ における 2 次近似 $f_{\mathrm{II}}(x)$ を求めよ．
2. その 2 次近似 $f_{\mathrm{II}}(x)$ が極値をとる点を求めよ．
3. 関数 $f(x)$ が極値をとる点をニュートン法で計算するにはどうしたらよいか．

（解） 関数 $f(x)$ の 1 階および 2 階の導関数は次のようになる．

$$f'(x) = 3x^2 - 4x + 1, \qquad f''(x) = 6x - 4 \tag{3.8}$$

1. $f(2) = 5$, $f'(2) = 5$, $f''(2) = 8$ であるから，2 次近似は次のようになる．

$$f_{\mathrm{II}}(x) = 5 + 5(x-2) + 4(x-2)^2 \tag{3.9}$$

2. 2 次近似 $f_{\mathrm{II}}(x)$ の導関数は次のようになる．

$$f'_{\mathrm{II}}(x) = 5 + 8(x-2) \tag{3.10}$$

これを 0 と置くと，

$$x = 2 - \frac{5}{8} = \frac{11}{8} \tag{3.11}$$

となる．$f_{\mathrm{II}}(x)$ の x^2 の係数が正だから，$f_{\mathrm{II}}(x)$ はここで最小値をとる．この点が，式 (3.7) が極小値をとる点の近似値となる．

3. 関数 $f(x)$ の $x = \bar{x}$ における 2 次近似は次のようになる．

$$f_{\mathrm{II}}(x) = f(\bar{x}) + (3\bar{x}^2 - 4\bar{x} + 1)(x - \bar{x}) + \frac{1}{2}(6\bar{x} - 4)(x - \bar{x})^2 \tag{3.12}$$

この導関数は次のようになる．

$$f'_{\mathrm{II}}(x) = 3\bar{x}^2 - 4\bar{x} + 1 + (6\bar{x} - 4)(x - \bar{x}) \tag{3.13}$$

これを 0 と置いて $x - \bar{x}$ について解くと，次式を得る．

$$x - \bar{x} = -\frac{3\bar{x}^2 - 4\bar{x} + 1}{6\bar{x} - 4} \tag{3.14}$$

書き直すと次のようになる．

$$x = \bar{x} - \frac{3\bar{x}^2 - 4\bar{x} + 1}{6\bar{x} - 4} \tag{3.15}$$

ゆえに，初期値 x_0 を与えて，次の反復を収束するまで行えばよい．

$$x \leftarrow x - \frac{3x^2 - 4x + 1}{6x - 4} \tag{3.16}$$

□

3.2.2　多変数の場合

点 $(\bar{x}_1, \ldots, \bar{x}_n)$ の近くの点 $(\bar{x}_1 + \Delta x_1, \ldots, \bar{x}_n + \Delta x_n)$ での関数 $f(x_1, \ldots, x_n)$ の値はテイラー展開して

$$f(\bar{x}_1 + \Delta x_1, \ldots, \bar{x}_n + \Delta x_n) = \bar{f} + \sum_{i=1}^{n} \frac{\partial \bar{f}}{\partial x_i}\Delta x_i + \frac{1}{2}\sum_{i,j=1}^{n} \frac{\partial^2 \bar{f}}{\partial x_i \partial x_j}\Delta x_i \Delta x_j + \cdots \tag{3.17}$$

と書ける（$\hookrightarrow$ 式 (1.11)）．ただし，バーは点 $(\bar{x}_1,\ldots,\bar{x}_n)$ での値を表す．$\cdots$ は Δx_1, ..., Δx_n に関する 3 次以上の項であり，Δx_1, ..., Δx_n が小さいと急速に小さくなる．そこで，これを無視した Δx_1, ..., Δx_n の 2 次式を考える．Δx_i で偏微分して 0 と置けば次のようになる（$\hookrightarrow$ 微分の公式 (1.46), (1.65)）．

$$\frac{\partial \bar{f}}{\partial x_i}+\sum_{j=1}^{n}\frac{\partial^2 \bar{f}}{\partial x_i \partial x_j}\Delta x_j=0 \tag{3.18}$$

ヘッセ行列（$\hookrightarrow$ 式 (2.67)）

$$\boldsymbol{H}=\begin{pmatrix} \partial^2 f/\partial x_1^2 & \cdots & \partial^2 f/\partial x_1 \partial x_n \\ \vdots & \ddots & \vdots \\ \partial^2 f/\partial x_n \partial x_1 & \cdots & \partial^2 f/\partial x_n^2 \end{pmatrix} \tag{3.19}$$

の点 $(\bar{x}_1,\ldots,\bar{x}_n)$ における値を $\bar{\boldsymbol{H}}$ と書く．式 (3.18) は $\partial \bar{f}/\partial x_i$ を右辺に移項すると，次のように書き直せる．

$$\bar{\boldsymbol{H}}\Delta \boldsymbol{x}=-\nabla \bar{f} \tag{3.20}$$

この解は $\Delta \boldsymbol{x}=-\bar{\boldsymbol{H}}^{-1}\nabla \bar{f}$ であるから，解 $\boldsymbol{x}$ のよりよい近似値が次のように得られる．

$$\boldsymbol{x}=\bar{\boldsymbol{x}}-\bar{\boldsymbol{H}}^{-1}\nabla \bar{f} \tag{3.21}$$

この計算手順はアルゴリズム 3.4 のようになる．ただし δ は収束判定の定数である．

1 変数の場合と同様に，式 (3.17) の高次の項 $\cdots$ を無視することは，関数 $f(x_1,\ldots,x_n)$ をその **2 次近似**（$\hookrightarrow$ 式 (2.64)）

$$f_{\rm II}(x_1,\ldots,x_n)=\bar{f}+\sum_{i=1}^{n}\frac{\partial \bar{f}}{\partial x_i}(x_i-\bar{x}_i)+\frac{1}{2}\sum_{i,j=1}^{n}\frac{\partial^2 \bar{f}}{\partial x_i \partial x_j}(x_i-\bar{x}_i)(x_j-\bar{x}_j) \tag{3.22}$$

で近似して，その極値を与える点に進むことに相当する（$\hookrightarrow$ 図 2.7）．

☞ アルゴリズム 3.4 のステップ 3 で $\Delta \boldsymbol{x}=-\boldsymbol{H}^{-1}\nabla f$ と書いていないのは，用いるプログラムツールにもよるが，逆行列 $\boldsymbol{H}^{-1}$ を計算してからそれを ∇f に掛けるより，直接に連立 1 次方程式 $\boldsymbol{H}\Delta \boldsymbol{x}=-\nabla f$ を解くほうが効率的なことが多いからである．変数の数 n が多いとき，この差が現れることが多い．

procedure *Newton*($\nabla f(\boldsymbol{x}), \boldsymbol{H}(\boldsymbol{x})$)

1. $\boldsymbol{x}$ の初期値を与える．
2. 勾配 ∇f とヘッセ行列 $\boldsymbol{H}$ の $\boldsymbol{x}$ における値を計算する．
3. 次の連立 1 次方程式の解 $\Delta\boldsymbol{x}$ を計算する．

$$\boldsymbol{H}\Delta\boldsymbol{x} = -\nabla f$$

4. $\boldsymbol{x}$ を次のように更新する．

$$\boldsymbol{x} \leftarrow \boldsymbol{x} + \Delta\boldsymbol{x}$$

5. $\|\Delta\boldsymbol{x}\| < \delta$ なら $\boldsymbol{x}$ を返して終了する．そうでなければステップ 2 に戻る．

アルゴリズム **3.4**　多変数のニュートン法.

☞ 連立 1 次方程式の計算機による解法としては（**ガウス・ジョルダンの**）**掃き出し法**，**ガウスの消去法**，**LU 分解**がよく知られている．あるいは次節の**共役勾配法**も適用できる（↪ 例題 3.6）．掃き出し法は手で計算したり，計算の原理を理解するのに適しているが，実際のプログラムではガウスの消去法や LU 分解を用いるのがよい．ヘッセ行列 $\boldsymbol{H}$ の多くの要素が 0 のときは（そのような行列を**疎行列**と呼ぶ），**ヤコビ反復法**や**ガウス・ザイデル反復法**のような反復解法（特に後者）が有力である．

☞ 1 変数の場合と同様に，式 (3.21) は連立方程式の解を求めるニュートン法の変形である．n 変数の連立方程式

$$f_1(x_1,\ldots,x_n) = 0, \qquad \ldots, \qquad f_n(x_1,\ldots,x_n) = 0 \tag{3.23}$$

を考える．現在の位置を $(\bar{x}_1,\ldots,\bar{x}_n)$ とし，$\Delta x_i = x_i - \bar{x}_i$ と置くと $x_i = \bar{x}_i + \Delta x_i$ であるから，上式の左辺をテイラー展開すると次のようになる（↪ 式 (1.11)）．

$$\begin{aligned}
\bar{f}_1 + \frac{\partial \bar{f}_1}{\partial x_1}\Delta x_1 + \cdots + \frac{\partial \bar{f}_1}{\partial x_n}\Delta x_n + \cdots &= 0 \\
&\vdots \\
\bar{f}_n + \frac{\partial \bar{f}_n}{\partial x_1}\Delta x_1 + \cdots + \frac{\partial \bar{f}_n}{\partial x_n}\Delta x_n + \cdots &= 0
\end{aligned} \tag{3.24}$$

ただしバーは現在の位置 $(\bar{x}_1,\ldots,\bar{x}_n)$ での値を意味する．Δx_i の 2 次以上の微小量

を省略すると，Δx_i は次の連立 1 次方程式の解となる．

$$\begin{pmatrix} \partial\bar{f}_1/\partial x_1 & \cdots & \partial\bar{f}_1/\partial x_n \\ \vdots & \ddots & \vdots \\ \partial\bar{f}_n/\partial x_1 & \cdots & \partial\bar{f}_n/\partial x_n \end{pmatrix} \begin{pmatrix} \Delta x_1 \\ \vdots \\ \Delta x_n \end{pmatrix} = - \begin{pmatrix} \bar{f}_1 \\ \vdots \\ \bar{f}_n \end{pmatrix} \tag{3.25}$$

左辺の行列の逆行列を右辺に掛け，$\Delta x_i = x_i - \bar{x}_i$ に注意すると，解 $(x_1, \ldots, x_n)$ の近似値が次のように得られる．

$$\begin{pmatrix} x_1 \\ \vdots \\ x_n \end{pmatrix} = \begin{pmatrix} \bar{x}_1 \\ \vdots \\ \bar{x}_n \end{pmatrix} - \begin{pmatrix} \partial\bar{f}_1/\partial x_1 & \cdots & \partial\bar{f}_1/\partial x_n \\ \vdots & \ddots & \vdots \\ \partial\bar{f}_n/\partial x_1 & \cdots & \partial\bar{f}_n/\partial x_n \end{pmatrix}^{-1} \begin{pmatrix} \bar{f}_1 \\ \vdots \\ \bar{f}_n \end{pmatrix} \tag{3.26}$$

これが n 変数連立方程式の解を計算するニュートン法の反復公式である．これと式 (3.21) を比較すると，式 (3.21) は上式で $\bar{f}_i$ を $\partial\bar{f}/\partial x_i$ に置き換えたものになっている．

【例 題 3.2】 次の関数を考える．

$$f(x, y) = x^3 + y^3 - 9xy + 27 \tag{3.27}$$

1. この関数 $f(x, y)$ の点 $(3, 2)$ における 2 次近似 $f_{\mathrm{II}}(x, y)$ を求めよ．
2. その 2 次近似 $f_{\mathrm{II}}(x, y)$ が極値をとる点を求めよ．
3. 関数 $f(x, y)$ が極値をとる点をニュートン法で計算するにはどうしたらよいか．

（解） 関数 $f(x, y)$ の 1 階および 2 階の偏導関数は次のようになる．

$$\frac{\partial f}{\partial x} = 3x^2 - 9y, \qquad \frac{\partial f}{\partial y} = 3y^2 - 9x$$
$$\frac{\partial^2 f}{\partial x^2} = 6x, \qquad \frac{\partial^2 f}{\partial x \partial y} = -9, \qquad \frac{\partial^2 f}{\partial y^2} = 6y \tag{3.28}$$

1. $x = 3$, $y = 2$ を代入すると次のようになる．

$$f = 8, \qquad \frac{\partial f}{\partial x} = 9, \qquad \frac{\partial f}{\partial y} = -15$$
$$\frac{\partial^2 f}{\partial x^2} = 18, \qquad \frac{\partial^2 f}{\partial x \partial y} = -9, \qquad \frac{\partial^2 f}{\partial y^2} = 12 \tag{3.29}$$

ゆえに，2 次近似 $f_{\mathrm{II}}(x,y)$ は次のようになる．

$$f_{\mathrm{II}}(x,y)=8+9(x-3)-15(y-2)+\frac{1}{2}\Big(18(x-3)^2-18(x-3)(y-2)+12(y-2)^2\Big) \tag{3.30}$$

2. 2 次近似 $f_{\mathrm{II}}(x,y)$ の偏導関数は次のようになる．

$$\begin{aligned}\frac{\partial f_{\mathrm{II}}}{\partial x}&=9+\frac{1}{2}(36(x-3)-18(y-2))\\ \frac{\partial f_{\mathrm{II}}}{\partial y}&=-15+\frac{1}{2}(-18(x-3)+24(y-2))\end{aligned} \tag{3.31}$$

これをそれぞれ 0 と置くと，次の連立 1 次方程式を得る．

$$\begin{cases}2(x-3)-(y-2)=-1\\ -3(x-3)+4(y-2)=5\end{cases} \tag{3.32}$$

この解は $x=16/5$, $y=17/5$ である．ゆえに，2 次近似 $f_{\mathrm{II}}(x,y)$ は点 $(16/5,17/5)$ で極値をとる．その点でのヘッセ行列 $\begin{pmatrix}18 & -9\\ -9 & 12\end{pmatrix}$ はシルベスタの定理（↪ 第 2 章 2.1.4 項）より正値対称行列であるから，この点で最小値をとる．この点が，式 (3.27) が極小値をとる点の近似値となる．

3. 関数 $f(x,y)$ の点 $(\bar{x},\bar{y})$ における 2 次近似 $f_{\mathrm{II}}(x,y)$ は次のようになる．

$$\begin{aligned}f_{\mathrm{II}}(x,y)&=f(\bar{x},\bar{y})+(3\bar{x}^2-9\bar{y})(x-\bar{x})+(3\bar{y}^2-9\bar{x})(y-\bar{y})\\ &\quad+\frac{1}{2}(6\bar{x}(x-\bar{x})^2-18(x-\bar{x})(y-\bar{y})+6\bar{y}(y-\bar{y})^2)\\ &=f(\bar{x},\bar{y})+(\begin{pmatrix}3\bar{x}^2-9\bar{y}\\ 3\bar{y}^2-9\bar{x}\end{pmatrix},\begin{pmatrix}x-\bar{x}\\ y-\bar{y}\end{pmatrix})\\ &\quad+\frac{1}{2}(\begin{pmatrix}x-\bar{x}\\ y-\bar{y}\end{pmatrix},\begin{pmatrix}6\bar{x} & -9\\ -9 & 6\bar{y}\end{pmatrix}\begin{pmatrix}x-\bar{x}\\ y-\bar{y}\end{pmatrix})\end{aligned} \tag{3.33}$$

この勾配は次のようになる（↪ 微分の公式 (1.46), (1.65)）．

$$\nabla f_{\mathrm{II}}=\begin{pmatrix}3\bar{x}^2-9\bar{y}\\ 3\bar{y}^2-9\bar{x}\end{pmatrix}+\begin{pmatrix}6\bar{x} & -9\\ -9 & 6\bar{y}\end{pmatrix}\begin{pmatrix}x-\bar{x}\\ y-\bar{y}\end{pmatrix} \tag{3.34}$$

これを **0** と置くと次のようになる．

$$\begin{pmatrix} 6\bar{x} & -9 \\ -9 & 6\bar{y} \end{pmatrix} \begin{pmatrix} x-\bar{x} \\ y-\bar{y} \end{pmatrix} = -\begin{pmatrix} 3\bar{x}^2-9\bar{y} \\ 3\bar{y}^2-9\bar{x} \end{pmatrix} \tag{3.35}$$

これを解くと次のようになる．

$$\begin{aligned} \begin{pmatrix} x-\bar{x} \\ y-\bar{y} \end{pmatrix} &= -\begin{pmatrix} 6\bar{x} & -9 \\ -9 & 6\bar{y} \end{pmatrix}^{-1} \begin{pmatrix} 3\bar{x}^2-9\bar{y} \\ 3\bar{y}^2-9\bar{x} \end{pmatrix} \\ &= -\frac{1}{36\bar{x}\bar{y}-81} \begin{pmatrix} 6\bar{y} & 9 \\ 9 & 6\bar{x} \end{pmatrix} \begin{pmatrix} 3\bar{x}^2-9\bar{y} \\ 3\bar{y}^2-9\bar{x} \end{pmatrix} \end{aligned} \tag{3.36}$$

書き直すと次のようになる．

$$\begin{pmatrix} x \\ y \end{pmatrix} = \begin{pmatrix} \bar{x} \\ \bar{y} \end{pmatrix} - \frac{1}{36\bar{x}\bar{y}-81} \begin{pmatrix} 6\bar{y} & 9 \\ 9 & 6\bar{x} \end{pmatrix} \begin{pmatrix} 3\bar{x}^2-9\bar{y} \\ 3\bar{y}^2-9\bar{x} \end{pmatrix} \tag{3.37}$$

ゆえに，初期値 (x_0, y_0) を与えて，次の反復を収束するまで行えばよい．

$$\begin{pmatrix} x \\ y \end{pmatrix} \leftarrow \begin{pmatrix} x \\ y \end{pmatrix} - \frac{1}{4xy-9} \begin{pmatrix} 2y & 3 \\ 3 & 2x \end{pmatrix} \begin{pmatrix} x^2-3y \\ y^2-3x \end{pmatrix} \tag{3.38}$$

□

3.2.3 ニュートン法の収束 *

ニュートン法は真の解に近い近似値から出発すると収束が極めて速いことが知られている．より詳しくいえば，K 回目の反復の近似値と真値との差を $\epsilon^{(K)}$ とすると，$K+1$ 回目の近似値と真値との差 $\epsilon^{(K+1)}$ はほぼ $\epsilon^{(K)2}$ の定数倍である．これを **2 次収束**という．したがって，例えばあるステップで誤差が 0.1 であれば，次のステップではほぼ 0.01，その次はほぼ 0.0001，その次はほぼ 0.00000001，... となる．これは**小数点以下の正しい桁数が反復ごとに約 2 倍になる**ことを意味する．

それに対して多くの反復手法では反復の度に誤差が一定の割合で減少し，小数点以下の正しい桁数が一定の割合で増加する．このような収束を **1 次収束**という．

【定 理 3.2】 ニュートン法は2次収束する．

【例 題 3.3】 1変数の場合に定理3.2を証明せよ．

（解） 真の解を a とし，K 回目の反復の解を $x^{(K)} = a + \epsilon^{(K)}$ と置く．$\epsilon^{(K)}$ が K 回目の反復の誤差である．解 a では $f'(a) = 0$ であるから，$f'(x^{(K)})$, $f''(x^{(K)})$ をテイラー展開すると次のようになる．

$$f'(x^{(K)}) = f'(a + \epsilon^{(K)}) = f''(a)\epsilon^{(K)} + \frac{1}{2}f'''(a)\epsilon^{(K)2} + O(\epsilon^{(K)})^3 \tag{3.39}$$

$$f''(x^{(K)}) = f''(a + \epsilon^{(K)}) = f''(a) + f'''(a)\epsilon^{(K)} + O(\epsilon^{(K)})^2 \tag{3.40}$$

ただし $O(\epsilon^{(K)})^p$ は $\epsilon^{(K)}$ の p 乗あるいはそれ以上のべき乗に比例する微小な項を表す．式 (3.40) より，$f''(x^{(K)})$ の逆数は次のように展開される．

$$\frac{1}{f''(x^{(K)})} = \frac{1}{f''(a)}\Big(1 - \frac{f'''(a)}{f''(a)}\epsilon^{(K)} + O(\epsilon^{(K)})^2\Big) \tag{3.41}$$

これと式 (3.39) をニュートン法の反復公式 (3.4) に代入して整理すると，$K+1$ 回目の解が次のように書ける．

$$x^{(K+1)} = a + \frac{f'''(a)}{2f''(a)}\epsilon^{(K)2} + O(\epsilon^{(K)})^3 \tag{3.42}$$

これが $a + \epsilon^{(K+1)}$ であるから，高次の微小量 $O(\epsilon^{(K)})^3$ を無視すると，次のようになる．

$$\epsilon^{(K+1)} \approx \frac{f'''(a)}{2f''(a)}\epsilon^{(K)2} \tag{3.43}$$

すなわちほぼ前ステップの誤差の2乗に比例する．　□

【例 題 3.4】 n 変数の場合に定理3.2を証明せよ．

（解） 1変数の場合と同様に真の解を $\boldsymbol{a}$ とし，K 回目の反復の解を $\boldsymbol{x}^{(K)} = \boldsymbol{a} + \boldsymbol{\epsilon}^{(K)}$ と置く．解 $\boldsymbol{a}$ では $\partial f(\boldsymbol{a})/\partial x_i = 0$ であるから，$\partial f(\boldsymbol{x}^{(K)})/\partial x_i$,

$\partial^2 f(\boldsymbol{x}^{(K)})/\partial x_i \partial x_j$ をテイラー展開すると次のようになる．

$$\frac{\partial f(\boldsymbol{x}^{(K)})}{\partial x_i} = \frac{\partial f(\boldsymbol{a}+\boldsymbol{\epsilon}^{(K)})}{\partial x_i} = \sum_{k=1}^{n} \frac{\partial^2 f(\boldsymbol{a})}{\partial x_i \partial x_k}\epsilon_k^{(K)} + \frac{1}{2}\sum_{k,l=1}^{n} \frac{\partial^3 f(\boldsymbol{a})}{\partial x_i \partial x_k \partial x_l}\epsilon_k^{(K)}\epsilon_l^{(K)} + O(\boldsymbol{\epsilon}^{(K)})^3 \quad (3.44)$$

$$\frac{\partial^2 f(\boldsymbol{x}^{(K)})}{\partial x_i \partial x_j} = \frac{\partial^2 f(\boldsymbol{a}+\boldsymbol{\epsilon}^{(K)})}{\partial x_i \partial x_j} = \frac{\partial^2 f(\boldsymbol{a})}{\partial x_i \partial x_j} + \sum_{k=1}^{n} \frac{\partial^3 f(\boldsymbol{a})}{\partial x_i \partial x_j \partial x_k}\epsilon_k^{(K)} + O(\boldsymbol{\epsilon}^{(K)})^2 \quad (3.45)$$

ただし，$O(\boldsymbol{\epsilon}^{(K)})^p$ は $\boldsymbol{\epsilon}^{(K)}$ の成分の p 乗あるいはそれ以上のべき乗に比例する微小な項を表す．式 (3.44), (3.45) を勾配 ∇f と式 (3.19) で定義したヘッセ行列 $\boldsymbol{H}$ を用いて書き直すと次のようになる．

$$\nabla f(\boldsymbol{x}^{(K)}) = \boldsymbol{H}(\boldsymbol{a})\boldsymbol{\epsilon}^{(K)} + \frac{1}{2}\boldsymbol{K}\boldsymbol{\epsilon}^{(K)} + O(\boldsymbol{\epsilon}^{(K)})^3 \quad (3.46)$$

$$\boldsymbol{H}(\boldsymbol{x}^{(K)}) = \boldsymbol{H}(\boldsymbol{a}) + \boldsymbol{K} + O(\boldsymbol{\epsilon}^{(K)})^2 \quad (3.47)$$

ここで $\sum_{k=1}^{n}(\partial^3 f(\boldsymbol{a})/\partial x_i \partial x_j \partial x_k)\epsilon_k^{(K)}$ を (i,j) 要素とする行列を $\boldsymbol{K}$ と置いた．これは $O(\boldsymbol{\epsilon})$ である．式 (3.47) より，$\boldsymbol{H}(\boldsymbol{x}^{(K)})$ の逆行列は次のように展開される．

$$\boldsymbol{H}(\boldsymbol{x}^{(K)})^{-1} = \boldsymbol{H}(\boldsymbol{a})^{-1}\Big(\boldsymbol{I} - \boldsymbol{K}\boldsymbol{H}(\boldsymbol{a})^{-1} + O(\boldsymbol{\epsilon}^{(K)})^2\Big) \quad (3.48)$$

これと式 (3.46) をニュートン法の反復公式 (3.21) に代入して整理すると，$K+1$ 回目の解が次のように書ける．

$$\boldsymbol{x}^{(K+1)} = \boldsymbol{a} + \frac{1}{2}\boldsymbol{H}(\boldsymbol{a})^{-1}\boldsymbol{K}\boldsymbol{\epsilon}^{(K)} + O(\boldsymbol{\epsilon}^{(K)})^3 \quad (3.49)$$

これが $\boldsymbol{a}+\boldsymbol{\epsilon}^{(K+1)}$ であるから，高次の微小量 $O(\boldsymbol{\epsilon}^{(K)})^3$ を無視すれば $\boldsymbol{\epsilon}^{(K+1)} = \boldsymbol{H}(\boldsymbol{a})^{-1}\boldsymbol{K}\boldsymbol{\epsilon}^{(K)}/2$ である．行列 $\boldsymbol{K}$ の定義を代入して具体的に書くと，次のようになる．

$$\epsilon_i^{(K+1)} = \frac{1}{2}\sum_{j,k,l=1}^{n} H_{ij}^{-1}(\boldsymbol{a})\frac{\partial^3 f(\boldsymbol{a})}{\partial x_j \partial x_k \partial x_l}\epsilon_k^{(K)}\epsilon_l^{(K)} \quad (3.50)$$

ただし，$H_{ij}^{-1}(\boldsymbol{a})$ は逆行列 $\boldsymbol{H}(\boldsymbol{a})^{-1}$ の (i,j) 要素を表す．上式より，誤差はほぼ前ステップの誤差の 2 乗に比例することがわかる．□

☞　式 (3.41) は次のように導ける．一般に，微小量 ϵ の級数 $a_0 + a_1\epsilon + a_2\epsilon^2 + \cdots$ の逆数が次のように展開されるとする．

$$\frac{1}{a_0 + a_1\epsilon + a_2\epsilon^2 + \cdots} = b_0 + b_1\epsilon + b_2\epsilon^2 + \cdots \tag{3.51}$$

分母を払うと次のようになる．

$$1 = (a_0 + a_1\epsilon + a_2\epsilon^2 + \cdots)(b_0 + b_1\epsilon + b_2\epsilon^2 + \cdots) \tag{3.52}$$

展開して両辺の ϵ の各べきの係数を比較すると次のようになる．

$$a_0 b_0 = 1, \qquad a_0 b_1 + a_1 b_0 = 0, \qquad a_0 b_2 + a_1 b_1 + a_2 b_0 = 0, \qquad \ldots \tag{3.53}$$

これを順に解いて $b_0, b_1, b_2, \ldots$ が次のように求まる．

$$b_0 = \frac{1}{a_0}, \qquad b_1 = -\frac{a_1 b_0}{a_0} = -\frac{a_1}{a_0^2}, \qquad b_2 = -\frac{a_1 b_1 + a_2 b_0}{a_0} = \frac{a_1^2 - a_0 a_2}{a_0^3}, \qquad \ldots \tag{3.54}$$

ゆえに次のように展開される．

$$\frac{1}{a_0 + a_1\epsilon + a_2\epsilon^2 + \cdots} = \frac{1}{a_0}\Big(1 - \frac{a_1}{a_0}\epsilon + \frac{a_1^2 - a_0 a_2}{a_0^2}\epsilon^2 + \cdots\Big) \tag{3.55}$$

☞　式 (3.48) は次のように導ける．一般に行列 $\boldsymbol{X}$ が微小量 ϵ に関して $\boldsymbol{X} = \boldsymbol{A}_0 + \boldsymbol{A}_1 + \boldsymbol{A}_2 + \cdots$ と展開できるとする．ただし $\boldsymbol{A}_k = O(\epsilon^k)$ である．この逆行列が次のように展開されるとする．

$$(\boldsymbol{A}_0 + \boldsymbol{A}_1 + \boldsymbol{A}_2 + \cdots)^{-1} = \boldsymbol{B}_0 + \boldsymbol{B}_1 + \boldsymbol{B}_2 + \cdots \tag{3.56}$$

ただし $\boldsymbol{B}_k = O(\epsilon^k)$ である．両辺に $\boldsymbol{A}_0 + \boldsymbol{A}_1 + \boldsymbol{A}_2 + \cdots$ を左から掛けると次のようになる．

$$\boldsymbol{I} = (\boldsymbol{A}_0 + \boldsymbol{A}_1 + \boldsymbol{A}_2 + \cdots)(\boldsymbol{B}_0 + \boldsymbol{B}_1 + \boldsymbol{B}_2 + \cdots) \tag{3.57}$$

展開して両辺の ϵ の同じ次数の項を比較すると次のようになる．

$$\boldsymbol{A}_0\boldsymbol{B}_0 = \boldsymbol{I}, \qquad \boldsymbol{A}_0\boldsymbol{B}_1 + \boldsymbol{A}_1\boldsymbol{B}_0 = \boldsymbol{O}, \qquad \boldsymbol{A}_0\boldsymbol{B}_2 + \boldsymbol{A}_1\boldsymbol{B}_1 + \boldsymbol{A}_2\boldsymbol{B}_0 = \boldsymbol{O}, \qquad \ldots \tag{3.58}$$

これを順に解いて $\boldsymbol{B}_0, \boldsymbol{B}_1, \boldsymbol{B}_2, \ldots$ が次のように求まる．

$$\boldsymbol{B}_0 = \boldsymbol{A}_0^{-1}, \qquad \boldsymbol{B}_1 = -\boldsymbol{A}_0^{-1}\boldsymbol{A}_1\boldsymbol{B}_0 = -\boldsymbol{A}_0^{-1}\boldsymbol{A}_1\boldsymbol{A}_0^{-1},$$
$$\boldsymbol{B}_2 = -\boldsymbol{A}_0^{-1}(\boldsymbol{A}_1\boldsymbol{B}_1 + \boldsymbol{A}_2\boldsymbol{B}_0) = -\boldsymbol{A}_0^{-1}(-\boldsymbol{A}_1\boldsymbol{A}_0^{-1}\boldsymbol{A}_1\boldsymbol{A}_0^{-1} + \boldsymbol{A}_2\boldsymbol{A}_0^{-1}), \qquad \ldots \tag{3.59}$$

ゆえに次のように展開される．

$$(\boldsymbol{A}_0+\boldsymbol{A}_1+\boldsymbol{A}_2+\cdots)^{-1} = \boldsymbol{A}_0^{-1}\Big(\boldsymbol{I}-\boldsymbol{A}_1\boldsymbol{A}_0^{-1}+(\boldsymbol{A}_1\boldsymbol{A}_0^{-1}\boldsymbol{A}_1\boldsymbol{A}_0^{-1}-\boldsymbol{A}_2\boldsymbol{A}_0^{-1})+\cdots\Big) \tag{3.60}$$

ニュートン法は収束が非常に速い優れた方法であるが，その欠点はまず，ヘッセ行列 $\boldsymbol{H}$ を計算するためにすべての 2 階の導関数 $\partial^2 f/\partial x_i \partial x_j$ が与えられなければならないことである．これは関数 $f(x_1,\ldots,x_n)$ が複雑な形をしているとき，解析的に求めるのが非常に困難になる．これを避ける方法にはいろいろあり，その代表的な**レーベンバーグ・マーカート法**を次章で述べる．それ以外にも，解の探索の過程からヘッセ行列 $\boldsymbol{H}$ を近似的に推定しながらニュートン法を行う**準ニュートン法**や，式を記号として機械的に微分する**数式処理**，あるいは解析的な微分法を組み込んだ**自動微分法**と呼ばれる数値計算によって 2 階の導関数を計算することもよく行なわれる．

ニュートン法のもう一つの問題は，ヘッセ行列 $\boldsymbol{H}$ が求まってもその逆行列 $\boldsymbol{H}^{-1}$ を計算しなければならないことである．逆行列を計算することは連立 1 次方程式の解を求めることに等価であり，一般には n 個の変数に対して n^3 に比例する回数の四則演算が必要である．これは n が大きいとき（実際の応用では $n = 1{,}000$ 程度は普通である）非常に多くの計算時間を要し，しかもそれが解の探索過程の全ステップで必要となる．次節で，逆行列の計算を避ける代表的な手法である**共役勾配法**を紹介する．

☞ n 変数の連立 1 次方程式の解法や $n \times n$ 行列の積，逆行列の計算を $n^{2.\cdots}$ に比例する回数の四則演算で計算する方法が存在することが知られている．しかし，これは多くの補助データが必要で，それら補助データはあらかじめ与えられていると仮定している．また，計算が極めて複雑なので，理論的には $n \to \infty$ の極限で速くなるとしても，実際問題で用いられる n に対しては普通は計算時間が余計にかかる．

3.3 共役勾配法

3.3.1 2 変数の場合

ニュートン法は各ステップで関数を 2 次近似し，次のステップでその 2 次近似の極値に移動する方法である．現在の近似解が $(x^{(K)}, y^{(K)})$ であるとき，その 2 次近似は次のように書ける.

$$f_{\rm II}(\boldsymbol{x}) = f^{(K)} + (\nabla f^{(K)}, \boldsymbol{x} - \boldsymbol{x}^{(K)}) + \frac{1}{2}(\boldsymbol{x} - \boldsymbol{x}^{(K)}, \boldsymbol{H}^{(K)}(\boldsymbol{x} - \boldsymbol{x}^{(K)})) \tag{3.61}$$

ただし $\boldsymbol{x} = \begin{pmatrix} x \\ y \end{pmatrix}$ と置き，勾配 ∇f とヘッセ行列 $\boldsymbol{H}$ を次のように置いた.

$$\nabla f = \begin{pmatrix} \partial f/\partial x \\ \partial f/\partial y \end{pmatrix}, \qquad \boldsymbol{H} = \begin{pmatrix} \partial^2 f/\partial x^2 & \partial^2 f/\partial x \partial y \\ \partial^2 f/\partial y \partial x & \partial^2 f/\partial y^2 \end{pmatrix} \tag{3.62}$$

$\boldsymbol{x}, \nabla f, \boldsymbol{H}$ の上添え字 (K) は (x, y) に $(x^{(K)}, y^{(K)})$ を代入することを意味する．式 (3.61) の極値は次式から定まる（$\hookrightarrow$ 微分の公式 (1.46), (1.65)）.

$$\nabla f_{\rm II} = \nabla f^{(K)} + \boldsymbol{H}^{(K)}(\boldsymbol{x} - \boldsymbol{x}^{(K)}) = \boldsymbol{0} \tag{3.63}$$

現在の位置 $\boldsymbol{x}^{(K)}$ から解 $\boldsymbol{x}$ に進むには，$\boldsymbol{m}^{(K)} \propto \boldsymbol{x} - \boldsymbol{x}^{(K)}$ であるようなベクトル $\boldsymbol{m}^{(K)}$ の方向に移動すればよい．ただし，記号 $\propto$ は “比例する”，または “平行である” ということを表す．式 (3.63) より，そのような $\boldsymbol{m}^{(K)}$ は次の関係を満たす.

$$\boldsymbol{H}^{(K)}\boldsymbol{m}^{(K)} \propto \nabla f^{(K)} \tag{3.64}$$

このような方向 $\boldsymbol{m}^{(K)}$ を**共役勾配**と呼ぶ.

2 次近似 $f_{\rm II}$ の等高線が円の場合はヘッセ行列 $\boldsymbol{H}^{(K)}$ は単位行列 $\boldsymbol{I}$ の定数倍であるから，式 (3.64) より $\boldsymbol{m}^{(K)} \propto \nabla f^{(K)}$ となる．すなわち，等高線が円であれば，勾配 $\nabla f^{(K)}$ 方向に進むと $f_{\rm II}$ の極値に達する．しかし，等高線が楕円のときは勾配 $\nabla f^{(K)}$ 方向ではなく，**共役勾配 $\boldsymbol{m}^{(K)}$ 方向に進まなければならない**（図 3.5）.

点 $\boldsymbol{x}^{(K)}$ での等高線の接線ベクトルを $\boldsymbol{t}^{(K)}$ とすると，勾配 $\nabla f^{(K)}$ は接線と直交する．したがって，式 (3.64) の両辺と $\boldsymbol{t}^{(K)}$ との内積をとると次式を得る.

$$(\boldsymbol{t}^{(K)}, \boldsymbol{H}^{(K)}\boldsymbol{m}^{(K)}) = 0 \tag{3.65}$$

共役勾配 $\boldsymbol{m}^{(K)}$ は勾配 $\nabla f^{(K)}$ からある程度接線方向 $\boldsymbol{t}^{(K)}$ にずれている．したがって，ある定数 $\alpha^{(K)}$ があって

$$\boldsymbol{m}^{(K)} = \nabla f^{(K)} + \alpha^{(K)}\boldsymbol{t}^{(K)} \tag{3.66}$$

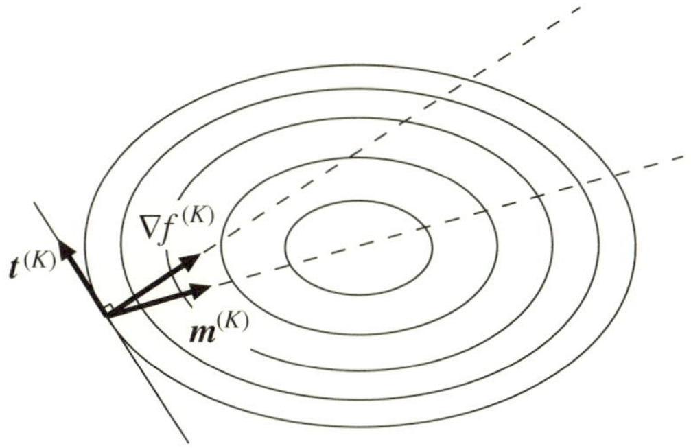

図 3.5 極値に達するには勾配 $\nabla f^{(K)}$ 方向ではなく，共役勾配 $\boldsymbol{m}^{(K)}$ 方向に進まなければならない．

と書ける（等高線が円の場合は $\alpha^{(K)}=0$ となる）．これを式 (3.65) に代入すると $(\boldsymbol{t}^{(K)},\boldsymbol{H}^{(K)}\nabla f^{(K)})+\alpha^{(K)}(\boldsymbol{t}^{(K)},\boldsymbol{H}^{(K)}\boldsymbol{t}^{(K)})=0$ となり，$\alpha^{(K)}$ が次のように定まる．

$$\alpha^{(K)}=-\frac{(\boldsymbol{t}^{(K)},\boldsymbol{H}^{(K)}\nabla f^{(K)})}{(\boldsymbol{t}^{(K)},\boldsymbol{H}^{(K)}\boldsymbol{t}^{(K)})} \tag{3.67}$$

この $\alpha^{(K)}$ を用いて，式 (3.66) から定まる共役勾配 $\boldsymbol{m}^{(K)}$ の方向に直線探索を行えば，ヘッセ行列 $\boldsymbol{H}^{(K)}$ の逆行列を計算することなく，直線探索によって $f_{\rm II}$ の極値に到達することができる．これが共役勾配法の原理である．

実際には 2 次近似 $f_{\rm II}$ ではなく，もとの関数 f の極値を求めたいのであるから，関数 f に対して直線探索を行なえばよい．これには 3.1.2 項に示した勾配法を用いればよい．その結果，点 $\boldsymbol{x}^{(K+1)}$ で極値に到達したとする．このとき，3.1.2 項に示したように，**その点で探索直線は関数 f の等高線に接している**（図 3.2）．すなわち，**探索直線の方向が $\boldsymbol{x}^{(K+1)}$ での接線方向 $\boldsymbol{t}^{(K+1)}$ になっている**．この直線探索は共役勾配 $\boldsymbol{m}^{(K)}$ の方向に行っているから，$\boldsymbol{t}^{(K+1)}=\boldsymbol{m}^{(K)}$ であり，一つ前のステップを考えれば $\boldsymbol{t}^{(K)}=\boldsymbol{m}^{(K-1)}$ である．以上より，次の共役勾配法の反復公式を得る．

$$\boldsymbol{m}^{(K)}=\nabla f^{(K)}+\alpha^{(K)}\boldsymbol{m}^{(K-1)},\quad \alpha^{(K)}=-\frac{(\boldsymbol{m}^{(K-1)},\boldsymbol{H}^{(K)}\nabla f^{(K)})}{(\boldsymbol{m}^{(K-1)},\boldsymbol{H}^{(K)}\boldsymbol{m}^{(K-1)})} \tag{3.68}$$

$$\boldsymbol{x}^{(K+1)}=\boldsymbol{x}^{(K)}+t^{(K)}\boldsymbol{m}^{(K)} \tag{3.69}$$

初期値 $\boldsymbol{x}^{(0)}$ では $\alpha^{(0)}=0$ とし（すなわち，最初だけは勾配 $\nabla f^{(0)}$ 方向に進

み)，以上を反復すればよい．特に，関数 f が2次式であれば2回の反復で極値に達する．

なお，式 (3.69) の直線探索を関数 f に適用する代わりに，2次近似 $f_{\rm II}$ で代用すれば，パラメータ $t^{(K)}$ は実際に勾配法を行わなくても次のように直接に計算できる．

【例 題 3.5】　関数 f が2次式のとき式 (3.69) の $t^{(K)}$ を求めよ．

（解）f が2次式なら式 (3.63) を満たす $\boldsymbol{x}$ が解である．$\boldsymbol{x} = \boldsymbol{x}^{(K)} + t^{(K)}\boldsymbol{m}^{(K)}$ と置いて式 (3.63) に代入すれば次のようになる．

$$\nabla f^{(K)} + t^{(K)}\boldsymbol{H}^{(K)}\boldsymbol{m}^{(K)} = \boldsymbol{0} \tag{3.70}$$

両辺と $\boldsymbol{m}^{(K)}$ との内積をとると $(\boldsymbol{m}^{(K)}, \nabla f^{(K)}) + t^{(K)}(\boldsymbol{m}^{(K)}, \boldsymbol{H}^{(K)}\boldsymbol{m}^{(K)}) = 0$ となるから，

$$t^{(K)} = -\frac{(\boldsymbol{m}^{(K)}, \nabla f^{(K)})}{(\boldsymbol{m}^{(K)}, \boldsymbol{H}^{(K)}\boldsymbol{m}^{(K)})} \tag{3.71}$$

を得る．□

☞ 式 (3.62) のヘッセ行列 $\boldsymbol{H}$ はランクが2であると仮定している．もしランクが1であれば（ランク0は零行列 $\boldsymbol{O}$ のみ），$f_{\rm II}$ が表す曲面は放物型であり（図 2.2(b)），等高線は平行になる（図 2.3(b)）．このとき，$\nabla f_{\rm II}$ はその平行な等高線に直交する方向にあり，1方向の直線探索に帰着する．特に f が2次式であれば，1回の反復で終了する．

☞ 直線探索に 3.1.2 項の勾配法を用いる代わりに，式 (3.71) を式 (3.69) に代入して $\boldsymbol{x}^{(K+1)}$ を計算すると，2次近似 $f_{\rm II}(\boldsymbol{x})$ の極値に達する．しかし，関数 $f(\boldsymbol{x})$ が2次式でなければ，これは探索直線上の極値であるとは限らない．その結果，式 (3.68) で計算される $\boldsymbol{m}^{(K)}$ は真の共役勾配から微小にずれる．したがって，収束するまでの反復回数が真の共役勾配を用いる場合よりやや増加する．

3.3.2　拡張と応用

以上は2変数の場合であったが，式 (3.68), (3.69) の反復公式は一般の n 変数の場合にも適用できる．これは各点 $\boldsymbol{x}^{(K)}$ で直前の探索直線の方向 $\boldsymbol{m}^{(K-1)}$ とその点での関数 f の勾配 $\nabla f^{(K)}$ の張る平面を考え，その平面上で関数 f の等高線に対して2変数の共役勾配法を適用していると解釈できる．これも共

役勾配法と呼ばれ，素朴な勾配法に比べて収束が速いことが知られている．特に，関数 f が 2 次式であれば n 回の反復で極値に到達することが証明できる．

【例 題 3.6】 共役勾配法を用いて n 変数の連立 1 次方程式

$$\boldsymbol{A}\boldsymbol{x} = \boldsymbol{b} \tag{3.72}$$

の解を n 回の反復によって計算する方法を示せ．

（解） 次の関数の最小値を計算すればよい．

$$f(\boldsymbol{x}) = \frac{1}{2}\|\boldsymbol{A}\boldsymbol{x} - \boldsymbol{b}\|^2 \tag{3.73}$$

変形すると次のようになる．

$$\begin{aligned} f(\boldsymbol{x}) &= \frac{1}{2}(\boldsymbol{A}\boldsymbol{x} - \boldsymbol{b}, \boldsymbol{A}\boldsymbol{x} - \boldsymbol{b}) \\ &= \frac{1}{2}(\boldsymbol{A}\boldsymbol{x}, \boldsymbol{A}\boldsymbol{x}) - \frac{1}{2}(\boldsymbol{A}\boldsymbol{x}, \boldsymbol{b}) - \frac{1}{2}(\boldsymbol{b}, \boldsymbol{A}\boldsymbol{x}) + \frac{1}{2}(\boldsymbol{b}, \boldsymbol{b}) \\ &= \frac{1}{2}(\boldsymbol{x}, \boldsymbol{A}^\top\boldsymbol{A}\boldsymbol{x}) - (\boldsymbol{A}^\top\boldsymbol{b}, \boldsymbol{x}) + \frac{1}{2}\|\boldsymbol{b}\|^2 \end{aligned} \tag{3.74}$$

勾配 ∇f とヘッセ行列 $\boldsymbol{H}$ は次のようになる（$\hookrightarrow$ 微分の公式 (1.46), (1.65)）．

$$\nabla f = \boldsymbol{A}^\top(\boldsymbol{A}\boldsymbol{x} - \boldsymbol{b}), \qquad \boldsymbol{H} = \boldsymbol{A}^\top\boldsymbol{A} \tag{3.75}$$

これを式 (3.68), (3.71) に代入すると次の共役勾配法の反復公式が得られる．

$$\alpha^{(K)} = -\frac{(\boldsymbol{m}^{(K-1)}, \boldsymbol{A}^\top\boldsymbol{A}\boldsymbol{A}^\top(\boldsymbol{A}\boldsymbol{x}^{(K)} - \boldsymbol{b}))}{(\boldsymbol{m}^{(K-1)}, \boldsymbol{A}^\top\boldsymbol{A}\boldsymbol{m}^{(K-1)})},$$

$$\boldsymbol{m}^{(K)} = \boldsymbol{A}^\top(\boldsymbol{A}\boldsymbol{x}^{(K)} - \boldsymbol{b}) + \alpha^{(K)}\boldsymbol{m}^{(K-1)} \tag{3.76}$$

$$t^{(K)} = -\frac{(\boldsymbol{m}^{(K)}, \boldsymbol{A}^\top(\boldsymbol{A}\boldsymbol{x}^{(K)} - \boldsymbol{b}))}{(\boldsymbol{m}^{(K)}, \boldsymbol{A}^\top\boldsymbol{A}\boldsymbol{m}^{(K)})},$$

$$\boldsymbol{x}^{(K+1)} = \boldsymbol{x}^{(K)} + t^{(K)}\boldsymbol{m}^{(K)} \tag{3.77}$$

これを $\alpha^{(0)} = 0$, $\boldsymbol{x}^{(0)} = \boldsymbol{0}$ から出発して反復すればよい． □

☞ 共役勾配法はもともとは例題 3.6 の連立 1 次方程式の解法として考案されたものであり，それが一般の関数の最適化に拡張されて式 (3.68), (3.69) の形になった．

☞ 「共役」という言葉は，正値対称行列 $\boldsymbol{Q}$ に対してベクトル $\boldsymbol{x}, \boldsymbol{y}$ が $(\boldsymbol{x}, \boldsymbol{Q}\boldsymbol{y}) = 0$ のとき，$\boldsymbol{x}, \boldsymbol{y}$ を「$\boldsymbol{Q}$ に関して互いに共役である」という幾何学の用語に由来している．$\boldsymbol{Q}$ が単位行列 $\boldsymbol{I}$ のときは互いに直交することであり，この意味で「共役」は「直交」の概念を拡張したものである．図3.5の共役勾配 $\boldsymbol{m}^{(K)}$ は式(3.65)より，「等高線の接線方向とヘッセ行列 $\boldsymbol{H}^{(K)}$ に関して共役な方向」と言い換えることができる．n 変数の場合にも，探索方向は常に直前の探索方向とヘッセ行列 $\boldsymbol{H}^{(K)}$ に関して共役な方向にある．それに対して，通常の勾配法は常に直前の探索方向と直交する方向（単位行列 $\boldsymbol{I}$ に関して共役な方向）を探索する（$\hookrightarrow$ 3.1.2項の定理3.1）．

☞ 共役勾配法が素朴な勾配法より速いといっても，共役勾配法の収束は1次収束であり，ニュートン法の2次収束には及ばない．例えば関数 f が2次式のときはニュートン法では1回の計算で極値に到達する．しかし，ニュートン法に比べて共役勾配法は1回の反復の計算量が少ないので，変数の数 n が大きいとき共役勾配法のほうが効率的な場合もある．どちらがよいかは問題に依存する．

☞ 関数 f が2次式のとき共役勾配法が n 回の反復で終了するのは，厳密にはそのヘッセ行列 $\boldsymbol{H}$ のランクが n の場合である．ランクが $r < n$ のとき（そのような場合は f は**退化**しているという），変数の n 次元空間内にある r 次元部分空間 $\mathcal{L}$ があって，$\mathcal{L}$ に直交する方向には f の値は一定である．このとき，勾配 ∇f は常に部分空間 $\mathcal{L}$ に沿う方向にあるので，共役勾配法を適用すると r 変数の（退化していない）2次関数に対するのと同じ計算になる．したがって r 回の反復で終了する．

☞ 共役勾配法の問題点は，式(3.68)の第2式で $\alpha^{(K)}$ を計算するのにヘッセ行列 $\boldsymbol{H}$ の計算が必要なことである．関数 f が複雑な場合や変数の数 n が多い場合は2階偏微分の計算が困難となる．これには自動微分ソフトウェアを用いてもよいが，$\boldsymbol{H}$ を含まない式で代用する方法がいろいろ考えられている．代表的なものに次の式がある．

$$\alpha^{(K)} = -\frac{(\nabla f^{(K)}, \nabla f^{(K)} - \nabla f^{(K-1)})}{(\boldsymbol{m}^{(K-1)}, \nabla f^{(K)} - \nabla f^{(K-1)})} \qquad \text{ビール・ソレンソンの式} \tag{3.78}$$

$$\alpha^{(K)} = \frac{(\nabla f^{(K)}, \nabla f^{(K)} - \nabla f^{(K-1)})}{\|\nabla f^{(K-1)}\|^2} \qquad \text{ポラック・リビエール（・ポリャック）の式} \tag{3.79}$$

$$\alpha^{(K)} = \frac{\|\nabla f^{(K)}\|^2}{\|\nabla f^{(K-1)}\|^2} \qquad \text{フレッチャー・リーブスの式} \tag{3.80}$$

いずれも f が2次式なら式(3.68)の第2式に一致する．しかし f が一般の関数のときはそれぞれ値が異なり，どれが最もよいかは一概には言えない．

☞ 行列 $\boldsymbol{A}$ のランクが $r < n$ であれば連立1次方程式(3.72)は無数の解をもつ（**不定**）か，解が存在しない（**不能**）かのどちらかである．このときヘッセ行列 $\boldsymbol{H} = \boldsymbol{A}^\top \boldsymbol{A}$ のランクも r であるから，共役勾配法の反復は r 回で終了する．そして，不定の場合は無数の解のうちの一つが得られ，どの解が得られるかは $\boldsymbol{x}$ の初期値に依存する（$\boldsymbol{x} = \boldsymbol{0}$ から出発すると，ノルム $\|\boldsymbol{x}\|$ が最小の解が得られる）．不能の場合は式(3.73)を最小

にする $\boldsymbol{x}$（**最小二乗解**と呼ぶ）が得られる．

☞ 式 (3.73) の係数の 1/2 は後で式を見やすくするものであり，特に意味はない．

第4章

最小二乗法

本章では与えられたデータに関数を最もよく当てはめる問題を考える．そのための代表的な解法が「最小二乗法」である．これを直線の場合について説明した後，一般の多項式や曲線の場合に拡張する．さらに，これを連立1次方程式の解法にも適用する．連立1次方程式は式が未知数より多いと一般に解が存在せず，式が未知数より少ないと解が無数に存在する．しかし，最小二乗法を用いれば，どんな場合でも実用的に望ましい解がただ一つ定まる．その計算法を述べるとともに，これが数学的には「特異値分解」や「一般逆行列」と呼ばれる手法を用いることに相当することを示す．最後に，データに一般の非線形関数を当てはめる「ガウス・ニュートン法」およびそれを拡張した「レーベンバーグ・マーカート法」の計算アルゴリズムを述べる．

4.1　式の当てはめ

4.1.1　直線の当てはめ

N 個のデータ (x_1, y_1), ..., (x_N, y_N) に直線を当てはめたい．当てはめる直線を $y = ax + b$ と置く．もし $y_\alpha = ax_\alpha + b$, $\alpha = 1, \ldots, N$ となっていればデータ $\{(x_\alpha, y_\alpha)\}$ はすべて直線 $y = ax + b$ 上にあるが，一般には各 α に対して $y_\alpha \neq ax_\alpha + b$ である．そこで

$$y_\alpha \approx ax_\alpha + b, \qquad \alpha = 1, \ldots, N \tag{4.1}$$

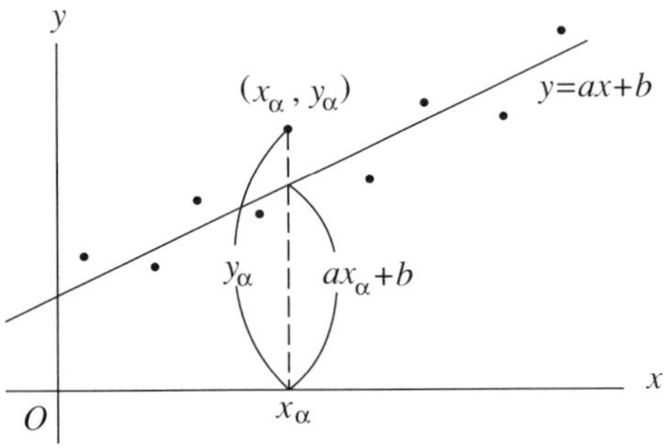

図 4.1　直線の当てはめ．

となるように直線のパラメータ a, b を定める（図 4.1）．この $\approx$ の意味をどう定義するかでいろいろな可能性が考えられるが，広く用いられている手法は次の最小化問題を解くことである．

$$J = \frac{1}{2}\sum_{\alpha=1}^{N}\Bigl(y_\alpha - (ax_\alpha + b)\Bigr)^2 \to \min \tag{4.2}$$

これは誤差の二乗の和を最小にする方法であることから，**最小二乗法**と呼ばれている．

【例 題 4.1】　N 個のデータ $(x_1, y_1), \ldots, (x_N, y_N)$ に直線を当てはめよ．

（解）式 (4.2) のように置き，

$$\frac{\partial J}{\partial a} = 0, \qquad \frac{\partial J}{\partial b} = 0 \tag{4.3}$$

を解いて a, b を定めればよい．式 (4.2) より次式を得る．

$$\begin{aligned}\frac{\partial J}{\partial a} &= \sum_{\alpha=1}^{N}(y_\alpha - ax_\alpha - b)(-x_\alpha) = a\sum_{\alpha=1}^{N}x_\alpha^2 + b\sum_{\alpha=1}^{N}x_\alpha - \sum_{\alpha=1}^{N}x_\alpha y_\alpha \\ \frac{\partial J}{\partial b} &= \sum_{\alpha=1}^{N}(y_\alpha - ax_\alpha - b)(-1) = a\sum_{\alpha=1}^{N}x_\alpha + b\sum_{\alpha=1}^{N}1 - \sum_{\alpha=1}^{N}y_\alpha\end{aligned} \tag{4.4}$$

したがって，式 (4.3) は次の連立 1 次方程式となる．

$$\begin{pmatrix}\sum_{\alpha=1}^{N}x_\alpha^2 & \sum_{\alpha=1}^{N}x_\alpha \\ \sum_{\alpha=1}^{N}x_\alpha & \sum_{\alpha=1}^{N}1\end{pmatrix}\begin{pmatrix}a \\ b\end{pmatrix} = \begin{pmatrix}\sum_{\alpha=1}^{N}x_\alpha y_\alpha \\ \sum_{\alpha=1}^{N}y_\alpha\end{pmatrix} \tag{4.5}$$

これを**正規方程式**と呼ぶ．これを解いて a, b が定まる． □

【例 題 4.2】 5 点 $(4, -17)$, $(15, -4)$, $(30, -7)$, $(100, 50)$, $(200, 70)$ に最小二乗法で直線を当てはめよ．

（解）当てはめる直線を $y = ax + b$ と置く．

$$J = \frac{1}{2}\Big((-17 - (4a + b))^2 + (-4 - (15a + b))^2 + (-7 - (30a + b))^2 + (50 - (100a + b))^2 + (70 - (200a + b))^2\Big) \tag{4.6}$$

を最小にするように a, b を定める．a, b でそれぞれ微分して 0 と置くと次のようになる．

$$\begin{aligned}\frac{\partial J}{\partial a} &= (-17 - (4a + b))(-4) + (-4 - (15a + b))(-15) \\ &\quad + (-7 - (30a + b))(-30) + (50 - (100a + b))(-100) \\ &\quad + (70 - (200a + b))(-200) = 0 \\ \frac{\partial J}{\partial b} &= (-17 - (4a + b))(-1) + (-4 - (15a + b))(-1) \\ &\quad + (-7 - (30a + b))(-1) + (50 - (100a + b))(-1) \\ &\quad + (70 - (200a + b))(-1) = 0\end{aligned} \tag{4.7}$$

これから次の正規方程式を得る．

$$\begin{cases} 4^2a + 4b + 4\cdot 17 + 15^2a + 15b + 15\cdot 4 + 30^2a + 30b + 30\cdot 7 \\ \qquad + 100^2a + 100b - 100\cdot 50 + 200^2a + 200b - 200\cdot 70 = 0 \\ 4a + b + 17 + 15a + b + 4 + 30a + b + 7 \\ \qquad + 100a + b - 50 + 200a + b - 70 = 0 \end{cases} \tag{4.8}$$

次のように式 (4.5) を用いてもよい．

$$\begin{pmatrix} 4^2 + 15^2 + 30^2 + 100^2 + 200^2 & 4 + 15 + 30 + 100 + 200 \\ 4 + 15 + 30 + 100 + 200 & 1 + 1 + 1 + 1 + 1 \end{pmatrix}\begin{pmatrix} a \\ b \end{pmatrix} = \begin{pmatrix} 4\cdot(-17) + 15\cdot(-4) + 30\cdot(-7) + 100\cdot 50 + 200\cdot 70 \\ (-17) + (-4) + (-7) + 50 + 70 \end{pmatrix} \tag{4.9}$$

この結果，正規方程式が最終的に

$$\begin{pmatrix} 51141 & 349 \\ 349 & 5 \end{pmatrix} \begin{pmatrix} a \\ b \end{pmatrix} = \begin{pmatrix} 18662 \\ 92 \end{pmatrix} \tag{4.10}$$

となる．これを解いて $a = 0.457$, $b = -13.503$ を得る．すなわち，当てはめた直線は $y = 0.457x - 13.503$ である．□

【例 題 4.3】 実験によると鉱石の密度 $x\,(\mathrm{g/cm^3})$ と鉄含有量 $y\,(\%)$ の間に次の関係があった．

x	2.8	2.9	3.0	3.1	3.2	3.2	3.2	3.3	3.4
y	30	26	33	31	33	35	37	36	33

これから密度が 3.25g/cm^3 の鉱石の鉄含有量はいくらであると推定されるか．

（解）表から次のように計算される．

x	2.8	2.9	3.0	3.1	3.2	3.2	3.2	3.3	3.4	28.1
y	30	26	33	31	33	35	37	36	33	294
x^2	7.84	8.41	9.00	9.61	10.24	10.24	10.24	10.89	11.56	88.03
xy	84.0	75.4	99.0	96.1	105.6	112.0	118.4	118.8	112.2	921.5

これに直線 $y = ax + b$ を最小二乗法で当てはめると，式 (4.5) より次の正規方程式を得る．

$$\begin{pmatrix} 88.03 & 28.1 \\ 28.1 & 9 \end{pmatrix} \begin{pmatrix} a \\ b \end{pmatrix} = \begin{pmatrix} 921.5 \\ 294 \end{pmatrix} \tag{4.11}$$

これを解くと $a = 12.1$, $b = -5.01$ となる．したがって x と y の関係は $y = 12.1x - 5.01$ と近似できる．$x = 3.25$ を代入すると

$$y = 12.1 \times 3.25 - 5.01 = 34.3 \tag{4.12}$$

であるから 34.3%と推定される．□

☞ 式 (4.2) の係数 1/2 は，二乗和を微分して出てくる定数 2 を打ち消して式を見やすくするためである．

☞ 式 (4.1) の左辺と右辺の差を $\alpha = 1, \ldots, N$ に渡って小さくする方法は，式 (4.2) のように二乗和を最小にする以外にもいろいろな可能性がある．例えば，最も大きい食

い違いを小さくするように

$$J = \max_{\alpha=1}^{N} \Big| y_\alpha - (ax_\alpha + b) \Big| \to \min \tag{4.13}$$

としてもよい．あるいは，差が平均的に小さくなるように，次のように置くこともできる．

$$J = \frac{1}{N} \sum_{\alpha=1}^{N} \Big| y_\alpha - (ax_\alpha + b) \Big| \to \min \tag{4.14}$$

☞ 数列 $\{a_\alpha\}$, $\alpha = 1, \ldots, N$ の大きさを測る尺度（ノルムと呼ぶ）として

$$\sum_{\alpha=1}^{N} |a_\alpha|, \qquad \sqrt{\sum_{\alpha=1}^{N} a_\alpha^2}, \qquad \max_{\alpha=1}^{N} |a_\alpha| \tag{4.15}$$

をそれぞれ l_1 ノルム，l_2 ノルム，l_∞ ノルムと呼ぶ．これらはそれぞれ**平均ノルム**，**二乗ノルム**，**一様ノルム**とも呼ばれる．式 (4.2)，式 (4.13)，式 (4.14) は数列 $\{y_\alpha\}$ と $\{ax_\alpha + b\}$ をそれぞれ l_2 ノルム（二乗ノルム），l_∞ ノルム（一様ノルム），l_1 ノルム（平均ノルム）の意味で近づけているとみなせる（係数や全体の平方根は本質的ではない）．

☞ より一般に正数 p に対して数列 $\{a_\alpha\}$, $\alpha = 1, \ldots, N$ の l_p ノルム（または **p 乗ノルム**）

$$\sqrt[p]{\sum_{\alpha=1}^{N} a_\alpha^p} \tag{4.16}$$

が定義できる．l_1 ノルム，l_2 ノルム，l_∞ ノルムはそれぞれ $p = 1, 2, \infty$ の場合に相当している．これに対応して式 (4.2), (4.13), (4.14) を次のように一般化することもできる（**最小 p 乗法**）．

$$J = \sum_{\alpha=1}^{N} \Big(y_\alpha - (ax_\alpha + b) \Big)^p \to \min \tag{4.17}$$

☞ このようにいろいろな可能性が考えられるが，最小二乗法が最もよく用いられる最大の理由は，二乗和は微分すると単純な和の形になり，解が連立 1 次方程式（正規方程式）を解くことによって容易に求まるからである．$p \neq 2$ の場合に式 (4.17) の解を計算で求めることは容易ではない．

☞ 最小二乗法が好まれるもう一つの理由は，式 (4.2) が**最尤推定**と呼ばれる統計的最適化法として理論的に正当化されるからである．これについては第 5 章で述べる．

☞ 昔からデータの単位の変更によって最小二乗法を手計算で効率よく解く方法が行なわれてきた．単位のスケールや原点は任意に選べる．例えば年号 1998 年，1999 年，2000 年，2001 年，... は 2000 年を基準にして −2 年，−1 年，0 年，1 年，... と数えればよいし，30,000 円，40,000 円，... は 1000 円を単位として 30 千円，40 千円，... とすれば，数字が簡単になる．より徹底するには，データ $\{x_\alpha\}$, $\{y_\alpha\}$ の

単位の原点をそれぞれ平均 $\sum_{\alpha=1}^{N} x_\alpha/N$，$\sum_{\alpha=1}^{N} y_\alpha/N$ に選べばよい．このとき式 (4.5) の左辺の行列の非対角要素と右辺のベクトルの第 2 成分が 0 になるから，解は $a=\sum_{\alpha=1}^{N} x_\alpha y_\alpha/\sum_{\alpha=1}^{N} x_\alpha^2$，$b=0$ となる．しかし，最近は計算をコンピュータで行なうので，このような工夫の必要はほとんどなくなっている．

4.1.2　多項式の当てはめ

前項の考え方は任意の多項式の当てはめに拡張できる．

【例 題 4.4】　N 個のデータ (x_1, y_1), …, (x_N, y_N) に 2 次式を当てはめよ．

（解） 当てはめる 2 次式を $y = ax^2 + bx + c$ とし，

$$y_\alpha \approx ax_\alpha^2 + bx_\alpha + c, \qquad \alpha = 1, \ldots, N \tag{4.18}$$

となる a, b, c を最小二乗法

$$J = \frac{1}{2}\sum_{\alpha=1}^{N}\Big(y_\alpha - (ax_\alpha^2 + bx_\alpha + c)\Big)^2 \to \min \tag{4.19}$$

によって定める．それには

$$\frac{\partial J}{\partial a} = 0, \qquad \frac{\partial J}{\partial b} = 0, \qquad \frac{\partial J}{\partial c} = 0 \tag{4.20}$$

を解いて a, b, c を定めればよい．式 (4.19) より次式を得る．

$$\begin{aligned}
\frac{\partial J}{\partial a} &= \sum_{\alpha=1}^{N}(y_\alpha - ax_\alpha^2 - bx_\alpha - c)(-x_\alpha^2) \\
&= a\sum_{\alpha=1}^{N} x_\alpha^4 + b\sum_{\alpha=1}^{N} x_\alpha^3 + c\sum_{\alpha=1}^{N} x_\alpha^2 - \sum_{\alpha=1}^{N} x_\alpha^2 y_\alpha \\
\frac{\partial J}{\partial b} &= \sum_{\alpha=1}^{N}(y_\alpha - ax_\alpha^2 - bx_\alpha - c)(-x_\alpha) \\
&= a\sum_{\alpha=1}^{N} x_\alpha^3 + b\sum_{\alpha=1}^{N} x_\alpha^2 + c\sum_{\alpha=1}^{N} x_\alpha - \sum_{\alpha=1}^{N} x_\alpha y_\alpha \\
\frac{\partial J}{\partial c} &= \sum_{\alpha=1}^{N}(y_\alpha - ax_\alpha^2 - bx_\alpha - c)(-1) \\
&= a\sum_{\alpha=1}^{N} x_\alpha^2 + b\sum_{\alpha=1}^{N} x_\alpha + c\sum_{\alpha=1}^{N} 1 - \sum_{\alpha=1}^{N} y_\alpha
\end{aligned} \tag{4.21}$$

式 (4.20) から次の正規方程式を得る．

$$
\begin{pmatrix} \sum_{\alpha=1}^{N} x_\alpha^4 & \sum_{\alpha=1}^{N} x_\alpha^3 & \sum_{\alpha=1}^{N} x_\alpha^2 \\ \sum_{\alpha=1}^{N} x_\alpha^3 & \sum_{\alpha=1}^{N} x_\alpha^2 & \sum_{\alpha=1}^{N} x_\alpha \\ \sum_{\alpha=1}^{N} x_\alpha^2 & \sum_{\alpha=1}^{N} x_\alpha & \sum_{\alpha=1}^{N} 1 \end{pmatrix} \begin{pmatrix} a \\ b \\ c \end{pmatrix} = \begin{pmatrix} \sum_{\alpha=1}^{N} x_\alpha^2 y_\alpha \\ \sum_{\alpha=1}^{N} x_\alpha y_\alpha \\ \sum_{\alpha=1}^{N} y_\alpha \end{pmatrix} \tag{4.22}
$$

これを解いて a, b, c が定まる．□

【例 題 4.5】 4 点 $(-1,0)$, $(0,-2)$, $(0,-1)$, $(1,0)$ に最小二乗法により 2 次曲線を当てはめよ．

（解） 当てはめる 2 次曲線を $y = ax^2 + bx + c$ と置く．

$$
\begin{aligned}
J &= \frac{1}{2}\Big((0-((-1)^2a+(-1)b+c))^2+(-2-(0^2a+0b+c))^2 \\
&\qquad +(-1-(0^2a+0b+c))^2+(0-(1^2a+1b+c))^2\Big) \\
&= \frac{1}{2}\Big((a-b+c)^2+(2+c)^2+(1+c)^2+(a+b+c)^2\Big)
\end{aligned} \tag{4.23}
$$

を最小にするように a, b, c を定める．a, b, c でそれぞれ微分すると次のようになる．

$$
\begin{aligned}
&\frac{\partial J}{\partial a} = (a-b+c)+(a+b+c), \qquad \frac{\partial J}{\partial b} = -(a-b+c)+(a+b+c) \\
&\frac{\partial J}{\partial c} = (a-b+c)+(2+c)+(1+c)+(a+b+c)
\end{aligned} \tag{4.24}
$$

これらをそれぞれ 0 と置くと，次の正規方程式を得る．

$$
a+c=0, \qquad b=0, \qquad 2a+4c=-3 \tag{4.25}
$$

これから $a=1.5$, $b=0$, $c=-1.5$ を得る．したがって当てめた 2 次曲線は $y=1.5x^2-1.5$ である．□

【例 題 4.6】 N 個のデータ (x_1,y_1), ..., (x_N,y_N) に 3 次式を当てはめよ．

（解） 当てはめる 3 次式を $y = ax^3 + bx^2 + cx + d$ とし，

$$
y_\alpha \approx ax_\alpha^3 + bx_\alpha^2 + cx_\alpha + d, \qquad \alpha = 1, \ldots, N \tag{4.26}
$$

となる a, b, c, d を最小二乗法

$$J=\frac{1}{2}\sum_{\alpha=1}^{N}\Big(y_\alpha-(ax_\alpha^3+bx_\alpha^2+cx_\alpha+d)\Big)^2\to\min \tag{4.27}$$

によって定める．それには

$$\frac{\partial J}{\partial a}=0,\qquad \frac{\partial J}{\partial b}=0,\qquad \frac{\partial J}{\partial c}=0,\qquad \frac{\partial J}{\partial d}=0 \tag{4.28}$$

を解いて a, b, c, d を定めればよい．式 (4.27) より次式を得る．

$$\begin{aligned}
\frac{\partial J}{\partial a}&=\sum_{\alpha=1}^{N}(y_\alpha-ax_\alpha^3-bx_\alpha^2-cx_\alpha-d)(-x_\alpha^3)\\
&=a\sum_{\alpha=1}^{N}x_\alpha^6+b\sum_{\alpha=1}^{N}x_\alpha^5+c\sum_{\alpha=1}^{N}x_\alpha^4+d\sum_{\alpha=1}^{N}x_\alpha^3-\sum_{\alpha=1}^{N}x_\alpha^3y_\alpha\\
\frac{\partial J}{\partial b}&=\sum_{\alpha=1}^{N}(y_\alpha-ax_\alpha^3-bx_\alpha^2-cx_\alpha-d)(-x_\alpha^2)\\
&=a\sum_{\alpha=1}^{N}x_\alpha^5+b\sum_{\alpha=1}^{N}x_\alpha^4+c\sum_{\alpha=1}^{N}x_\alpha^3+d\sum_{\alpha=1}^{N}x_\alpha^2-\sum_{\alpha=1}^{N}x_\alpha^2y_\alpha\\
\frac{\partial J}{\partial c}&=\sum_{\alpha=1}^{N}(y_\alpha-ax_\alpha^3-bx_\alpha^2-cx_\alpha-d)(-x_\alpha)\\
&=a\sum_{\alpha=1}^{N}x_\alpha^4+b\sum_{\alpha=1}^{N}x_\alpha^3+c\sum_{\alpha=1}^{N}x_\alpha^2+d\sum_{\alpha=1}^{N}x_\alpha-\sum_{\alpha=1}^{N}x_\alpha y_\alpha\\
\frac{\partial J}{\partial d}&=\sum_{\alpha=1}^{N}(y_\alpha-ax_\alpha^3-bx_\alpha^2-cx_\alpha-d)(-1)\\
&=a\sum_{\alpha=1}^{N}x_\alpha^3+b\sum_{\alpha=1}^{N}x_\alpha^2+c\sum_{\alpha=1}^{N}x_\alpha+d\sum_{\alpha=1}^{N}1-\sum_{\alpha=1}^{N}y_\alpha
\end{aligned} \tag{4.29}$$

式 (4.28) から次の正規方程式を得る．

$$\begin{pmatrix}
\sum_{\alpha=1}^{N}x_\alpha^6 & \sum_{\alpha=1}^{N}x_\alpha^5 & \sum_{\alpha=1}^{N}x_\alpha^4 & \sum_{\alpha=1}^{N}x_\alpha^3\\
\sum_{\alpha=1}^{N}x_\alpha^5 & \sum_{\alpha=1}^{N}x_\alpha^4 & \sum_{\alpha=1}^{N}x_\alpha^3 & \sum_{\alpha=1}^{N}x_\alpha^2\\
\sum_{\alpha=1}^{N}x_\alpha^4 & \sum_{\alpha=1}^{N}x_\alpha^3 & \sum_{\alpha=1}^{N}x_\alpha^2 & \sum_{\alpha=1}^{N}x_\alpha\\
\sum_{\alpha=1}^{N}x_\alpha^3 & \sum_{\alpha=1}^{N}x_\alpha^2 & \sum_{\alpha=1}^{N}x_\alpha & \sum_{\alpha=1}^{N}1
\end{pmatrix}
\begin{pmatrix} a\\ b\\ c\\ d\end{pmatrix}
=\begin{pmatrix}
\sum_{\alpha=1}^{N}x_\alpha^3y_\alpha\\
\sum_{\alpha=1}^{N}x_\alpha^2y_\alpha\\
\sum_{\alpha=1}^{N}x_\alpha y_\alpha\\
\sum_{\alpha=1}^{N}y_\alpha
\end{pmatrix} \tag{4.30}$$

これを解いて a, b, c, d が定まる．　□

これを一般化すると次のようになる．

【例 題 4.7】 N 個のデータ (x_1, y_1), ..., (x_N, y_N) に n 次式を当てはめよ．

（解） 当てはめる n 次式を $y = a_0x^n + a_1x^{n-1} + \cdots + a_n$ とし，

$$y_\alpha \approx a_0x_\alpha^n + a_1x_\alpha^{n-1} + \cdots + a_n, \qquad \alpha = 1, \ldots, N \tag{4.31}$$

となる a_1, ..., a_n を最小二乗法

$$J = \frac{1}{2}\sum_{\alpha=1}^{N}\Big(y_\alpha - (a_0x_\alpha^n + a_1x_\alpha^{n-1} + \cdots + a_n)\Big)^2 \to \min \tag{4.32}$$

によって定める．それには

$$\frac{\partial J}{\partial a_0} = 0, \qquad \frac{\partial J}{\partial a_1} = 0, \qquad \ldots, \qquad \frac{\partial J}{\partial a_n} = 0 \tag{4.33}$$

を解いて a_0, ..., a_n を定めればよい．式 (4.32) を a_k で偏微分すると次のようになる．

$$\begin{aligned}\frac{\partial J}{\partial a_k} &= \sum_{\alpha=1}^{N}(y_\alpha - a_0x_\alpha^n - a_1x_\alpha^{n-1} - \cdots - a_n)(-x_\alpha^{n-k}) \\ &= a_0\sum_{\alpha=1}^{N}x_\alpha^{2n-k} + a_1\sum_{\alpha=1}^{N}x_\alpha^{2n-k-1} + \cdots a_n\sum_{\alpha=1}^{N}x_\alpha^{n-k} - \sum_{\alpha=1}^{N}x_\alpha^{n-k}y_\alpha\end{aligned} \tag{4.34}$$

これを 0 と置いて $k = 0, 1, \ldots, n$ とすると，次の正規方程式を得る．

$$\begin{pmatrix} \sum_{\alpha=1}^{N} x_\alpha^{2n} & \sum_{\alpha=1}^{N} x_\alpha^{2n-1} & \cdots & \sum_{\alpha=1}^{N} x_\alpha^{n} \\ \sum_{\alpha=1}^{N} x_\alpha^{2n-1} & \sum_{\alpha=1}^{N} x_\alpha^{2n-2} & \cdots & \sum_{\alpha=1}^{N} x_\alpha^{n-1} \\ \vdots & \vdots & \ddots & \vdots \\ \sum_{\alpha=1}^{N} x_\alpha^{n} & \sum_{\alpha=1}^{N} x_\alpha^{n-1} & \cdots & \sum_{\alpha=1}^{N} 1 \end{pmatrix} \begin{pmatrix} a_0 \\ a_1 \\ \vdots \\ a_n \end{pmatrix} = \begin{pmatrix} \sum_{\alpha=1}^{N} x_\alpha^n y_\alpha \\ \sum_{\alpha=1}^{N} x_\alpha^{n-1} y_\alpha \\ \vdots \\ \sum_{\alpha=1}^{N} y_\alpha \end{pmatrix} \tag{4.35}$$

これを解いて a_1, ..., a_n が定まる． □

☞ 式 (4.5), (4.22), (4.30) は式 (4.35) でそれぞれ $n = 1, 2, 3$ としたものである．左辺の行列の右下から上と左に x_α の 0, 1, 2, ..., n 乗和が入り，各要素は上と左にべき次数が一つずつ増え，左上が最高次数の $2n$ となっている．右辺のベクトルは下から順に y_α に x_α の 0, 1, 2, ..., n 乗を掛けた和が入る．

4.1.3　一般の曲線の当てはめ

さらに一般化すると，N 個のデータ (x_1, y_1), …, (x_N, y_N) に n 個の関数 $\phi_k(x)$, $k = 1, \ldots, n$ の線形結合 $y = a_1\phi_1(x) + a_2\phi_2(x) + \cdots + a_n\phi_n(x)$ を当てはめる問題も同様に解ける．$y_\alpha = \sum_{k=1}^{n} a_k\phi_k(x_\alpha)$, $\alpha = 1, \ldots, N$ となっていればよいが，一般には成立しないので，

$$y_\alpha \approx \sum_{k=1}^{n} a_k\phi_k(x_\alpha), \qquad \alpha = 1, \ldots, N \tag{4.36}$$

となるように係数 a_1, …, a_n を次の最小二乗法で定める．

$$J = \frac{1}{2}\sum_{\alpha=1}^{N}\Bigl(y_\alpha - \sum_{k=1}^{n} a_k\phi_k(x_\alpha)\Bigr)^2 \to \min \tag{4.37}$$

関数 $\{\phi_k(x)\}$ として $\phi_1(x) = 1$, $\phi_2(x) = x$, $\phi_3(x) = x^2$, $\phi_4(x) = x^3$, … とする場合が多項式の当てはめである．

【例 題 4.8】　N 個のデータ (x_1, y_1), …, (x_N, y_N) に曲線 $y = a_1\phi_1(x) + a_2\phi_2(x) + \cdots + a_n\phi_n(x)$ を当てはめよ．

（解）式 (4.37) のように置き，

$$\frac{\partial J}{\partial a_1} = 0, \qquad \ldots, \qquad \frac{\partial J}{\partial a_n} = 0 \tag{4.38}$$

を解いて a_1, …, a_n を定めればよい．式 (4.37) を a_i で偏微分すると次のようになる．

$$\begin{aligned}\frac{\partial J}{\partial a_i} &= \sum_{\alpha=1}^{N}\Bigl(y_\alpha - \sum_{k=1}^{n} a_k\phi_k(x_\alpha)\Bigr)(-\phi_i(x_\alpha)) \\ &= \sum_{k=1}^{n}\Bigl(\sum_{\alpha=1}^{N}\phi_k(x_\alpha)\phi_i(x_\alpha)\Bigr)a_k - \sum_{\alpha=1}^{N}\phi_i(x_\alpha)y_\alpha \end{aligned} \tag{4.39}$$

これを 0 と置いて $i=1,2,\ldots,n$ とすると，式 (4.38) から次の正規方程式を得る．

$$\begin{pmatrix} \sum_{\alpha=1}^N \phi_1(x_\alpha)^2 & \sum_{\alpha=1}^N \phi_1(x_\alpha)\phi_2(x_\alpha) & \cdots & \sum_{\alpha=1}^N \phi_1(x_\alpha)\phi_n(x_\alpha) \\ \sum_{\alpha=1}^N \phi_2(x_\alpha)\phi_1(x_\alpha) & \sum_{\alpha=1}^N \phi_2(x_\alpha)^2 & \cdots & \sum_{\alpha=1}^N \phi_2(x_\alpha)\phi_n(x_\alpha) \\ \vdots & \vdots & \ddots & \vdots \\ \sum_{\alpha=1}^N \phi_n(x_\alpha)\phi_1(x_\alpha) & \sum_{\alpha=1}^N \phi_n(x_\alpha)\phi_2(x_\alpha) & \cdots & \sum_{\alpha=1}^N \phi_n(x_\alpha)^2 \end{pmatrix} \begin{pmatrix} a_1 \\ a_2 \\ \vdots \\ a_n \end{pmatrix}$$

$$= \begin{pmatrix} \sum_{\alpha=1}^N \phi_1(x_\alpha)y_\alpha \\ \sum_{\alpha=1}^N \phi_2(x_\alpha)y_\alpha \\ \vdots \\ \sum_{\alpha=1}^N \phi_n(x_\alpha)y_\alpha \end{pmatrix} \tag{4.40}$$

これを解いて $a_1, \ldots, a_n$ が定まる．　□

☞ 式 (4.36) のような当てはめは，多量のデータを少数の数値で表す目的に用いられる．例えば $\{x_\alpha\}$ があらかじめ固定されて（例えば $x_1=1$, $x_2=2$, $x_3=3$, …），$N=1{,}000{,}000$ とするとデータは 1,000,000 個の数値となる．しかし 10 個の関数 $\phi_1(x)$, …, $\phi_{10}(x)$ を適切に選んで式 (4.36) のように当てはめると，10 個の数値 a_1, …, a_{10} のみを保存しておけばすべてのデータが再現できる．これはメモリ量の削減や通信速度の向上に役立つ．このような技法は**データ圧縮**と呼ばれ，携帯電話による画像の伝送などに用いられている．

☞ このような目的では関数 $\phi_1(x)$, …, $\phi_n(x)$ をどう選ぶかが重要である．もし

$$\sum_{\alpha=1}^N \phi_i(x_\alpha)\phi_j(x_\alpha) = 0, \qquad i \neq j \tag{4.41}$$

となるような関数 $\phi_1(x)$, …, $\phi_n(x)$ を用いれば，式 (4.40) の非対角要素が 0 になるので，解が

$$a_i = \frac{\sum_{\alpha=1}^N \phi_i(x_\alpha)y_\alpha}{\sum_{\alpha=1}^N \phi_i(x_\alpha)^2} \tag{4.42}$$

となる．このように，連立 1 次方程式を解く手間が省けるので，処理速度が向上する．式 (4.41) のように選んだ関数 $\phi_1(x)$, …, $\phi_n(x)$ を**選点** $\{x_\alpha\}$ に関する**選点直交関数系**と呼ぶ．そして，そのような関数を導く一般的な方法が知られている．

☞ ここでは離散的なデータのみを考えたが，同じ考え方は連続関数にも適用できる．例えば，画像や音声などの信号 $f(x)$ を少数の関数 $\phi_1(x)$, …, $\phi_n(x)$ の線形結合

$$f(x) \approx \sum_{k=1}^n a_k\phi_k(x) \tag{4.43}$$

で近似したければ，式 (4.37) の代わりに

$$J = \frac{1}{2}\int\Bigl(f(x) - \sum_{k=1}^{n} a_k\phi_k(x)\Bigr)^2 dx \to \min \tag{4.44}$$

とすればよい．ただし，積分は信号 $f(x)$ が定義される区間で行なう．解は和 $\sum_{\alpha=1}^{N}$ を積分 $\int dx$ に置き換えればよく，次の正規方程式を解いて $a_1, \ldots, a_n$ が定まる．

$$\begin{pmatrix} \int\phi_1(x)^2dx & \int\phi_1(x)\phi_2(x)dx & \cdots & \int\phi_1(x)\phi_n(x)dx \\ \int\phi_2(x)\phi_1(x)dx & \int\phi_2(x)^2dx & \cdots & \int\phi_2(x)\phi_n(x)dx \\ \vdots & \vdots & \ddots & \vdots \\ \int\phi_n(x)\phi_1(x)dx & \int\phi_n(x)\phi_2(x)dx & \cdots & \int\phi_n(x)^2dx \end{pmatrix}\begin{pmatrix} a_1 \\ a_2 \\ \vdots \\ a_n \end{pmatrix}$$

$$= \begin{pmatrix} \int\phi_1(x)f(x)dx \\ \int\phi_2(x)f(x)dx \\ \vdots \\ \int\phi_n(x)f(x)dx \end{pmatrix} \tag{4.45}$$

☞ 連続信号の場合も関数 $\phi_1(x), \ldots, \phi_n(x)$ として

$$\int\phi_i(x)\phi_j(x)dx = 0, \qquad i \neq j \tag{4.46}$$

となるものを用いれば，式 (4.45) の左辺の行列の非対角要素が 0 になるので，解が次のように求まる．

$$a_i = \frac{\int\phi_i(x)f(x)dx}{\int\phi_i(x)^2dx} \tag{4.47}$$

式 (4.46) のように選んだ関数 $\phi_1(x), \ldots, \phi_n(x)$ を**直交関数系**と呼ぶ．そして，そのような関数を導く一般的な方法が知られている．

4.2　連立 1 次方程式

4.2.1　多すぎる方程式

次の連立 1 次方程式を考える．

$$\begin{array}{ccccccccc} a_{11}x_1 & + & a_{12}x_2 & + \cdots + & a_{1n}x_n & = & b_1 \\ a_{21}x_1 & + & a_{22}x_2 & + \cdots + & a_{2n}x_n & = & b_2 \\ & & & \vdots & & & \vdots \\ a_{m1}x_1 & + & a_{m2}x_2 & + \cdots + & a_{mn}x_n & = & b_m \end{array} \tag{4.48}$$

$m > n$ のときは方程式が未知数より多いので，一般には解が存在しない．そのような場合は，この方程式に**なるべくよく合う解**，すなわち

$$
\begin{aligned}
a_{11}x_1 + a_{12}x_2 + \cdots + a_{1n}x_n &\approx b_1 \\
a_{21}x_1 + a_{22}x_2 + \cdots + a_{2n}x_n &\approx b_2 \\
&\vdots \\
a_{m1}x_1 + a_{m2}x_2 + \cdots + a_{mn}x_n &\approx b_m
\end{aligned}
\tag{4.49}
$$

となる解を求めるのが実際的である．この $\approx$ の意味として最も広く用いられているのは，次の最小化問題を解くことである．

$$
J = \frac{1}{2}\sum_{k=1}^{m}\Bigl(a_{k1}x_1 + a_{k2}x_2 + \cdots + a_{kn}x_n - b_k\Bigr)^2 \to \min \tag{4.50}
$$

これも誤差の二乗の和を最小にする方法であり，**最小二乗法**と呼ばれている．

☞ 式 (4.48) は $m > n$ であっても，線形独立なものが n 個以下で，残りはそれらに線形従属なら（例えば同じ方程式が何度も含まれるとき），解が存在することもある．

☞ 式の集合が**線形独立**（または **1 次独立**）とはどの一つをとっても，それが残りのものの**線形結合**（定数倍したり加減して得られるもの）で表せないことをいい，そうでない場合は**線形従属**（または **1 次従属**）であるという．

☞ 式 (4.48) が唯一の解をもつ必要十分条件は左辺の係数をならべた $m \times n$ 行列のランクが n となることである．ただし行列の**ランク**とは線形独立な行（または列）の個数をいう．

☞ 式 (4.50) の二乗和を 1/2 倍するのは，これまで同様に式を見やすくするためであり，特に意味はない．

【例 題 4.9】 式 (4.50) を最小化せよ．

（解）

$$
\frac{\partial J}{\partial x_1} = 0, \qquad \ldots, \qquad \frac{\partial J}{\partial x_n} = 0 \tag{4.51}
$$

を解いて $x_1, \ldots, x_n$ を定めればよい．式 (4.50) を x_i で偏微分すると次のよう

になる．

$$\frac{\partial J}{\partial x_i} = \sum_{k=1}^{m}\Big(a_{k1}x_1 + a_{k2}x_2 + \cdots + a_{kn}x_n - b_k\Big)a_{ki}$$
$$= x_1\sum_{k=1}^{m}a_{ki}a_{k1} + x_2\sum_{k=1}^{m}a_{ki}a_{k2} + \cdots + x_n\sum_{k=1}^{m}a_{ki}a_{kn} - \sum_{k=1}^{m}a_{ki}b_k \tag{4.52}$$

これを 0 と置いて $i = 1, 2, \ldots, n$ とすると，次の連立 1 次方程式を得る．

$$\begin{pmatrix} \sum_{k=1}^{m} a_{k1}a_{k1} & \sum_{k=1}^{m} a_{k1}a_{k2} & \cdots & \sum_{k=1}^{m} a_{k1}a_{kn} \\ \sum_{k=1}^{m} a_{k2}a_{k1} & \sum_{k=1}^{m} a_{k2}a_{k2} & \cdots & \sum_{k=1}^{m} a_{k2}a_{kn} \\ \vdots & \vdots & \ddots & \vdots \\ \sum_{k=1}^{m} a_{kn}a_{k1} & \sum_{k=1}^{m} a_{kn}a_{k2} & \cdots & \sum_{k=1}^{m} a_{kn}a_{kn} \end{pmatrix} \begin{pmatrix} x_1 \\ x_2 \\ \vdots \\ x_n \end{pmatrix} = \begin{pmatrix} \sum_{k=1}^{m} a_{k1}b_k \\ \sum_{k=1}^{m} a_{k2}b_k \\ \vdots \\ \sum_{k=1}^{m} a_{kn}b_k \end{pmatrix} \tag{4.53}$$

これを**正規方程式**と呼ぶ．これを解いて $x_1, \ldots, x_n$ が定まる．　□

以上のことをベクトルと行列で表すと次のようになる．次のように置く．

$$\boldsymbol{A} = \begin{pmatrix} a_{11} & \cdots & a_{1n} \\ \vdots & \ddots & \vdots \\ a_{m1} & \cdots & a_{mn} \end{pmatrix}, \qquad \boldsymbol{x} = \begin{pmatrix} x_1 \\ \vdots \\ x_n \end{pmatrix}, \qquad \boldsymbol{b} = \begin{pmatrix} b_1 \\ \vdots \\ b_m \end{pmatrix} \tag{4.54}$$

式 (4.49) は次のように書ける．

$$\boldsymbol{Ax} \approx \boldsymbol{b} \tag{4.55}$$

式 (4.50) の最小二乗法は次のように書ける．

$$J = \frac{1}{2}\|\boldsymbol{Ax} - \boldsymbol{b}\|^2 \to \min \tag{4.56}$$

式 (4.51) は次のように書ける．

$$\nabla J = \boldsymbol{0} \tag{4.57}$$

式 (4.56) の J は次のように書き直せる（$\hookrightarrow$ 転置の公式 (1.73)）．

$$J = \frac{1}{2}(\boldsymbol{Ax} - \boldsymbol{b}, \boldsymbol{Ax} - \boldsymbol{b})$$
$$= \frac{1}{2}(\boldsymbol{Ax}, \boldsymbol{Ax}) - \frac{1}{2}(\boldsymbol{Ax}, \boldsymbol{b}) - \frac{1}{2}(\boldsymbol{b}, \boldsymbol{Ax}) + \frac{1}{2}(\boldsymbol{b}, \boldsymbol{b})$$
$$= \frac{1}{2}(\boldsymbol{x}, \boldsymbol{A}^\top\boldsymbol{Ax}) - (\boldsymbol{A}^\top\boldsymbol{b}, \boldsymbol{x}) + \frac{1}{2}\|\boldsymbol{b}\|^2 \tag{4.58}$$

∇J は次のようになる（$\hookrightarrow$ 微分の公式 (1.46), (1.65)）.

$$\nabla J = \boldsymbol{A}^\top \boldsymbol{A}\boldsymbol{x} - \boldsymbol{A}^\top \boldsymbol{b} \tag{4.59}$$

これは式 (4.52) と同じ式を表している．ゆえに正規方程式 (4.53) は次のように書ける．

$$\boldsymbol{A}^\top \boldsymbol{A}\boldsymbol{x} = \boldsymbol{A}^\top \boldsymbol{b} \tag{4.60}$$

【例 題 4.10】 例題 4.1 の正規方程式をベクトルと行列を用いて導け．

（解）式 (4.1) は次のように書き直せる．

$$\begin{pmatrix} x_1 & 1 \\ x_2 & 1 \\ \vdots & \vdots \\ x_N & 1 \end{pmatrix} \begin{pmatrix} a \\ b \end{pmatrix} \approx \begin{pmatrix} y_1 \\ y_2 \\ \vdots \\ y_N \end{pmatrix} \tag{4.61}$$

ゆえに正規方程式は次のようになる．

$$\begin{pmatrix} x_1 & x_2 & \cdots & x_N \\ 1 & 1 & \cdots & 1 \end{pmatrix} \begin{pmatrix} x_1 & 1 \\ x_2 & 1 \\ \vdots & \vdots \\ x_N & 1 \end{pmatrix} \begin{pmatrix} a \\ b \end{pmatrix} = \begin{pmatrix} x_1 & x_2 & \cdots & x_N \\ 1 & 1 & \cdots & 1 \end{pmatrix} \begin{pmatrix} y_1 \\ y_2 \\ \vdots \\ y_N \end{pmatrix} \tag{4.62}$$

これを書き直したものが式 (4.5) である． □

【例 題 4.11】 例題 4.2 の正規方程式をベクトルと行列を用いて導け．

（解）データを次のように書く．

$$\begin{aligned} &4a + b \approx -17, \qquad 15a + b \approx -4, \qquad 30a + b \approx -7, \\ &100a + b \approx 50, \qquad 200a + b \approx 70 \end{aligned} \tag{4.63}$$

これは次のように書き直せる．

$$\begin{pmatrix} 4 & 1 \\ 15 & 1 \\ 30 & 1 \\ 100 & 1 \\ 200 & 1 \end{pmatrix} \begin{pmatrix} a \\ b \end{pmatrix} \approx \begin{pmatrix} -17 \\ -4 \\ -7 \\ 50 \\ 70 \end{pmatrix} \tag{4.64}$$

これから次の正規方程式を得る．

$$\begin{pmatrix} 4 & 15 & 30 & 100 & 200 \\ 1 & 1 & 1 & 1 & 1 \end{pmatrix} \begin{pmatrix} 4 & 1 \\ 15 & 1 \\ 30 & 1 \\ 100 & 1 \\ 200 & 1 \end{pmatrix} \begin{pmatrix} a \\ b \end{pmatrix} = \begin{pmatrix} 4 & 15 & 30 & 100 & 200 \\ 1 & 1 & 1 & 1 & 1 \end{pmatrix} \begin{pmatrix} -17 \\ -4 \\ -7 \\ 50 \\ 70 \end{pmatrix} \tag{4.65}$$

これを書き直すと式 (4.9)，すなわち式 (4.10) を得る．　□

【例 題 4.12】　例題 4.4 の正規方程式をベクトルと行列を用いて導け．

（解）式 (4.18) は次のように書き直せる．

$$\begin{pmatrix} x_1^2 & x_1 & 1 \\ x_2^2 & x_2 & 1 \\ \vdots & \vdots & \vdots \\ x_N^2 & x_N & 1 \end{pmatrix} \begin{pmatrix} a \\ b \\ c \end{pmatrix} \approx \begin{pmatrix} y_1 \\ y_2 \\ \vdots \\ y_N \end{pmatrix} \tag{4.66}$$

ゆえに正規方程式は次のようになる．

$$\begin{pmatrix} x_1^2 & x_2^2 & \cdots & x_N^2 \\ x_1 & x_2 & \cdots & x_N \\ 1 & 1 & \cdots & 1 \end{pmatrix} \begin{pmatrix} x_1^2 & x_1 & 1 \\ x_2^2 & x_2 & 1 \\ \vdots & \vdots & \vdots \\ x_N^2 & x_N & 1 \end{pmatrix} \begin{pmatrix} a \\ b \\ c \end{pmatrix} = \begin{pmatrix} x_1^2 & x_2^2 & \cdots & x_N^2 \\ x_1 & x_2 & \cdots & x_N \\ 1 & 1 & \cdots & 1 \end{pmatrix} \begin{pmatrix} y_1 \\ y_2 \\ \vdots \\ y_N \end{pmatrix} \tag{4.67}$$

これを書き直したものが式 (4.22) である．　□

【例 題 4.13】　例題 4.5 の正規方程式をベクトルと行列を用いて導け．

（解）データを次のように書く．

$$a - b + c \approx 0, \qquad c \approx -2, \qquad c \approx -1, \qquad a + b + c \approx 0 \tag{4.68}$$

これは次のように書き直せる．

$$\begin{pmatrix} 1 & -1 & 1 \\ 0 & 0 & 1 \\ 0 & 0 & 1 \\ 1 & 1 & 1 \end{pmatrix} \begin{pmatrix} a \\ b \\ c \end{pmatrix} \approx \begin{pmatrix} 0 \\ -2 \\ -1 \\ 0 \end{pmatrix} \tag{4.69}$$

これから次の正規方程式を得る．

$$\begin{pmatrix} 1 & 0 & 0 & 1 \\ -1 & 0 & 0 & 1 \\ 1 & 1 & 1 & 1 \end{pmatrix} \begin{pmatrix} 1 & -1 & 1 \\ 0 & 0 & 1 \\ 0 & 0 & 1 \\ 1 & 1 & 1 \end{pmatrix} \begin{pmatrix} a \\ b \\ c \end{pmatrix} = \begin{pmatrix} 1 & 0 & 0 & 1 \\ -1 & 0 & 0 & 1 \\ 1 & 1 & 1 & 1 \end{pmatrix} \begin{pmatrix} 0 \\ -2 \\ -1 \\ 0 \end{pmatrix} \tag{4.70}$$

書き直すと

$$\begin{pmatrix} 2 & 0 & 2 \\ 0 & 2 & 0 \\ 2 & 0 & 4 \end{pmatrix} \begin{pmatrix} a \\ b \\ c \end{pmatrix} = \begin{pmatrix} 0 \\ 0 \\ -3 \end{pmatrix} \tag{4.71}$$

となる．これは式 (4.25) にほかならない． ⊔

【例 題 4.14】 例題 4.6 の正規方程式をベクトルと行列を用いて導け．

（解）式 (4.26) は次のように書き直せる．

$$\begin{pmatrix} x_1^3 & x_1^2 & x_1 & 1 \\ x_2^3 & x_2^2 & x_2 & 1 \\ \vdots & \vdots & \vdots & \vdots \\ x_N^3 & x_N^2 & x_N & 1 \end{pmatrix} \begin{pmatrix} a \\ b \\ c \\ d \end{pmatrix} \approx \begin{pmatrix} y_1 \\ y_2 \\ \vdots \\ y_N \end{pmatrix} \tag{4.72}$$

ゆえに正規方程式は次のようになる.

$$\begin{pmatrix} x_1^3 & x_2^3 & \cdots & x_N^3 \\ x_1^2 & x_2^2 & \cdots & x_N^2 \\ x_1 & x_2 & \cdots & x_N \\ 1 & 1 & \cdots & 1 \end{pmatrix} \begin{pmatrix} x_1^3 & x_1^2 & x_1 & 1 \\ x_2^3 & x_2^2 & x_2 & 1 \\ \vdots & \vdots & \vdots & \vdots \\ x_N^3 & x_N^2 & x_N & 1 \end{pmatrix} \begin{pmatrix} a \\ b \\ c \\ d \end{pmatrix} = \begin{pmatrix} x_1^3 & x_2^3 & \cdots & x_N^3 \\ x_1^2 & x_2^2 & \cdots & x_N^2 \\ x_1 & x_2 & \cdots & x_N \\ 1 & 1 & \cdots & 1 \end{pmatrix} \begin{pmatrix} y_1 \\ y_2 \\ \vdots \\ y_N \end{pmatrix} \tag{4.73}$$

これを書き直したものが式 (4.30) である.　□

【例 題 4.15】 例題 4.7 の正規方程式をベクトルと行列を用いて導け.

（解） 式 (4.31) は次のように書き直せる.

$$\begin{pmatrix} x_1^n & x_1^{n-1} & \cdots & 1 \\ x_2^n & x_2^{n-1} & \cdots & 1 \\ \vdots & \vdots & \ddots & \vdots \\ x_N^n & x_N^{n-1} & \cdots & 1 \end{pmatrix} \begin{pmatrix} a_0 \\ a_1 \\ \vdots \\ a_n \end{pmatrix} \approx \begin{pmatrix} y_1 \\ y_2 \\ \vdots \\ y_N \end{pmatrix} \tag{4.74}$$

ゆえに正規方程式は次のようになる.

$$\begin{pmatrix} x_1^n & x_2^n & \cdots & x_N^n \\ x_1^{n-1} & x_2^{n-1} & \cdots & x_N^{n-1} \\ \vdots & \vdots & \ddots & \vdots \\ 1 & 1 & \cdots & 1 \end{pmatrix} \begin{pmatrix} x_1^n & x_1^{n-1} & \cdots & 1 \\ x_2^n & x_2^{n-1} & \cdots & 1 \\ \vdots & \vdots & \ddots & \vdots \\ x_N^n & x_N^{n-1} & \cdots & 1 \end{pmatrix} \begin{pmatrix} a_0 \\ a_1 \\ \vdots \\ a_n \end{pmatrix} = \begin{pmatrix} x_1^n & x_2^n & \cdots & x_N^n \\ x_1^{n-1} & x_2^{n-1} & \cdots & x_N^{n-1} \\ \vdots & \vdots & \ddots & \vdots \\ 1 & 1 & \cdots & 1 \end{pmatrix} \begin{pmatrix} y_1 \\ y_2 \\ \vdots \\ y_N \end{pmatrix} \tag{4.75}$$

これを書き直したものが式 (4.35) である.　□

【例 題 4.16】 例題 4.8 の正規方程式をベクトルと行列を用いて導け.

（解）式 (4.36) は次のように書き直せる．

$$\begin{pmatrix} \phi_1(x_1) & \phi_2(x_1) & \cdots & \phi_n(x_1) \\ \phi_1(x_2) & \phi_2(x_2) & \cdots & \phi_n(x_2) \\ \vdots & \vdots & \ddots & \vdots \\ \phi_1(x_N) & \phi_2(x_N) & \cdots & \phi_n(x_N) \end{pmatrix} \begin{pmatrix} a_1 \\ a_2 \\ \vdots \\ a_n \end{pmatrix} \approx \begin{pmatrix} y_1 \\ y_2 \\ \vdots \\ y_N \end{pmatrix} \tag{4.76}$$

ゆえに正規方程式は次のようになる．

$$\begin{pmatrix} \phi_1(x_1) & \phi_1(x_2) & \cdots & \phi_1(x_N) \\ \phi_2(x_1) & \phi_2(x_2) & \cdots & \phi_2(x_N) \\ \vdots & \vdots & \ddots & \vdots \\ \phi_n(x_1) & \phi_n(x_2) & \cdots & \phi_n(x_N) \end{pmatrix} \begin{pmatrix} \phi_1(x_1) & \phi_2(x_1) & \cdots & \phi_n(x_1) \\ \phi_1(x_2) & \phi_2(x_2) & \cdots & \phi_n(x_2) \\ \vdots & \vdots & \ddots & \vdots \\ \phi_1(x_N) & \phi_2(x_N) & \cdots & \phi_n(x_N) \end{pmatrix} \begin{pmatrix} a_1 \\ a_2 \\ \vdots \\ a_n \end{pmatrix}$$

$$= \begin{pmatrix} \phi_1(x_1) & \phi_1(x_2) & \cdots & \phi_1(x_N) \\ \phi_2(x_1) & \phi_2(x_2) & \cdots & \phi_2(x_N) \\ \vdots & \vdots & \ddots & \vdots \\ \phi_n(x_1) & \phi_n(x_2) & \cdots & \phi_n(x_N) \end{pmatrix} \begin{pmatrix} y_1 \\ y_2 \\ \vdots \\ y_N \end{pmatrix} \tag{4.77}$$

これを書き直したものが式 (4.40) である．　□

4.2.2　少なすぎる方程式

連立 1 次方程式 (4.48) は $m < n$ のときは方程式が未知数より少なくなり，一般に解は無数に存在する．そのような場合に**なるべく小さい解**を計算することがよくある．この“小ささ”を測る尺度としてよく用いられるのは，制約条件 (4.48) のもとで次の最小化問題を解くことである．

$$J = \frac{1}{2}\Big(x_1^2 + x_2^2 + \cdots + x_n^2\Big) \to \min \tag{4.78}$$

すなわち，未知数の二乗和を最小にする解を求めることである．

☞ 式 (4.48) は $m < n$ でも常に解が存在するとは限らない．例えば x, y, z に関する 2 個の方程式 $2x + 3y + 4z = 1$, $2x + 3y + 4z = 2$ は互いに矛盾するので解が存在しない．

☞ 先に述べたように，式 (4.48) が唯一の解をもつのは式 (4.54) の行列 $\boldsymbol{A}$ のランクが n となることである．それ以外は

1. 線形独立な式が少なすぎて解が無数に存在する，
2. 矛盾する式が含まれていて解が存在しない，

のどちらかである．前者の場合，その方程式は**不定**，後者の場合は**不能**であるという．

☞ 式 (4.78) についても，1/2 倍するのは式を見やすくするためであり，特に意味はない．

【例 題 4.17】 制約条件 (4.48) のもとで式 (4.78) を最小化せよ．

（解）ラグランジュ乗数（↪ 第 2 章 2.4 節）を導入して

$$F = \frac{1}{2}\Big(x_1^2 + x_2^2 + \cdots + x_n^2\Big) - \lambda_1\Big(\sum_{j=1}^{n} a_{1j}x_j - b_1\Big) - \lambda_2\Big(\sum_{j=1}^{n} a_{2j}x_j - b_2\Big) - \cdots - \lambda_m\Big(\sum_{j=1}^{n} a_{mj}x_j - b_m\Big) \tag{4.79}$$

と置く．

$$\frac{\partial F}{\partial x_1} = \cdots = \frac{\partial F}{\partial x_n} = 0, \qquad \frac{\partial F}{\partial \lambda_1} = \cdots = \frac{\partial F}{\partial \lambda_m} = 0 \tag{4.80}$$

を解けばよい．式 (4.79) を x_k で偏微分すると次のようになる．

$$\frac{\partial F}{\partial x_k} = x_k - \lambda_1 a_{1k} - \lambda_2 a_{2k} - \cdots - \lambda_m a_{mk} \tag{4.81}$$

これを 0 と置くと，x_k が次のように表せる．

$$x_k = \sum_{j=1}^{m} a_{jk}\lambda_j \tag{4.82}$$

式 (4.80) の第 2 式からはもとの連立 1 次方程式

$$\sum_{k=1}^{n} a_{ik}x_k = b_i, \qquad i = 1, \ldots, m \tag{4.83}$$

が得られる．これに式 (4.82) を代入すると，左辺は次のようになる．

$$\sum_{k=1}^{n} a_{ik}\Big(\sum_{j=1}^{m} a_{jk}\lambda_j\Big) = \sum_{j=1}^{m}\Big(\sum_{k=1}^{n} a_{ik}a_{jk}\Big)\lambda_j \tag{4.84}$$

ゆえに $\lambda_1, \ldots, \lambda_n$ は次の連立 1 次方程式の解となる．

$$\begin{pmatrix} \sum_{k=1}^{n} a_{1k}a_{1k} & \sum_{k=1}^{n} a_{1k}a_{2k} & \cdots & \sum_{k=1}^{n} a_{1k}a_{mk} \\ \sum_{k=1}^{n} a_{2k}a_{1k} & \sum_{k=1}^{n} a_{2k}a_{2k} & \cdots & \sum_{k=1}^{n} a_{2k}a_{mk} \\ \vdots & \vdots & \ddots & \vdots \\ \sum_{k=1}^{n} a_{mk}a_{1k} & \sum_{k=1}^{n} a_{mk}a_{2k} & \cdots & \sum_{k=1}^{n} a_{mk}a_{mk} \end{pmatrix} \begin{pmatrix} \lambda_1 \\ \lambda_2 \\ \vdots \\ \lambda_m \end{pmatrix} = \begin{pmatrix} b_1 \\ b_2 \\ \vdots \\ b_m \end{pmatrix} \tag{4.85}$$

これを解いて $\lambda_1, \ldots, \lambda_m$ を求め，式 (4.82) に代入すれば $x_1, \ldots, x_n$ が定まる． □

以上のことを式 (4.54) で定義した行列 $\boldsymbol{A}$ とベクトル $\boldsymbol{x}, \boldsymbol{b}$ を用いて表すと，次のようになる．式 (4.78) の最小化は次のように書ける．

$$J = \frac{1}{2}\|\boldsymbol{x}\|^2 \to \min \tag{4.86}$$

ラグランジュ乗数 $\lambda_1, \ldots, \lambda_m$ を成分とするベクトルを

$$\boldsymbol{\lambda} = \begin{pmatrix} \lambda_1 \\ \vdots \\ \lambda_m \end{pmatrix} \tag{4.87}$$

と置くと，式 (4.79) は次のように書ける．

$$F = \frac{1}{2}\|\boldsymbol{x}\|^2 - (\boldsymbol{\lambda}, \boldsymbol{A}\boldsymbol{x} - \boldsymbol{b}) \tag{4.88}$$

式 (4.80) の最初の式は

$$\nabla F = \boldsymbol{0} \tag{4.89}$$

と書ける．式 (4.88) は次のように書ける（$\hookrightarrow$ 転置の公式 (1.73)）．

$$F = \frac{1}{2}(\boldsymbol{x}, \boldsymbol{x}) - (\boldsymbol{\lambda}, \boldsymbol{A}\boldsymbol{x}) + (\boldsymbol{\lambda}, \boldsymbol{b}) = \frac{1}{2}(\boldsymbol{x}, \boldsymbol{x}) - (\boldsymbol{A}^\top\boldsymbol{\lambda}, \boldsymbol{x}) + (\boldsymbol{\lambda}, \boldsymbol{b}) \tag{4.90}$$

したがって，∇F が次のように計算できる（$\hookrightarrow$ 微分の公式 (1.46), (1.65)）．

$$\nabla F = \boldsymbol{x} - \boldsymbol{A}^\top\boldsymbol{\lambda} \tag{4.91}$$

これは式 (4.81) と同じ式を表している．ゆえに式 (4.82) は次のように書ける．

$$\boldsymbol{x} = \boldsymbol{A}^\top\boldsymbol{\lambda} \tag{4.92}$$

式 (4.83) は

$$\boldsymbol{A}\boldsymbol{x} = \boldsymbol{b} \tag{4.93}$$

であるから，式 (4.92) を代入すると次のようになる．

$$\boldsymbol{A}\boldsymbol{A}^\top\boldsymbol{\lambda} = \boldsymbol{b} \tag{4.94}$$

これは式 (4.85) と同じ式を表している．これを解いて $\boldsymbol{\lambda}$ を求め，それを式 (4.92) に代入すれば $\boldsymbol{x}$ が求まる．

4.2.3　特異値分解と一般逆行列 *

以上のことから，連立 1 次方程式

$$\boldsymbol{A}\boldsymbol{x} = \boldsymbol{b} \tag{4.95}$$

は $\boldsymbol{A}$ を $m \times n$ 行列とするとき，$m > n$ のときは正規方程式 (4.60) の解として

$$\boldsymbol{x} = (\boldsymbol{A}^\top\boldsymbol{A})^{-1}\boldsymbol{A}^\top\boldsymbol{b} \tag{4.96}$$

と解が定まり，$m < n$ のときは方程式 (4.94) の解 $\boldsymbol{\lambda} = (\boldsymbol{A}\boldsymbol{A}^\top)^{-1}\boldsymbol{b}$ を式 (4.92) に代入して解

$$\boldsymbol{x} = \boldsymbol{A}^\top(\boldsymbol{A}\boldsymbol{A}^\top)^{-1}\boldsymbol{b} \tag{4.97}$$

が定まる．ただし，$m > n$ のときは $\boldsymbol{A}^\top\boldsymbol{A}$ が逆行列をもち，$m < n$ のときは $\boldsymbol{A}\boldsymbol{A}^\top$ が逆行列をもつとする．このとき

$$\boldsymbol{A}^- = \begin{cases} (\boldsymbol{A}^\top\boldsymbol{A})^{-1}\boldsymbol{A}^\top & m > n \text{ のとき} \\ \boldsymbol{A}^\top(\boldsymbol{A}\boldsymbol{A}^\top)^{-1} & m < n \text{ のとき} \end{cases} \tag{4.98}$$

と置き，$\boldsymbol{A}^-$ を $\boldsymbol{A}$ の（ムーア・ペンローズ）**一般逆行列**と呼ぶ．一般逆行列を用いると，式 (4.96), (4.97) は共に次のように書ける．

$$\boldsymbol{x} = \boldsymbol{A}^-\boldsymbol{b} \tag{4.99}$$

次のことが知られている．$\boldsymbol{A}\boldsymbol{A}^\top$ は $m \times m$ 半正値対称行列であり，非負の固有値をもつ．そのうちの正のものを大きい順に並べたものを $\lambda_1 \geq \lambda_2 \geq \cdots \geq \lambda_r$ とする ($r \leq m$)．対応する固有ベクトルの正規直交系を $\{\boldsymbol{u}_1, \ldots, \boldsymbol{u}_r\}$ とする．

一方，$\boldsymbol{A}^\top\boldsymbol{A}$ は $n \times n$ 半正値対称行列であり，非負の固有値をもつ．そのうちの正のものを大きい順に並べたものは $\boldsymbol{A}\boldsymbol{A}^\top$ の正の固有値に一致し，同じ $\lambda_1 \geq \lambda_2 \geq \cdots \geq \lambda_r$ である $(r \leq n)$．対応する固有ベクトルの正規直交系を $\{\boldsymbol{v}_1, \ldots, \boldsymbol{v}_r\}$ とする．固有ベクトルは符号の選び方が任意であるが，$(\boldsymbol{u}_i, \boldsymbol{A}\boldsymbol{v}_i) > 0$, $i = 1, \ldots, r$ のように符号を選ぶと（$(\boldsymbol{u}_i, \boldsymbol{A}\boldsymbol{v}_i) = 0$ となることはない），行列 $\boldsymbol{A}$ が次のように表せる．

$$\boldsymbol{A} = \boldsymbol{U} \begin{pmatrix} \sigma_1 & & & \\ & \sigma_2 & & \\ & & \ddots & \\ & & & \sigma_r \end{pmatrix} \boldsymbol{V}^\top \tag{4.100}$$

$\boldsymbol{U}$ はベクトル $\boldsymbol{u}_1, \boldsymbol{u}_2, \ldots, \boldsymbol{u}_r$ を列として並べた $n \times r$ 行列であり，$\boldsymbol{V}$ はベクトル $\boldsymbol{v}_1, \boldsymbol{v}_2, \ldots, \boldsymbol{v}_r$ を列として並べた $n \times r$ 行列である．ただし，$\sigma_i = \sqrt{\lambda_i}$ (> 0), $i = 1, \ldots, r$ と置いた．式 (4.100) を行列 $\boldsymbol{A}$ の**特異値分解**と呼び，σ_1, $\sigma_2, \ldots, \sigma_r$ を**特異値**と呼ぶ．この特異値分解を用いると，行列 $\boldsymbol{A}$ の（**ムーア・ペンローズ**）**一般逆行列**が次のように定義される．

$$\boldsymbol{A}^- = \boldsymbol{V} \begin{pmatrix} 1/\sigma_1 & & & \\ & 1/\sigma_2 & & \\ & & \ddots & \\ & & & 1/\sigma_r \end{pmatrix} \boldsymbol{U}^\top \tag{4.101}$$

☞ $m \times n$ 行列 $\boldsymbol{A}$ に対して $\boldsymbol{A}\boldsymbol{A}^\top$ も $\boldsymbol{A}^\top\boldsymbol{A}$ も半正値対称行列である．対称であることは

$$(\boldsymbol{A}\boldsymbol{A}^\top)^\top = (\boldsymbol{A}^\top)^\top\boldsymbol{A}^\top = \boldsymbol{A}\boldsymbol{A}^\top, \qquad (\boldsymbol{A}^\top\boldsymbol{A})^\top = \boldsymbol{A}^\top(\boldsymbol{A}^\top)^\top = \boldsymbol{A}^\top\boldsymbol{A} \tag{4.102}$$

であることからわかる（↪ 式 (1.75)）．また，任意の n 次元ベクトル $\boldsymbol{x}$ と任意の m 次元ベクトル $\boldsymbol{y}$ に対して定理 1.7 より

$$\begin{aligned} (\boldsymbol{y}, \boldsymbol{A}\boldsymbol{A}^\top\boldsymbol{y}) &= (\boldsymbol{A}^\top\boldsymbol{y}, \boldsymbol{A}^\top\boldsymbol{y}) = \|\boldsymbol{A}^\top\boldsymbol{y}\|^2 \geq 0, \\ (\boldsymbol{x}, \boldsymbol{A}^\top\boldsymbol{A}\boldsymbol{x}) &= (\boldsymbol{A}\boldsymbol{x}, \boldsymbol{A}\boldsymbol{x}) = \|\boldsymbol{A}\boldsymbol{x}\|^2 \geq 0 \end{aligned} \tag{4.103}$$

となる．したがって，定理 1.11 により $\boldsymbol{A}\boldsymbol{A}^\top$ も $\boldsymbol{A}^\top\boldsymbol{A}$ も半正値である．ゆえに固有値はすべて正または 0 である．

☞　$\boldsymbol{A}\boldsymbol{A}^\top$ も $\boldsymbol{A}^\top\boldsymbol{A}$ も固有値が同じであることは次のようにしてわかる．$\boldsymbol{A}\boldsymbol{A}^\top\boldsymbol{u} = \lambda\boldsymbol{u}$ なら，両辺に $\boldsymbol{A}^\top$ を掛けると $\boldsymbol{A}^\top\boldsymbol{A}\boldsymbol{A}^\top\boldsymbol{u} = \lambda\boldsymbol{A}^\top\boldsymbol{u}$ となる．これは $\boldsymbol{A}^\top\boldsymbol{A}$ が固有値 λ をもち，$\boldsymbol{A}^\top\boldsymbol{u}$ $(\neq \boldsymbol{0})$ がその固有ベクトルであることを意味する．また $\boldsymbol{A}^\top\boldsymbol{A}\boldsymbol{v} = \lambda\boldsymbol{v}$ なら，両辺に $\boldsymbol{A}$ を掛けると $\boldsymbol{A}\boldsymbol{A}^\top\boldsymbol{A}\boldsymbol{v} = \lambda\boldsymbol{A}\boldsymbol{v}$ となる．これは $\boldsymbol{A}\boldsymbol{A}^\top$ が固有値 λ をもち，$\boldsymbol{A}\boldsymbol{v}$ $(\neq \boldsymbol{0})$ がその固有ベクトルであることを意味する．このように $\boldsymbol{A}\boldsymbol{A}^\top$ と $\boldsymbol{A}^\top\boldsymbol{A}$ は共通の固有値をもち，そのうちの正の固有値の個数 r（=式 (4.100) の特異値分解の正の特異値の個数）が行列 $\boldsymbol{A}$ のランクに等しい．

【例 題 4.18】　$m > n$ のとき，$\boldsymbol{A}^\top\boldsymbol{A}$ が逆行列をもつなら式 (4.98) が式 (4.101) と一致することを示せ．

（解）$m > n$ のとき，$n \times n$ 行列 $\boldsymbol{A}^\top\boldsymbol{A}$ が逆行列をもつ必要十分条件は，これが n 個の 0 でない固有値をもつことであるから（↪ 第1章 1.3.4 項），$\boldsymbol{A}$ のランクは $r = n$ である．式 (4.100) の特異値分解より

$$\boldsymbol{A}^\top\boldsymbol{A} = \boldsymbol{V}\begin{pmatrix} \sigma_1 & & \\ & \ddots & \\ & & \sigma_n \end{pmatrix}\boldsymbol{U}^\top\boldsymbol{U}\begin{pmatrix} \sigma_1 & & \\ & \ddots & \\ & & \sigma_n \end{pmatrix}\boldsymbol{V}^\top \tag{4.104}$$

であるが，$\boldsymbol{U}$ は正規直交系 $\{\boldsymbol{u}_i\}$ を列とするので，

$$\boldsymbol{U}^\top\boldsymbol{U} = \begin{pmatrix} \boldsymbol{u}_1^\top \\ \vdots \\ \boldsymbol{u}_n^\top \end{pmatrix}\begin{pmatrix} \boldsymbol{u}_1 & \cdots & \boldsymbol{u}_n \end{pmatrix} = \begin{pmatrix} (\boldsymbol{u}_1, \boldsymbol{u}_1) & \cdots & (\boldsymbol{u}_1, \boldsymbol{u}_n) \\ \vdots & \ddots & \vdots \\ (\boldsymbol{u}_n, \boldsymbol{u}_1) & \cdots & (\boldsymbol{u}_n, \boldsymbol{u}_n) \end{pmatrix} = \begin{pmatrix} 1 & \cdots & 0 \\ \vdots & \ddots & \vdots \\ 0 & \cdots & 1 \end{pmatrix} \tag{4.105}$$

である．ゆえに

$$\boldsymbol{A}^\top\boldsymbol{A} = \boldsymbol{V}\begin{pmatrix} \sigma_1 & & \\ & \ddots & \\ & & \sigma_n \end{pmatrix}\begin{pmatrix} \sigma_1 & & \\ & \ddots & \\ & & \sigma_n \end{pmatrix}\boldsymbol{V}^\top = \boldsymbol{V}\begin{pmatrix} \sigma_1^2 & & \\ & \ddots & \\ & & \sigma_n^2 \end{pmatrix}\boldsymbol{V}^\top \tag{4.106}$$

となる．したがって次式を得る．

$$(\boldsymbol{A}^\top\boldsymbol{A})^{-1}\boldsymbol{A}^\top = \boldsymbol{V}\begin{pmatrix} 1/\sigma_1^2 & & \\ & \ddots & \\ & & 1/\sigma_n^2 \end{pmatrix}\boldsymbol{V}^\top\boldsymbol{V}\begin{pmatrix} \sigma_1 & & \\ & \ddots & \\ & & \sigma_n \end{pmatrix}\boldsymbol{U}^\top \tag{4.107}$$

式 (4.105) と同様にして $\boldsymbol{V}^\top \boldsymbol{V}$ は単位行列であるから次のようになる.

$$(\boldsymbol{A}^\top \boldsymbol{A})^{-1}\boldsymbol{A}^\top = \boldsymbol{V}\begin{pmatrix} 1/\sigma_1^2 & & \\ & \ddots & \\ & & 1/\sigma_n^2 \end{pmatrix}\begin{pmatrix} \sigma_1 & & \\ & \ddots & \\ & & \sigma_n \end{pmatrix}\boldsymbol{U}^\top$$
$$= \boldsymbol{V}\begin{pmatrix} 1/\sigma_1 & & \\ & \ddots & \\ & & 1/\sigma_n \end{pmatrix}\boldsymbol{U}^\top \tag{4.108}$$

これは (4.101) に一致する. □

【例 題 4.19】 $m < n$ のとき, $\boldsymbol{A}\boldsymbol{A}^\top$ が逆行列をもつなら式 (4.98) が式 (4.101) と一致することを示せ.

（解） $m < n$ のとき, $m \times m$ 行列 $\boldsymbol{A}\boldsymbol{A}^\top$ が逆行列をもつのはこれが m 個の 0 でない固有値をもつことであるから, $\boldsymbol{A}$ のランクは $r = m$ である. このときは式 (4.106) を導いたのと同様にして

$$\boldsymbol{A}\boldsymbol{A}^\top = \boldsymbol{U}\begin{pmatrix} \sigma_1^2 & & \\ & \ddots & \\ & & \sigma_n^2 \end{pmatrix}\boldsymbol{U}^\top \tag{4.109}$$

となる. したがって, 式 (4.108) を導いたのと同様にして次式を得る.

$$\boldsymbol{A}^\top(\boldsymbol{A}\boldsymbol{A}^\top)^{-1} = \boldsymbol{V}\begin{pmatrix} \sigma_1 & & \\ & \ddots & \\ & & \sigma_n \end{pmatrix}\boldsymbol{U}^\top\boldsymbol{U}\begin{pmatrix} 1/\sigma_1^2 & & \\ & \ddots & \\ & & 1/\sigma_n^2 \end{pmatrix}\boldsymbol{U}^\top$$
$$= \boldsymbol{V}\begin{pmatrix} 1/\sigma_1 & & \\ & \ddots & \\ & & 1/\sigma_n \end{pmatrix}\boldsymbol{U}^\top \tag{4.110}$$

これは (4.101) に一致する. □

☞ 例題 4.18, 4.19 の計算で逆行列に関する次の関係を用いた．行列 $\boldsymbol{A}$ が積の形 $\boldsymbol{A} = \boldsymbol{B}_1\boldsymbol{B}_2\cdots\boldsymbol{B}_k$ であり，各 $\boldsymbol{B}_i$ が逆行列 $\boldsymbol{B}_i^{-1}$ をもつなら，$\boldsymbol{A}$ の逆行列は $\boldsymbol{A}^{-1} = \boldsymbol{B}_k^{-1}\boldsymbol{B}_{k-1}^{-1}\cdots\boldsymbol{B}_1^{-1}$ である．実際，掛けてみると $\boldsymbol{A}^{-1}\boldsymbol{A} = \boldsymbol{I}$ となることがすぐ確かめられる．特に，直交行列 $\boldsymbol{U}$ の逆行列 $\boldsymbol{U}^{-1}$ は転置 $\boldsymbol{U}^\top$ に等しいから（↪ 式 (1.115)），$\boldsymbol{U}\boldsymbol{\Sigma}\boldsymbol{U}^\top$ と表される行列の逆行列は $\boldsymbol{\Sigma}$ が正則なら $\boldsymbol{U}\boldsymbol{\Sigma}^{-1}\boldsymbol{U}^\top$ である．

☞ 例題 4.18, 4.19 はそれぞれ $m > n$, $m < n$ の場合であるが，その証明をたどれば，どちらも $m = n$ でも成り立つことがわかる．したがって $m = n$ の場合は式 (4.98) の右辺のどちらの計算式を用いても $\boldsymbol{A}$ の逆行列 $\boldsymbol{A}^{-1}$ に一致する．

☞ $m = n$ で $\boldsymbol{A}$ が対称行列のときは $\boldsymbol{A}\boldsymbol{A}^\top = \boldsymbol{A}^\top\boldsymbol{A} = \boldsymbol{A}^2$ になるので行列 $\boldsymbol{U}$, $\boldsymbol{V}$ は同じものにとれる．このとき $r = n$ なら式 (4.100) の特異値分解はスペクトル分解（↪ 式 (1.118)）に一致する．$r < n$ でも固有値 0 を追加して $\boldsymbol{U}$ を $n \times n$ 行列とすると同じ形に書ける．

☞ 式 (4.100) の特異値分解は次のようにも書ける（↪ 式 (1.119)）．

$$\boldsymbol{A} = \sigma_1\boldsymbol{u}_1\boldsymbol{v}_1^\top + \sigma_2\boldsymbol{u}_2\boldsymbol{v}_2^\top + \cdots + \sigma_r\boldsymbol{u}_r\boldsymbol{v}_r^\top \tag{4.111}$$

したがって，式 (4.101) の一般逆行列は次のようにも書ける．

$$\boldsymbol{A}^- = \frac{1}{\sigma_1}\boldsymbol{v}_1\boldsymbol{u}_1^\top + \frac{1}{\sigma_2}\boldsymbol{v}_2\boldsymbol{u}_2^\top + \cdots + \frac{1}{\sigma_r}\boldsymbol{v}_r\boldsymbol{u}_r^\top \tag{4.112}$$

4.3　非線形最小二乗法

4.3.1　ガウス・ニュートン法

m 次元ベクトル $\boldsymbol{x}_1, \boldsymbol{x}_2, \ldots, \boldsymbol{x}_N$ に対して，測定誤差を考えなければ理論的に式

$$F_l(\boldsymbol{x}_\alpha, \boldsymbol{u}) = 0, \qquad l = 1, 2, \ldots, r, \quad \alpha = 1, 2, \ldots, N \tag{4.113}$$

が成り立つことが知られているとする．$F_l(\boldsymbol{x}, \boldsymbol{u})$ は変数 $\boldsymbol{x}$ の任意の（一般に非線形な）連続関数である．そして，$\boldsymbol{u}$ は r 個の式に含まれる共通の n 個の未知パラメータをまとめて n 次元ベクトルの形に書いたものである．しかし，$\boldsymbol{x}_1, \boldsymbol{x}_2, \ldots, \boldsymbol{x}_N$ が測定データのときは，各成分に測定誤差が含まれているので，どんな $\boldsymbol{u}$ を選んでも式 (4.113) の r 個の式のすべてを成り立たせることは一般にはできない．このようなとき，すべての式を近似的に成り立たせる，すなわち

$$F_l(\boldsymbol{x}_\alpha, \boldsymbol{u}) \approx 0, \qquad l = 1, 2, \ldots, r, \quad \alpha = 1, 2, \ldots, N \tag{4.114}$$

となる $\boldsymbol{u}$ を求める問題を考える．これを求める代表的な方法は

$$J = \frac{1}{2}\sum_{\alpha=1}^{N}\sum_{l=1}^{r} F_l(\boldsymbol{x}_\alpha, \boldsymbol{u})^2 \tag{4.115}$$

を最小にするように $\boldsymbol{u}$ を定める**非線形最小二乗法**である．

各 $F_l(\boldsymbol{x}, \boldsymbol{u})$ が $\boldsymbol{u}$ の 1 次式なら J は $\boldsymbol{u}$ の 2 次式であり，J を $\boldsymbol{u}$ の各成分 u_i で偏微分したものは $\boldsymbol{u}$ の 1 次式となる．したがって，それらを 0 と置いて得られる連立 1 次方程式（正規方程式）を解けば解が定まる．しかし，$F_l(\boldsymbol{x}, \boldsymbol{u})$ が一般の関数のときは，偏微分して 0 と置いたものは複雑な連立非線形方程式になり，解を求めるのが困難である．このため，式 (4.115) を直接にニュートン法（↪ 第 3 章 3.2 節）や共役勾配法（↪ 第 3 章 3.3 節）のような数値探索によって最小化するのが普通である．

このとき，ニュートン法を使うにしても共役勾配法を用いるにしても，2 階微分を要素とするヘッセ行列を計算しなければならない．しかし，$F_l(\boldsymbol{x}, \boldsymbol{u})$ が複雑な関数のときはこれは困難である．ところが式 (4.114) の形に着目すれば，J のヘッセ行列は 2 階微分を行なわなくても近似的に計算できる．

【例 題 4.20】 式 (4.115) の関数 J のヘッセ行列を 2 階微分を用いずに近似的に計算せよ．

（解）式 (4.115) を $\boldsymbol{u}$ の各成分 u_i で偏微分すると次のようになる．

$$\frac{\partial J}{\partial u_i} = \sum_{\alpha=1}^{N}\sum_{l=1}^{r} F_{l\alpha}\frac{\partial F_{l\alpha}}{\partial u_i} \tag{4.116}$$

ただし，$F_l(\boldsymbol{x}_\alpha, \boldsymbol{u})$ を $F_{l\alpha}$ と略記した．さらに u_j で偏微分すると次のようになる．

$$\frac{\partial^2 J}{\partial u_i \partial u_j} = \sum_{\alpha=1}^{N}\sum_{l=1}^{r}\Big(\frac{\partial F_{l\alpha}}{\partial u_j}\frac{\partial F_{l\alpha}}{\partial u_i} + F_{l\alpha}\frac{\partial^2 F_{l\alpha}}{\partial u_i \partial u_j}\Big) \tag{4.117}$$

$\boldsymbol{u}$ が解に近ければ式 (4.114) より $F_{l\alpha} \approx 0$ であるから，上式は

$$\frac{\partial^2 J}{\partial u_i \partial u_j} \approx \sum_{\alpha=1}^{N}\sum_{l=1}^{r}\frac{\partial F_{l\alpha}}{\partial u_j}\frac{\partial F_{l\alpha}}{\partial u_i} \tag{4.118}$$

と近似できる． □

式 (4.118) を**ガウス・ニュートン近似**と呼ぶ．$u_1, u_2, \ldots, u_n$ の各々で偏微分したものを成分とするベクトルを記号 $\nabla_{\mathbf{u}}$ で表せば，式 (4.116), (4.118) より関数 J の勾配 $\nabla_{\mathbf{u}} J$ とヘッセ行列 $\boldsymbol{H}_{\mathbf{u}}$ は次のように書ける．

$$\nabla_{\mathbf{u}} J = \sum_{\alpha=1}^{N} \sum_{l=1}^{r} F_{l\alpha} \nabla_{\mathbf{u}} F_{l\alpha}, \qquad \boldsymbol{H}_{\mathbf{u}} \approx \sum_{\alpha=1}^{N} \sum_{l=1}^{r} \Big(\nabla_{\mathbf{u}} F_{l\alpha}\Big)\Big(\nabla_{\mathbf{u}} F_{l\alpha}\Big)^{\top} \tag{4.119}$$

上式によって近似したヘッセ行列を用いるニュートン法を**ガウス・ニュートン法**と呼ぶ．

【例 題 4.21】　ガウス・ニュートン法の手順を示せ．

（解）式 (4.119) を式 (3.21) に適用すると，次の反復公式を得る．

$$\boldsymbol{u}^{(K+1)} = \boldsymbol{u}^{(K)} - \left(\sum_{\alpha=1}^{N} \sum_{l=1}^{r} \Big(\nabla_{\mathbf{u}} F_{l\alpha}^{(K)}\Big)\Big(\nabla_{\mathbf{u}} F_{l\alpha}^{(K)}\Big)^{\top} \right)^{-1} \sum_{\beta=1}^{N} \sum_{m=1}^{r} F_{m\beta}^{(K)} \nabla_{\mathbf{u}} F_{m\beta}^{(K)} \tag{4.120}$$

ただし，上添字の (K) は K 回目の反復の解 $\boldsymbol{u}^{(K)}$ を代入した値であることを表す．これを適当な初期値 $\boldsymbol{u}^{(0)}$ から始めて，$k = 0, 1, 2, \ldots$ と収束するまで反復すればよい．□

4.3.2　レーベンバーグ・マーカート法

ガウス・ニュートン法は2階微分を必要としないが，これは解の近傍のみで成り立つ近似である．解のよい近似値が得られない場合は，まず勾配法（↪ 第3章3.1節）のような粗い探索を行ない，解にある程度近づいたらガウス・ニュートン法に切り替えるのがよいと思われる．これを組織的に行なうのが**レーベンバーグ・マーカート法**である．

まず1変数 $J(u)$ の最小化の場合を考える．ニュートン法の反復公式は次のようになる（↪ 式 (3.4)）．

$$u^{(K+1)} = u^{(K)} - \frac{J'(u^{(K)})}{J''(u^{(K)})} \tag{4.121}$$

これは関数 $J(u)$ を現在値 $u^{(K)}$ の近傍において2次式で近似し，その極値の位置へ移動するものである（↪ 図3.4）．しかし，現在値 $u^{(K)}$ が関数 $J(u)$ の極値から遠い場所にあるとき，式 (4.121) をそのまま適用すると，解を大きく通り越してしまう恐れがある．その結果，そこから誤った方向に進んでしまう可能性もある．これを防ぐために，やや控え目に進むのが安全である．そこで式 (4.121) を次のように変える．

$$u^{(K+1)} = u^{(K)} - \frac{J'(u^{(K)})}{CJ''(u^{(K)})} \tag{4.122}$$

ただし，C は 1 より大きい数である．この C は現在値 $u^{(K)}$ が解から遠いときは大きくとり，解に近くなるにつれて 1 に近づけることが望ましい．

式 (4.122) は n 変数の場合は次のように書ける．

$$\begin{pmatrix} u_1^{(K+1)} \\ u_2^{(K+1)} \\ \vdots \\ u_n^{(K+1)} \end{pmatrix} = \begin{pmatrix} u_1^{(K)} \\ u_2^{(K)} \\ \vdots \\ u_n^{(K)} \end{pmatrix} - \frac{1}{C} \begin{pmatrix} (\partial J^{(K)}/\partial u_1)/(\partial^2 J^{(K)}/\partial u_1^2) \\ (\partial J^{(K)}/\partial u_2)/(\partial^2 J^{(K)}/\partial u_2^2) \\ \vdots \\ (\partial J^{(K)}/\partial u_n)/(\partial^2 J^{(K)}/\partial u_n^2) \end{pmatrix}$$
$$= \begin{pmatrix} u_1^{(K)} \\ u_2^{(K)} \\ \vdots \\ u_n^{(K)} \end{pmatrix} - \frac{1}{C} \begin{pmatrix} \partial^2 J^{(K)}/\partial u_1^2 & 0 & \cdots & 0 \\ 0 & \partial^2 J^{(K)}/\partial u_2^2 & & 0 \\ \vdots & & \ddots & \vdots \\ 0 & & \cdots & 0 \partial^2 J^{(K)}/\partial u_n^2 \end{pmatrix}^{-1} \begin{pmatrix} \partial J^{(K)}/\partial u_1 \\ \partial J^{(K)}/\partial u_2 \\ \vdots \\ \partial J^{(K)}/\partial u_n \end{pmatrix} \tag{4.123}$$

ベクトルと行列の記号で書くと次のようになる．

$$\boldsymbol{u}^{(K+1)} = \boldsymbol{u}^{(K)} - \frac{1}{C} D[\boldsymbol{H}_{\mathbf{u}}^{(K)}]^{-1} \nabla_{\mathbf{u}} J^{(K)} \tag{4.124}$$

ただし，$\boldsymbol{H}_{\mathbf{u}}^{(K)}$ はヘッセ行列（(i, j) 要素は $\partial^2 J^{(K)}/\partial u_i \partial u_j$）であり，$\nabla_{\mathbf{u}} J^{(K)}$ は勾配（第 i 成分は $\partial J^{(K)}/\partial u_i$）である．$D[\cdot]$ は対角成分のみを取り出した対角行列を作ることを表す．一方，n 変数関数 $J(\boldsymbol{u})$ の極値を求めるニュートン法は次のように書ける（$\hookrightarrow$ 式 (3.21)）．

$$\boldsymbol{u}^{(K+1)} = \boldsymbol{u}^{(K)} - \boldsymbol{H}_{\mathbf{u}}^{(K)-1} \nabla_{\mathbf{u}} J^{(K)} \tag{4.125}$$

レーベンバーグ・マーカート法の考え方は，現在値 $\boldsymbol{u}^{(K)}$ が解から遠くに離れているとき式 (4.124) を用い，解に近づくと式 (4.125) を用いようとするものである．そこで，式 (4.124), (4.125) を合わせて次のように置く．

$$\boldsymbol{u}^{(K+1)} = \boldsymbol{u}^{(K)} - \left(\boldsymbol{H}_{\mathbf{u}}^{(K)} + cD[\boldsymbol{H}_{\mathbf{u}}^{(K)}]\right)^{-1} \nabla_{\mathbf{u}} J^{(K)} \tag{4.126}$$

procedure $LM(\{F_l(\boldsymbol{x},\boldsymbol{u})\}_{l=1}^{r}, \{\boldsymbol{x}_\alpha\}_{\alpha=1}^{N})$

1. $c \leftarrow 0.0001$ と置く．
2. $\boldsymbol{u}$ の初期値を与える．
3. その $\boldsymbol{u}$ を用いて式 (4.115) を計算した値を J とする．
4. 勾配 $\nabla_{\mathbf{u}} J$ とヘッセ行列 $\boldsymbol{H}_{\mathbf{u}}$ を式 (4.119) によって計算する．
5. 次の連立1次方程式を解いて $\Delta\boldsymbol{u}$ を求める．

$$\Big(\boldsymbol{H}_{\mathbf{u}} + cD[\boldsymbol{H}_{\mathbf{u}}]\Big)\Delta\boldsymbol{u} = -\nabla_{\mathbf{u}} J$$

6. 次のように $\boldsymbol{u}'$ を計算する．

$$\boldsymbol{u}' \leftarrow \boldsymbol{u} + \Delta\boldsymbol{u}$$

7. その $\boldsymbol{u}'$ を用いて式 (4.115) を計算した値を J' とする．
8. $J' > J$ なら $c \leftarrow 10c$ と更新してステップ5に戻る．
9. そうでなければ次のように更新する．

$$c \leftarrow \frac{c}{10}, \qquad J \leftarrow J', \qquad \boldsymbol{u} \leftarrow \boldsymbol{u}'$$

10. $\|\Delta\boldsymbol{u}\| < \delta$ であれば $\boldsymbol{u}$ を返して終了する．そうでなければステップ4に戻る．

アルゴリズム 4.1　レーベンバーグ・マーカート法．

ここで $c = 0$ とすると式 (4.125) のニュートン法となる．一方，c を大きくとると実質的に式 (4.124) と同じ働きをする．そこで，c を現在値 $\boldsymbol{u}^{(K)}$ が解から遠くに離れているときは大きくとり，解に近づくにつれて小さくとる．実際には現在値がどれだけ解から離れているか不明であるが，経験的に定数 c をアルゴリズム 4.1 の手順で調節するのが有効だとされている．ただし δ は収束判定の定数である．

☞ ここでは対角要素を取り出す作用素 $D[\cdot]$ を用いて，ヘッセ行列 $\boldsymbol{H}_{\mathbf{u}}^{(K)}$ を $\boldsymbol{H}_{\mathbf{u}}^{(K)} + cD[\boldsymbol{H}_{\mathbf{u}}^{(K)}]$ に置き換えているが，単位行列を用いて $\boldsymbol{H}_{\mathbf{u}}^{(K)} + c\boldsymbol{I}$ に置き換えてもよい．あるいは何か別の正値対称行列 $\boldsymbol{D}$ を用いて $\boldsymbol{H}_{\mathbf{u}}^{(K)} + c\boldsymbol{D}$ としてもよい．どれがよいか一概には言えない．

☞ アルゴリズム 4.1 のステップ5を $\Delta\boldsymbol{u} = -\Big(\boldsymbol{H}_{\mathbf{u}} + cD[\boldsymbol{H}_{\mathbf{u}}]\Big)^{-1}\nabla_{\mathbf{u}} J$ と書いていないのは，第3章 **3.2.2** 項のアルゴリズム **3.4** のニュートン法の場合と同じ意味である．

第 5 章

統計的最適化

データに誤差があるとき，誤差のない場合に成り立つ関係式のパラメータを推定する問題を考える．誤差を厳密に解析するのは多くの場合に困難である．そこで，誤差はある確率分布に従ってランダムに発生するとみなし，その仮定のもとでパラメータをなるべく正確に推定するのが「統計的最適化」である．最も基本的な方法は，観測したデータが仮定した誤差の分布から最も得られやすいとみなせるようにパラメータを定める「最尤推定」である．ここでは誤差の分布として最も代表的な正規分布の場合を示す．そして，これを直線の当てはめ問題に適用し，第 4 章に述べた「最小二乗法」が最尤推定の特殊な場合であることを示す．さらに応用として，複数の正規分布からの混合して発生したデータをそれぞれに分類する「教師なし学習」，および欠損データを含むデータから最尤推定を行う「EM アルゴリズム」を紹介する．

5.1 最尤推定

平均 μ，分散 σ^2 の正規分布の確率密度は次のように表せる．

$$p(x) = \frac{1}{\sqrt{2\pi\sigma^2}} e^{-(x-\mu)^2/2\sigma^2} \tag{5.1}$$

これは図 5.1 のような形をしている．

この分布に従って独立に発生した N 個の値 x_1, x_2, ..., x_N を観測したと

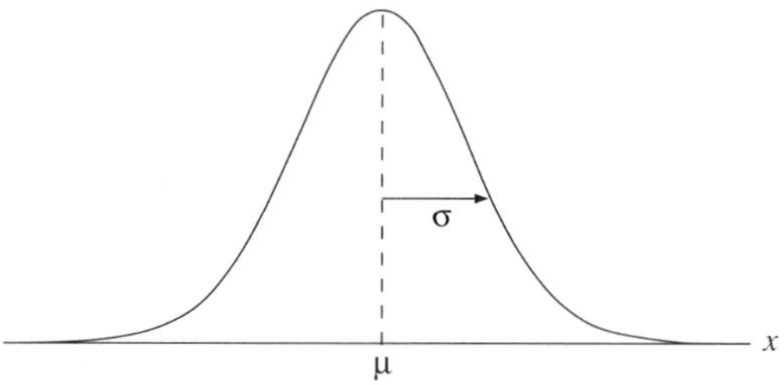

図 5.1　平均 μ, 分散 σ^2 の正規分布の確率密度.

き, この分布の平均 μ と分散 σ^2 を推定したいとする. 確率密度が $p(x)$ のとき, その値の大きい x ほど発生しやすい. そこで, $p(x_1)p(x_2)\cdots p(x_N)$ を観測値 $x_1, x_2, \ldots, x_N$ の**尤度**と呼び, それを最大にするように未知パラメータの値を推定する. これを**最尤推定**と呼び, 得られる値を**最尤推定量**と呼ぶ.

☞ 「平均」,「分散」に二通りの定義があるので混乱しやすい. 確率密度 $p(x)$ をもつ確率分布の**平均**（または**期待値**）μ と**分散** σ^2 は次のように定義される.

$$\mu = \int_{-\infty}^{\infty} xp(x)dx, \qquad \sigma^2 = \int_{-\infty}^{\infty} (x-\mu)^2 p(x)dx \tag{5.2}$$

分散 σ^2 の平方根 σ を**標準偏差**と呼ぶ.

☞ それに対して観測値（あるいはデータ）$x_1, \ldots, x_N$ の**平均** m と**分散** s^2 は次のように定義される.

$$m = \frac{1}{N}\sum_{\alpha=1}^{N} x_\alpha, \qquad s^2 = \frac{1}{N}\sum_{\alpha=1}^{N}(x_\alpha - m)^2 \tag{5.3}$$

分散 s^2 の平方根 s を**標準偏差**と呼ぶ.

☞ 混乱を避けるには, 確率分布の平均 μ を**母平均**, 確率分布の分散 σ^2 を**母分散**と呼び, データの平均 m を**サンプル**（または**標本**）**平均**, データの分散 s^2 を**サンプル**（または**標本**）**分散**, その平方根 σ, s をそれぞれ**母標準偏差**, **サンプル**（または**標本**）**標準偏差**と呼んで区別する. しかし, 繁雑なので通常, 単に「平均」,「分散」,「標準偏差」と呼ばれる. このため, どちらの意味かを文脈から判断しなければならない.

☞ 確率密度が $p(x)$ であるとは, 値が区間 $[a, b]$ 内に発生する確率が $\int_a^b p(x)dx$ であるという意味である. このことを, 値が**無限小区間** $[x, x+dx]$ 内に発生する確率が $p(x)dx$ であるという.

☞ 確率密度 $p(x)$ に従って発生したデータ x_1 に対して, $p(x_1)$ は x_1 が発生する「確率」ではない. **x_1 が発生する確率は 0** である. なぜなら, 特定の値は幅 0 の区間であり, そこでの積分値が常に 0 になるからである. $p(x_1)$ を x_1 の**尤度**と呼んで区別するのは一つには, このためである.

- ☞ このような確率的に発生する値を総称して**確率変数**と呼ぶ．確率変数 x には**具体的な値は存在せず**，それがとる値の可能性のみがある確率密度 $p(x)$ で指定される．
- ☞ 確率密度 $p(x)$ に従って発生した**独立**な観測値とは，N 変数の確率密度 $p(x_1,\ldots,x_N)=p(x_1)\cdots p(x_N)$ に従って発生した一組の値 x_1，…，x_N のことである．そして $p(x_1,\ldots,x_N)=p(x_1)\cdots p(x_N)$ をその**尤度**と呼ぶ．
- ☞ N 変数の場合も $p(x_1,\ldots,x_N)$ は「確率」ではない．**特定の値の組** x_1，…，x_N **が発生する確率は 0** である．確率密度が $p(x_1,\ldots,x_N)$ であるとは，N 個の無限小区間 $[x_1,x_1+dx_1]$，…，$[x_N,x_N+dx_N]$ から一つずつ値が発生する確率が $p(x_1,\ldots,x_N)dx_1\cdots dx_N$ であるという意味である．

【例 題 5.1】 x_1, x_2, …, x_N が平均 μ，分散 σ^2 の正規分布から独立に発生したデータであるとき，平均 μ と分散 σ^2 の最尤推定量を求めよ．

（解）式 (5.1) より，尤度は次のように書ける．

$$L=\prod_{\alpha=1}^{N}\frac{e^{-(x_\alpha-\mu)^2/2\sigma^2}}{\sqrt{2\pi\sigma^2}}=\frac{e^{-\sum_{\alpha=1}^{N}(x_\alpha-\mu)^2/2\sigma^2}}{(\sqrt{2\pi\sigma^2})^N} \tag{5.4}$$

これを最大にする μ と σ^2 を求めには，次の $J=-\log L$ を最小にする μ と σ^2 を求めればよい．

$$J=\frac{1}{2\sigma^2}\sum_{\alpha=1}^{N}(x_\alpha-\mu)^2+\frac{N}{2}\log 2\pi\sigma^2 \tag{5.5}$$

これを μ, σ^2 で偏微分して 0 と置くと，それぞれ次のようになる．

$$\frac{\partial J}{\partial\mu}=-\frac{1}{\sigma^2}\sum_{\alpha=1}^{N}(x_\alpha-\mu)=0,\qquad \frac{\partial J}{\partial\sigma^2}=-\frac{1}{2\sigma^4}\sum_{\alpha=1}^{N}(x_\alpha-\mu)^2+\frac{N}{2\sigma^2}=0 \tag{5.6}$$

これを μ と σ^2 について解いたものをそれぞれ $\hat{\mu}$, $\hat{\sigma}^2$ と置くと，次のようになる．

$$\hat{\mu}=\frac{1}{N}\sum_{\alpha=1}^{N}x_\alpha,\qquad \hat{\sigma}^2=\frac{1}{N}\sum_{\alpha=1}^{N}(x_\alpha-\hat{\mu})^2 \tag{5.7}$$

したがって，**母平均** μ**，母分散** σ^2 **の最尤推定量** $\hat{\mu}$, $\hat{\sigma}^2$ **はそれぞれサンプル平均，サンプル分散に等しい．** □

- ☞ 確率分布の「母平均」μ と「母分散」σ^2 と観測データの「サンプル平均」m と「サンプル分散」s^2 の違いに注意．これらは異なる概念である．上の結果は，サンプル平均

m とサンプル分散 s^2 はそれぞれ，**母平均** μ **と母分散** σ^2 **の推定値**であることを意味している．しかし，**両者は一般には一致しない**．

☞ ただし，一般に，観測数 N を大きくするほどサンプル平均 m とサンプル分散 s^2 がそれぞれ母平均 μ と母分散 σ^2 に近づくことが証明できる．これを**大数**（たいすう）**の法則**という．

☞ サンプル平均 m とサンプル分散 s^2 はデータによって決まる量であり，データが確率的に発生するなら m と s^2 も確率的に定まる量である．したがってその期待値（平均）が存在する．サンプル平均 m の期待値は母平均 μ に等しいことが簡単に証明できるが，サンプル分散 s^2 の期待値は母分散 σ^2 には等しくない．しかし，**不偏分散**を $\tilde{s}^2 = Ns^2/(N-1)$ と定義すると，その期待値は σ^2 に等しい．これらについては統計学の教科書を参照のこと．

☞ サンプル平均 m とサンプル分散 s^2 は確率的に定まる量であるから，大数の法則の「観測数 N を大きくすると s^2 が母平均 μ と母分散 σ^2 に近づく」という表現は厳密には問題がある．なぜなら，いくら N を大きくしても，μ, σ^2 から大きく離れる確率が0ではないからである．したがって「近づく」も確率的な意味に解釈しなければならない．これについても統計学の教科書を参照のこと．

5.2　直線当てはめ

平面上の同一直線上にはない N 個の点 (x_1, y_1), (x_2, y_2), ..., (x_N, y_N) が与えられたとき，これに直線を当てはめる問題を考える．この問題は，各点 (x_α, y_α) はある直線上の真の位置 $(\bar{x}_\alpha, \bar{y}_\alpha)$ が誤差によってずれて生じたと解釈すれば，誤差のある点データからそれらの真の位置を通る直線を推定する問題となる．

これに最尤推定を適用しようとすると，観測データは真の値にどのように誤差が加わって生じたのかという解釈に依存する．そのような解釈を（**統計的**）**モデル**と呼ぶ．代表的なモデルは出力誤差モデルと入力誤差モデルである．

5.2.1　出力誤差モデル

求めたい直線を $y = ax + b$ とし，x を「入力」，y を「出力」と解釈する．そして，入力 x_α に対する真の値 $\bar{y}_\alpha = ax_\alpha + b$ にランダムな誤差 ϵ_α が加わったものが y_α であると解釈する（図5.2(a)）．このモデルは次のように書ける．

$$y_\alpha = ax_\alpha + b + \epsilon_\alpha, \qquad \alpha = 1, 2, \ldots, N \tag{5.8}$$

各 ϵ_α は平均0，分散 σ^2 の正規分布に従って独立に発生するとみなす．

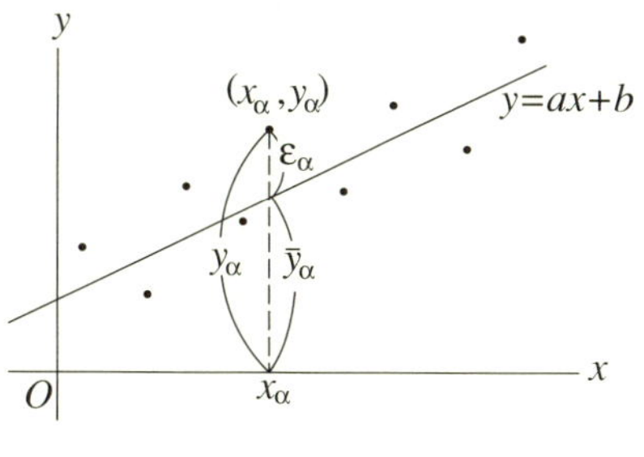

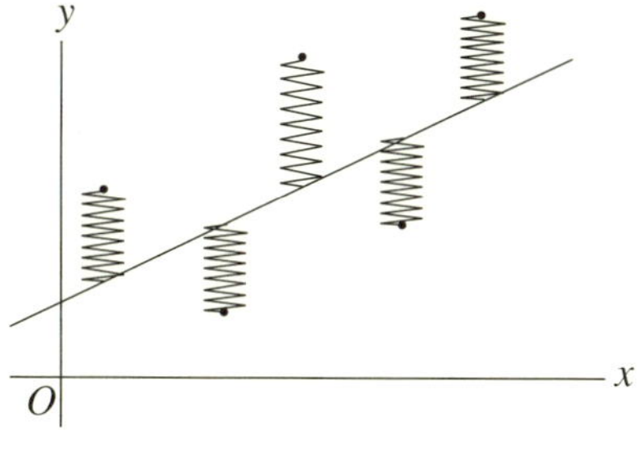

図 5.2 (a) 直線当てはめの出力誤差モデル．(b) その物理モデル．バネが釣り合う状態が解となる．

【例 題 5.2】 上記のモデルのもとにデータ $(x_1, y_1), (x_2, y_2), \ldots, (x_N, y_N)$ から a, b の最尤推定量を求めよ．

（解）値 y_α が観測される尤度 $p(y_\alpha)$ は誤差 ϵ_α が $y_\alpha - ax_\alpha - b$ となる尤度に等しい．誤差 ϵ_α は平均 0，分散 σ^2 の正規分布に従い，各 α に対して独立であるから，式 (5.1) より $y_1, y_2, \ldots, y_N$ の尤度が次のように書ける．

$$p(y_1, y_2, \ldots, y_N) = \prod_{\alpha=1}^{N} \frac{e^{-(y_\alpha - ax_\alpha - b)^2/2\sigma^2}}{\sqrt{2\pi\sigma^2}} = \frac{e^{-\sum_{\alpha=1}^{N}(y_\alpha - ax_\alpha - b)^2/2\sigma^2}}{\sqrt{(2\pi\sigma^2)^N}} \tag{5.9}$$

これを最大にするには $L = -\log p(y_1, y_2, \ldots, y_N)$ を最小にすればよい．上式より

$$L = \frac{1}{2\sigma^2}\sum_{\alpha=1}^{N}(y_\alpha - ax_\alpha - b)^2 + \frac{N}{2}\log 2\pi\sigma^2 \tag{5.10}$$

となるから，結局 a, b は

$$J = \frac{1}{2}\sum_{\alpha=1}^{N}(y_\alpha - ax_\alpha - b)^2 \tag{5.11}$$

を最小にするように選べばよい．これは第 4 章に述べた最小二乗法であり（↪例題 4.1），最尤推定量 $\hat{a}, \hat{b}$ は正規方程式 (4.5) の解として求まる． □

☞ 式 (5.11) からわかるように，出力誤差モデルによる最尤推定は，**データ点とその直線までの y 方向の距離の二乗和を最小にする**ように直線を定めることを意味する．これは次の「物理モデル」に対応する．各データ点から直線までを y 軸に平行な，張力が

その長さに比例するようなバネでつなぐとき，釣り合い状態が解である（図 5.2(b)）．なぜなら，物理学でよく知られているように，バネのエネルギーはその伸びの長さの二乗に比例し，系は全エネルギーが最小になる状態で釣り合うからである．

☞ この議論は式 (5.8) の右辺が任意の関数の場合にも成り立つ．したがって，

$$J = \frac{1}{2}\sum_{\alpha=1}^{N}\Bigl(y_\alpha - f(x_\alpha)\Bigr)^2 \to \min \tag{5.12}$$

の形の最小二乗法はすべて，各 y_α はその真の値に平均 0，分散一定の独立な正規分布に従う誤差 ϵ_α が加わったと解釈すれば，次のモデルの最尤推定とみなせる．

$$y_\alpha = f(x_\alpha) + \epsilon_\alpha, \qquad \alpha = 1, 2, \ldots, N \tag{5.13}$$

5.2.2　入力誤差モデル

真の位置 $(\bar{x}_\alpha, \bar{y}_\alpha)$ は直線 $Ax + By + C = 0$（A, B は同時に 0 ではない）の上にあるとし，x 座標と y 座標の両方に誤差が加わったものが (x_α, y_α) であると解釈する（図 5.3(a)）．このモデルは次のように書ける．

$$x_\alpha = \bar{x}_\alpha + \epsilon_\alpha, \quad y_\alpha = \bar{y}_\alpha + \zeta_\alpha, \quad A\bar{x}_\alpha + B\bar{y}_\alpha + C = 0 \tag{5.14}$$

$\epsilon_\alpha, \zeta_\alpha$ はすべて平均 0，分散 σ^2 の正規分布に従って独立に発生するとみなす．

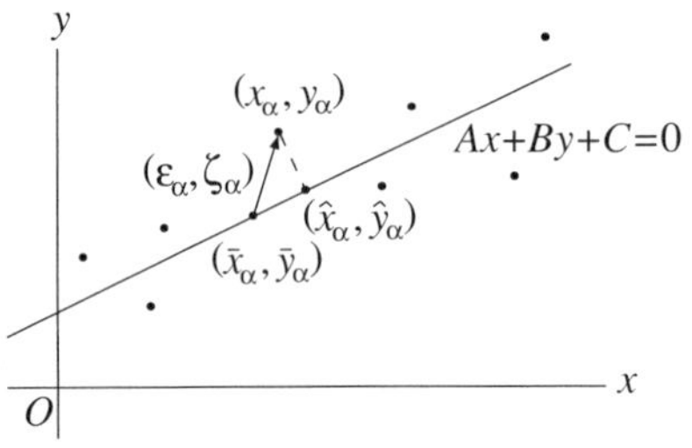

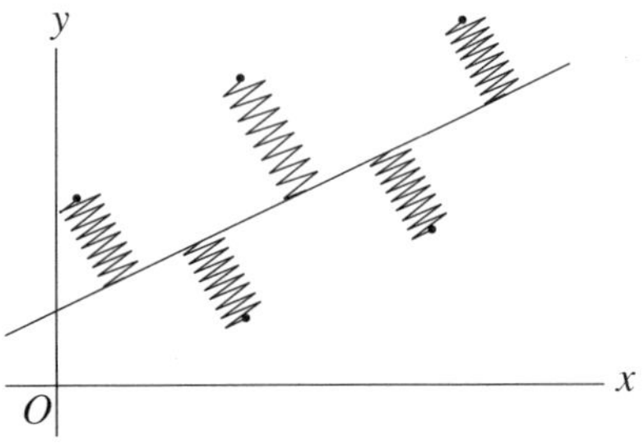

図 5.3　(a) 直線当てはめの入力誤差モデル．(b) その物理モデル．バネが釣り合う状態が解となる．

【例 題 5.3】　上記のモデルのもとにデータ $(x_1, y_1), (x_2, y_2), \ldots, (x_N, y_N)$ から A, B, C の最尤推定量を求めよ．

（解）直線 $Ax + By + C = 0$ の両辺に任意の 0 でない数を掛けても直線は同じだから $A^2 + B^2 = 1$ と正規化する．値 x_α, y_α が観測される尤度 $p(x_\alpha, y_\alpha)$ は誤差 ϵ_α, ζ_α がそれぞれ $x_\alpha - \bar{x}_\alpha$, $y_\alpha - \bar{y}_\alpha$ となる尤度に等しい．誤差 ϵ_α, ζ_α は共に平均 0，分散 σ^2 の正規分布に従い，各 α に対して独立であるから，式 (5.1) より (x_1, y_1), (x_2, y_2), …, (x_N, y_N) の尤度は次のように書ける．

$$p(x_1, \ldots, x_N, y_1, \ldots, y_N) = \prod_{\alpha=1}^{N} \frac{e^{-(x_\alpha - \bar{x}_\alpha)^2/2\sigma^2}}{\sqrt{2\pi\sigma^2}} \times \frac{e^{-(y_\alpha - \bar{y}_\alpha)^2/2\sigma^2}}{\sqrt{2\pi\sigma^2}}$$
$$= \frac{e^{-\sum_{\alpha=1}^{N}\left((x_\alpha - \bar{x}_\alpha)^2 + (y_\alpha - \bar{y}_\alpha)^2\right)/2\sigma^2}}{\sqrt{(2\pi\sigma^2)^{2N}}} \tag{5.15}$$

これを最大にするには $L = -\log p(x_1, \ldots, x_N, y_1, \ldots, y_N)$ を最小にすればよい．上式より

$$L = \frac{1}{2\sigma^2} \sum_{\alpha=1}^{N} \left((x_\alpha - \bar{x}_\alpha)^2 + (y_\alpha - \bar{y}_\alpha)^2\right) + N \log 2\pi\sigma^2 \tag{5.16}$$

となる．したがって

$$J = \frac{1}{2} \sum_{\alpha=1}^{N} \left((x_\alpha - \bar{x}_\alpha)^2 + (y_\alpha - \bar{y}_\alpha)^2\right) \tag{5.17}$$

を最小にするように $\bar{x}_\alpha$, $\bar{y}_\alpha$ を推定する．ただし制約 $A\bar{x}_\alpha + B\bar{y}_\alpha + C = 0$ を満たす必要がある．そこでラグランジュ乗数（$\hookrightarrow$ 第 2 章 2.4 節）λ_α を導入して，次のように置く．

$$\tilde{J} = \frac{1}{2} \sum_{\alpha=1}^{N} \left((x_\alpha - \bar{x}_\alpha)^2 + (y_\alpha - \bar{y}_\alpha)^2\right) - \sum_{\alpha=1}^{N} \lambda_\alpha (A\bar{x}_\alpha + B\bar{y}_\alpha + C) \tag{5.18}$$

これを $\bar{x}_\alpha$, $\bar{y}_\alpha$ でそれぞれ偏微分すると次のようになる．

$$\frac{\partial \tilde{J}}{\partial \bar{x}_\alpha} = -(x_\alpha - \bar{x}_\alpha) - \lambda_\alpha A, \qquad \frac{\partial \tilde{J}}{\partial \bar{y}_\alpha} = -(y_\alpha - \bar{y}_\alpha) - \lambda_\alpha B \tag{5.19}$$

これらを 0 と置いて解くと，$\bar{x}_\alpha$, $\bar{y}_\alpha$ の最尤推定量 $\hat{x}_\alpha$, $\hat{y}_\alpha$ が次のように求まる．

$$\hat{x}_\alpha = x_\alpha + \lambda_\alpha A, \qquad \hat{y}_\alpha = y_\alpha + \lambda_\alpha B \tag{5.20}$$

これを $A\hat{x}_\alpha + B\hat{y}_\alpha + C = 0$ に代入して λ_α を求めると，$A^2 + B^2 = 1$ より次のようになる．

$$\lambda_\alpha = -(Ax_\alpha + By_\alpha + C) \tag{5.21}$$

式 (5.17) の $\bar{x}_\alpha, \bar{y}_\alpha$ に式 (5.20) の $\hat{x}_\alpha, \hat{y}_\alpha$ をそれぞれ代入すると，上式と $A^2+B^2=1$ より次のようになる．

$$\hat{J} = \frac{1}{2}\sum_{\alpha=1}^{N}(\lambda_\alpha^2 A^2 + \lambda_\alpha^2 B^2) = \frac{1}{2}\sum_{\alpha=1}^{N}\lambda_\alpha^2 = \frac{1}{2}\sum_{\alpha=1}^{N}(Ax_\alpha + By_\alpha + C)^2 \tag{5.22}$$

次に，これを最小にするように A, B, C を定める．まず C で偏微分して 0 と置くと次のようになる．

$$\frac{\partial \hat{J}}{\partial C} = \sum_{\alpha=1}^{N}(Ax_\alpha + By_\alpha + C) = 0 \tag{5.23}$$

これから C が次のように定まる．

$$C = -\frac{1}{N}\sum_{\alpha=1}^{N}(Ax_\alpha + By_\alpha) = -Am_x - Bm_y \tag{5.24}$$

ただし，N 点 $\{(x_\alpha, y_\alpha)\}$ の重心 (m_x, m_y) を次のように定義した．

$$m_x = \frac{1}{N}\sum_{\alpha=1}^{N}x_\alpha, \qquad m_y = \frac{1}{N}\sum_{\alpha=1}^{N}y_\alpha \tag{5.25}$$

式 (5.24) を式 (5.22) に代入すると次のようになる．

$$\begin{aligned}
\hat{J} &= \frac{1}{2}\sum_{\alpha=1}^{N}\Big(A(x_\alpha - m_x) + B(y_\alpha - m_y)\Big)^2 \\
&= \frac{1}{2}\sum_{\alpha=1}^{N}\Big(A^2(x_\alpha - m_x)^2 + 2AB(x_\alpha - m_x)(y_\alpha - m_y) + B^2(y_\alpha - m_y)^2\Big) \\
&= \frac{1}{2}(\begin{pmatrix} A \\ B \end{pmatrix}, \begin{pmatrix} \sum_{\alpha=1}^{N}(x_\alpha - m_x)^2 & \sum_{\alpha=1}^{N}(x_\alpha - m_x)(y_\alpha - m_y) \\ \sum_{\alpha=1}^{N}(x_\alpha - m_x)(y_\alpha - m_y) & \sum_{\alpha=1}^{N}(y_\alpha - m_y)^2 \end{pmatrix}\begin{pmatrix} A \\ B \end{pmatrix})
\end{aligned} \tag{5.26}$$

これはベクトル $\begin{pmatrix} A \\ B \end{pmatrix}$ の 2 次形式であり，$A^2 + B^2 = 1$ より $\begin{pmatrix} A \\ B \end{pmatrix}$ は単位ベクトルである．2 次形式を最小にする単位ベクトルは係数行列

$$\boldsymbol{M} = \begin{pmatrix} \sum_{\alpha=1}^{N}(x_\alpha - m_x)^2 & \sum_{\alpha=1}^{N}(x_\alpha - m_x)(y_\alpha - m_y) \\ \sum_{\alpha=1}^{N}(x_\alpha - m_x)(y_\alpha - m_y) & \sum_{\alpha=1}^{N}(y_\alpha - m_y)^2 \end{pmatrix} \tag{5.27}$$

の最小固有値の単位固有ベクトルである（↪ 第 1 章 1.3.5 項）．これから A, B が求まり，式 (5.24) から C が定まる． □

☞ 式 (5.17) からわかるように，入力誤差モデルによる最尤推定は，データ点からその真の位置までの距離の二乗和を最小にするように直線を定めるものである．その真の位置をそれがその直線上にあるという制約条件のもとでラグランジュの未定乗数法によって式 (5.17) を最小にすると，式 (5.20) によって得られる位置 $(\hat{x}_\alpha, \hat{y}_\alpha)$ はデータ点 (x_α, y_α) からその直線に下ろした垂線の足である（↪ 第 2 章例題 2.14）．したがって，このモデルによる最尤推定は，**データ点からその直線までの垂直距離の二乗和を最小化する**ことにほかならない．

☞ この「物理モデル」は，各データ点から直線まで垂直に，張力がその長さに比例するようなバネでつなぐときの釣り合い状態を求めることに相当する（図 5.3(b)）．出力誤差モデルと入力誤差モデルの違いは，データ点と直線との食い違いを y を出力とみなして y 軸方向に測るか，x, y を同等な入力とみなして直線への垂直に測るかの違いである．

☞ 出力誤差モデルと入力誤差モデルのどちらが正しいかを問うことはできない．このことは統計的最適化すべてについていえる．すなわち，最適化の解は誤差がどのように生じたかという解釈，すなわちモデルに依存するが，どのモデルが正しいかを定めることはできない．厳密に言えば，すべての統計的モデルは虚構であり，実際の現象を表していない．しかし，このような虚構を仮定することで現象をよく近似する解が得られることが多い．その妥当性は問題ごとに判断するしかない．

☞ 式 (5.24) は $Am_x + Bm_y + C = 0$ と書ける．これは直線が重心 (m_x, m_y) を通ることを意味する．直線 $Ax + By + C = 0$ の法線ベクトルは $\begin{pmatrix} A \\ B \end{pmatrix}$ である（↪ 第 1 章例題 1.3）．これは，式 (5.27) の行列 $\boldsymbol{M}$ の最小固有値の固有ベクトルである．固有ベクトルは互いに直交するから（↪ 第 1 章 1.3.1 項），$\boldsymbol{M}$ の最大固有値の固有ベクトルは $\begin{pmatrix} A \\ B \end{pmatrix}$ に直交する．すなわち，当てはめた直線は**重心 (m_x, m_y) を通り，行列 $\boldsymbol{M}$ の最大固有値の固有ベクトルの方向に延びる**．

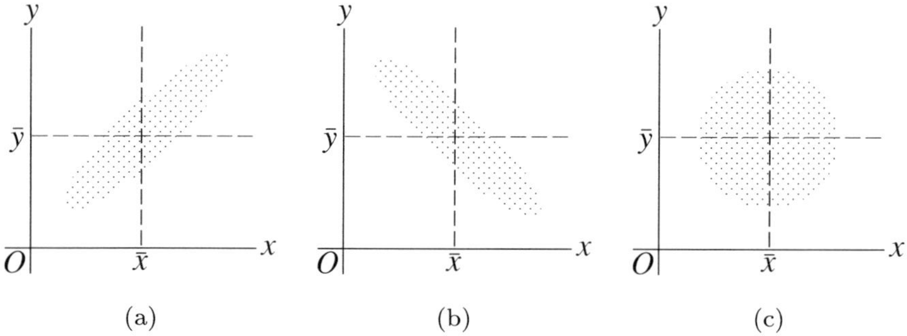

図 **5.4**　(a) 正の相関 ($c_{xy} > 0$). (b) 負の相関 ($c_{xy} < 0$). (c) 無相関 ($c_{xy} = 0$).

☞ 重心 m_x, m_y はそれぞれ $\{x_\alpha\}$, $\{y_\alpha\}$ の（サンプル）平均であり（↪ 式 (5.2)），行列 $\boldsymbol{M}$ を N で割った

$$\boldsymbol{V} = \begin{pmatrix} \sum_{\alpha=1}^N (x_\alpha - m_x)^2/N & \sum_{\alpha=1}^N (x_\alpha - m_x)(y_\alpha - m_y)/N \\ \sum_{\alpha=1}^N (x_\alpha - m_x)(y_\alpha - m_y)/N & \sum_{\alpha=1}^N (y_\alpha - m_y)^2/N \end{pmatrix} \tag{5.28}$$

の対角要素はそれぞれ $\{x_\alpha\}$, $\{y_\alpha\}$ の（サンプル）分散 s_x^2, s_y^2 になっている（↪ 式 (5.2)）．非対角要素

$$c_{xy} = \frac{1}{N}\sum_{\alpha=1}^N (x_\alpha - m_x)(y_\alpha - m_y) \tag{5.29}$$

は $\{x_\alpha\}$, $\{y_\alpha\}$ の（サンプル）**共分散**と呼ばれる．このような分散と共分散を要素とする式 (5.28) の行列 $\boldsymbol{V}$ を（サンプル）**共分散行列**と呼ぶ．

☞ 式 (5.29) の共分散 C が正なら，$x_\alpha > m_x$ の点は $y_\alpha > m_y$ であることが多く，$x_\alpha < m_x$ の点は $y_\alpha < m_y$ であることが多いことを意味する．このとき $\{x_\alpha\}$, $\{y_\alpha\}$ には**正の相関**があるという（図 5.4(a)）．逆に C が負なら，$x_\alpha > m_x$ の点は $y_\alpha < m_y$ であることが多く，$x_\alpha < m_x$ の点は $y_\alpha > m_y$ であることが多いことを意味する．このとき $\{x_\alpha\}$, $\{y_\alpha\}$ には**負の相関**があるという（図 5.4(b)）．$C = 0$ のときはどちらでもないので $\{x_\alpha\}$ と $\{y_\alpha\}$ は**無相関**であるという（図 5.4(c)）．

☞ 共分散を -1 と 1 との間に量になるように正規化した量

$$r_{xy} = \frac{\sum_{\alpha=1}^N (x_\alpha - m_x)(y_\alpha - m_y)/N}{\sqrt{\sum_{\alpha=1}^N (x_\alpha - m_x)^2/N}\sqrt{\sum_{\alpha=1}^N (y_\alpha - m_y)^2/N}} = \frac{c_{xy}}{s_x s_y} \tag{5.30}$$

を $\{x_\alpha\}$, $\{y_\alpha\}$ の**相関係数**と呼ぶ．$-1 \leq r_{xy} \leq 1$ となることは**シュワルツの不等式** $-\sqrt{\sum_{i=1}^n a_i^2}\sqrt{\sum_{i=1}^n b_i^2} \leq \sum_{i=1}^n a_i b_i \leq \sqrt{\sum_{i=1}^n a_i^2}\sqrt{\sum_{i=1}^n b_i^2}$ からわかる（↪ 第 2 章 2.1.1 項）．相関係数 r が 1 になるのは N 点 $\{(x_\alpha, y_\alpha)\}$ がすべて傾きが正の直線上に並ぶ場合であり，-1 になるのはすべて傾きが負の直線上に並ぶ場合である．

☞ 平均と分散に母平均，母分散とサンプル平均，サンプル分散の区別があるように，共分散にもこの区別がある．x, y が確率密度 $p(x,y)$ に従う確率変数のとき，それらの（母）**共分散**は次のように定義される．

$$\gamma_{xy} = E[(x-\mu_x)(y-\mu_y)] \tag{5.31}$$

ただし，$E[\cdots]$ は期待値を表し，$\displaystyle\iint(\cdots)p(x,y)dxdy$ の略記である．また μ_x, μ_y はそれぞれ確率変数 x, y の期待値（母平均），すなわち $\mu_x = E[x]$, $\mu_y = E[y]$ である．このとき，（母）**共分散行列**が次のように定義される．

$$\boldsymbol{\Sigma} = \begin{pmatrix} E[(x-\mu_x)^2] & E[(x-\mu_x)(y-\mu_y)] \\ E[(x-\mu_x)(y-\mu_y)] & E[(y-\mu_y)^2] \end{pmatrix} = \begin{pmatrix} \sigma_x^2 & \gamma_{xy} \\ \gamma_{xy} & \sigma_y^2 \end{pmatrix} \tag{5.32}$$

ただし，σ_x^2, σ_y^2 はそれぞれ確率変数 x, y の（母）分散である．

☞ 同様に，確率変数 x, y の（母）相関係数も次のように定義される．

$$\rho_{xy} = \frac{E[(x-\mu_x)(y-\mu_y)]}{\sqrt{E[(x-\mu_x)^2]}\sqrt{E[(y-\mu_y)^2]}} = \frac{\gamma_{xy}}{\sigma_x\sigma_y} \tag{5.33}$$

これもシュワルツの不等式より $-1 \leq \rho_{xy} \leq 1$ である．x, y が独立な確率変数であれば共分散 γ_{xy} も相関係数 ρ_{xy} も 0 であるが，γ_{xy} あるいは ρ_{xy} が 0 であるからといって，一般には確率変数 x, y が独立であるとは限らない．ただし，発生が正規分布に従うならそれがいえる．

5.3　データの分類

5.3.1　クラスの判別

（母）平均 μ_1，（母）分散 σ_1^2 の正規分布から独立に発生した N_1 個のデータと（母）平均 μ_2，（母）分散 σ_2^2 の正規分布から独立に発生した N_2 個のデータが混じった $N\ (= N_1 + N_2)$ 個のデータ $\{x_\alpha\}$, $\alpha = 1, \ldots, N$ を観測したとする．それぞれのデータの集まりを**クラス**と呼ぶ．このとき，各々のデータがどちらのクラスに属するかを判別するにはどうすればよいであろうか．ただし，μ_1, σ_1^2, μ_2, σ_2^2, N_1, N_2 はすべて未知であり，合計のデータ数 $N = N_1 + N_2$ のみが既知であるとする．

【例 題 5.4】　何人かの小学生と何人かの成人からなる 100 人の身長のデータ $\{x_\alpha \mathrm{cm}\}$, $\alpha = 1, \ldots, 100$ があるとき，各データが小学生のものか成人のものかを判別するにはどうすればよいであろうか．ただし，小学生と成人の身長はそれぞれ別々の平均と分散の正規分布に従うものとする．

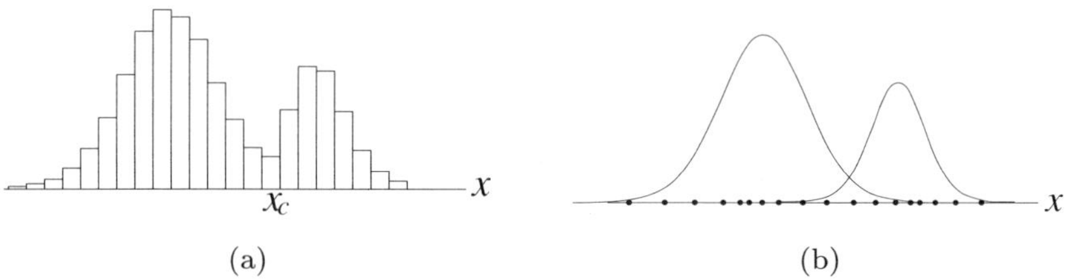

図 5.5　(a) 多数のデータのヒストグラム．(b) 少数のデータの分布．

（解） データ数が大きいときは**ヒストグラム**からデータの生成過程が推測できる．ヒストグラムとは実数軸を狭い幅の区間に分割し，各区間に入るデータの数（**度数**と呼ぶ）を棒グラフで表したものである．これは，人数が十分多いと図 5.5(a) のようになるであろう．この二つの山を分離する谷の部分の値 x_c を境目として，x_c より小さいものは小学生のクラス，大きいものは成人のクラスに分類するのが一つの方法である．□

しかし，データ数が少ないときは，データは図 5.5(b) のように x 軸上に散らばった点になる．曲線はそれぞれのクラスを発生させる正規分布の確率密度（未知）を図示している．このとき，境目の値（そのような値を**しきい値**と呼ぶ）をどこにとればよいかがデータのみからは判別しにくい．そこで，何らかの方法で各クラスの正規分布の確率密度を推定して，推定した確率密度のグラフが交わる点を境界とすることが考えられる．その代表的な方法が次項に述べる**教師なし学習**と呼ばれる方法である．

5.3.2　教師なし学習

データ $\{x_\alpha\}, \alpha = 1, \ldots, N$ が次の特殊な場合を考えよう．

【例 題 5.5】　あるしきい値 x_c があって $x_\alpha < x_c$ のものがクラス 1，$x_\alpha > x_c$ のものがクラス 2 に属するとするとき，それぞれのクラスの確率密度を最尤推定せよ．

（解） 各クラスのデータに対して 5.1 節の最尤推定を適用する．各クラスのデータ数は

$$N_1 = \{x_\alpha < x_c \text{ のデータの個数 }\}, \qquad N_2 = \{x_\alpha > x_c \text{ のデータの個数 }\} \tag{5.34}$$

であるから，各クラスの平均は次のように最尤推定される．

$$\mu_1 = \frac{1}{N_1}\sum_{x_\alpha < x_c} x_\alpha, \qquad \mu_2 = \frac{1}{N_2}\sum_{x_\alpha > x_c} x_\alpha \tag{5.35}$$

各クラスの分散は次のように最尤推定される．

$$\sigma_1^2 = \frac{1}{N_1}\sum_{x_\alpha < x_c}(x_\alpha - \mu_1)^2, \qquad \sigma_2^2 = \frac{1}{N_2}\sum_{x_\alpha > x_c}(x_\alpha - \mu_2)^2 \tag{5.36}$$

ゆえに，それぞれのクラスの確率密度は次のように推定される．

$$p_1(x) = \frac{1}{\sqrt{2\pi\sigma_1^2}}e^{-(x-\mu_1)^2/2\sigma_1^2}, \qquad p_2(x) = \frac{1}{\sqrt{2\pi\sigma_2^2}}e^{-(x-\mu_2)^2/2\sigma_2^2} \tag{5.37}$$

□

【例 題 5.6】 上の例に基づいてしきい値 x_c を求める計算法を導け．

（解） データ $\{x_\alpha\}$ はそれぞれのクラスのデータを比 $N_1 : N_2$ で混合したものであるから，式 (5.37) の推定が正しければ，データ全体の確率密度が次のように表せる．

$$p(x) = \frac{N_1}{N}p_1(x) + \frac{N_2}{N}p_2(x) = \frac{N_1}{N\sqrt{2\pi\sigma_1^2}}e^{-(x-\mu_1)^2/2\sigma_1^2} + \frac{N_2}{N\sqrt{2\pi\sigma_2^2}}e^{-(x-\mu_2)^2/2\sigma_2^2} \tag{5.38}$$

しきい値 x_c はそれぞれのクラスの分布 $\frac{N_1}{N}p_1(x)$, $\frac{N_2}{N}p_2(x)$ のグラフが交わるところ，すなわち

$$\frac{N_1}{N}p_1(x_c) = \frac{N_2}{N}p_2(x_c) \tag{5.39}$$

を満たすように定める（図 5.6）．以上より，x_c を求める次の反復法が得られる．

1. x_c の初期値を適当に与える．
2. 式 (5.34)〜(5.36) によって N_1, N_2, μ_1, μ_2, σ_1^2, σ_2^2 を計算する．

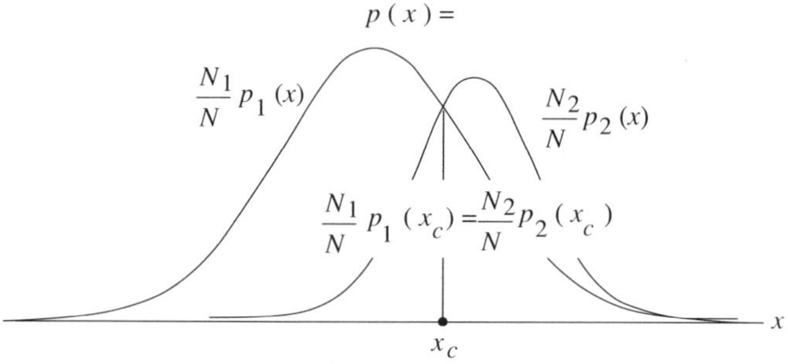

図 5.6　二つのクラスの確率密度が等しく $\frac{N_1}{N} p_1(x_c) = \frac{N_2}{N} p_2(x_c)$ となるようにしきい値 x_c を決める．

3. 式 (5.39) を満たすようにしきい値 x_c を定める．
4. 必要ならこれを適当に反復する．□

☞　式 (5.37) の $p_1(x)$, $p_2(x)$ は確率密度であるから，クラス 1 とクラス 2 を別々に考えると $\int_{-\infty}^{\infty} p_1(x)dx = 1$, $\int_{-\infty}^{\infty} p_2(x)dx = 1$ である．しかし，クラス 1 とクラス 2 をあわせて考えると，クラス 1, 2 に含まれるデータ数の比が $N_1 : N_2$ であるから，それぞれのクラスに相当する部分の積分はそれぞれ $\frac{N_1}{N}$, $\frac{N_2}{N}$ である．両者を合わせた積分が 1 でなければならないから $p(x)$ が式 (5.38) のように書ける．

しかし，上記の方法には問題がある．それは，正規分布の確率密度が図 5.1 のように両側に裾野を引いて広がるので，それぞれのクラスのデータも広がっており，これを $x < x_c$ の部分と $x > x_c$ の部分に分けてしまうと平均や分散が正しく推定できないことである．

教師なし学習はこの問題を次の巧妙な方法で解決する．それは，各データ x_α が**両方のクラスにまたがってある確率**で所属しているとみなすことである．例えば x_α は確率 1/3 でクラス 1 に属し，確率 2/3 でクラス 2 に属すというふうに考える．この各クラスへの所属確率を次のように置く．

$$w_\alpha^{(k)} = \text{データ } x_\alpha \text{ がクラス } k \text{ に属する確率}, \qquad \sum_{k=1,2} w_\alpha^{(k)} = 1 \tag{5.40}$$

そして，これを反復によって推定する．

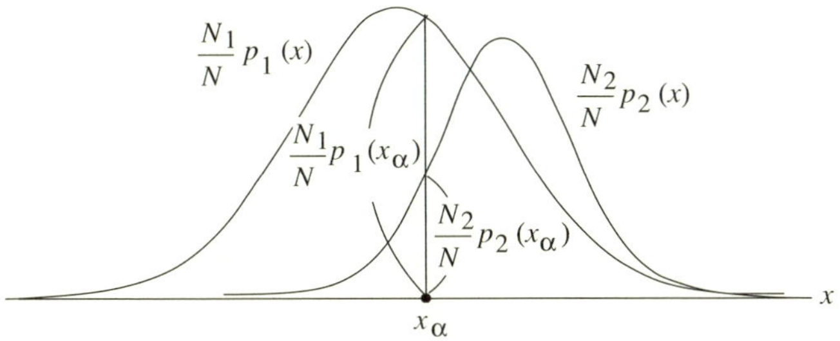

図 5.7 データ x_α はクラス 1, 2 の両方に $\frac{N_1}{N}p_1(x_\alpha) : \frac{N_2}{N}p_2(x_\alpha)$ の確率で属しているとみなす.

【例 題 5.7】 データ $\{x_\alpha\}$ のクラス $k=1,2$ への所属確率 $w_\alpha^{(k)}$ を推定する方法（教師なし学習）を導け.

（解）所属確率 $w_\alpha^{(k)}$ が与えられたとき，各クラスに属するデータ数も確率的に定まる．その期待値はもはや整数とは限らず，次のように実数となる.

$$N_k = \sum_{\alpha=1}^{N} w_\alpha^{(k)}, \qquad k=1,2 \tag{5.41}$$

データ x_α がクラス k に含まれている個数の期待値が $w_\alpha^{(k)}$ であると解釈できるから，クラス k に含まれるデータの平均と分散が次のように推定される.

$$\mu_k = \frac{1}{N_k}\sum_{\alpha=1}^{N} w_\alpha^{(k)} x_\alpha, \qquad \sigma_k^2 = \frac{1}{N_k}\sum_{\alpha=1}^{N} w_\alpha^{(k)} (x_\alpha - \mu_k)^2, \qquad k=1,2 \tag{5.42}$$

これから式 (5.37) のように確率密度 $p_1(x)$, $p_2(x)$ が推定できるので，混合データの確率密度 $p(x)$ が式 (5.38) のように推定できる．このとき x_α の尤度 $p(x_\alpha)$ は各クラスに対応する尤度 $\frac{N_1}{N}p_1(x_\alpha)$, $\frac{N_2}{N}p_2(x_\alpha)$ の和である．そこで，この x_α のクラス 1, 2 への所属確率をそれぞれ $\frac{N_1}{N}p_1(x_\alpha) : \frac{N_2}{N}p_2(x_\alpha)$ の割合で比例配分する（図 5.7）．式で書けば，各クラスへの所属確率 $w_\alpha^{(k)}$ が次のようになる.

$$w_\alpha^{(k)} = \frac{\pi_k p_k(x_\alpha)}{\sum_{l=1}^{2}\pi_l p_l(x_\alpha)}, \qquad \pi_k = \frac{N_k}{N} \tag{5.43}$$

以上より，次の反復法が得られる.

1. 所属確率 $w_\alpha^{(k)}$, $k=1,2$, $\alpha=1,\ldots,N$ の初期値を与える.

2. 式 (5.41), (5.42) によって N_k, μ_k, σ_1^k, $k=1,2$ を計算する．
3. 式 (5.43) によって所属確率 $w_\alpha^{(k)}$ を更新する．
4. ステップ 2 に戻って所属確率 $w_\alpha^{(k)}$ が収束するまでこれを反復する．　□

これがデータを 2 クラスに分類する「教師なし学習」とよばれる方法であり，「EM アルゴリズム」とも呼ばれる（次節参照）．各データを各クラスに分類するには，上の反復が収束した後，$w_\alpha^{(1)} > 0.5$ のデータをクラス 1 に，$w_\alpha^{(2)} > 0.5$ のデータをクラス 2 に分類すればよい．この教師なし学習は，指定した任意の K 個のクラスに分類する場合にそのまま拡張できる．その手順はアルゴリズム 5.1 のようになる．次節で示すように，この教師なし学習は必ず収束することが保証されている．ただし，初期値の与え方によっては異なる解に収束したり，正しい解に収束しても収束まで多くの反復回数を必要とすることがある．

☞ 観測データから繰り返し計算によって各々のデータの特性を推定したり，分類したり，判別する方法を一般に**学習**と呼ぶ．これには正解のわかっているデータを計算に用いる**教師あり学習**と，正解を与えずに計算を行う**教師なし学習**とに大別できる．「教師」とは計算過程で正解を示す役割を比喩的に述べたものである．教師なし学習はパタン認識や画像処理においてデータを自動的に複数のまとまりに分類する問題（**クラスタリング**と呼ばれる）に広く用いられている．教師あり学習の代表的な応用に**ニューラルネットワーク**や**サポートベクトルマシン**（↪ 第 7 章）と呼ばれるものがある．

☞ 式 (5.43) は統計学で**ベイズの定理**と呼ばれる式である．すなわち，確率変数 x がクラス k に属する確率（**事前確率**）を π_k とし，x がクラス k に属することがわかっているときの確率密度（**条件つき確率密度**）を $p_k(x)$ とするときに，x の値が x_α であることを観測した後でそれがクラス k に属する確率（**事後確率**）が $\pi_k p_k(x_\alpha)$ に比例するというものである．K 個のクラスがあるとき，全クラスに渡る和を 1 に正規化すると，その事後確率が次のように書ける．

$$w_\alpha^{(k)} = \frac{\pi_k p_k(x_\alpha)}{\sum_{l=1}^{K} \pi_l p_l(x_\alpha)} \tag{5.44}$$

☞ N 個のデータ $\{x_\alpha\}$ が K 個のクラスからなり，それらの N_k 個，$k=1,\ldots,K$ $(\sum_{k=1} N_k = N)$ がそれぞれ確率密度 $p_k(x|\boldsymbol{\theta}_k)$ に従って発生するとすれば，データの確率密度は次のように表せる．

$$p(x) = \sum_{k=1}^{N} \frac{N_k}{N} p_k(x|\boldsymbol{\theta}_k). \tag{5.45}$$

procedure *UnsupervisedLearning* $(\{x_\alpha\}_{\alpha=1}^N, K)$

- 所属確率 $w_\alpha^{(k)}$, $k=1,\ldots,K$, $\alpha=1,\ldots,N$ の初期値を与える．
- 次の計算を $\{w_\alpha^{(k)}\}$ が収束するまで反復する．
  1. 次のように N_k, $k=1,\ldots,K$ を計算する．
  $$N_k=\sum_{\alpha=1}^N w_\alpha^{(k)}$$
  2. 次のように μ_k, σ_k^2, $k=1,\ldots,K$ を計算する．
  $$\mu_k=\frac{1}{N_k}\sum_{\alpha=1}^N w_\alpha^{(k)}x_\alpha, \qquad \sigma_k^2=\frac{1}{N_k}\sum_{\alpha=1}^N w_\alpha^{(k)}(x_\alpha-\mu_k)^2$$
  3. 次のように確率密度 $p_k(x)$, $k=1,\ldots,K$ を定義する．
  $$p_k(x)=\frac{1}{\sqrt{2\pi\sigma_k^2}}e^{-(x-\mu_k)^2/2\sigma_k^2}$$
  4. 次のように所属確率 $w_\alpha^{(k)}$, $k=1,\ldots,K$, $\alpha=1,\ldots,N$ を更新する．
  $$w_\alpha^{(k)}=\frac{\pi_k p_k(x_\alpha)}{\sum_{l=1}^K \pi_l p_l(x_\alpha)}, \qquad \pi_k=\frac{N_k}{N}$$
- 各 x_α を $w_\alpha^{(k)}$, $k=1,\ldots,K$ が最大になるクラス k に分類する．

アルゴリズム 5.1　N 個のデータ $\{x_\alpha\}$ を K 個のクラスに分類する教師なし学習．

ただし，$\boldsymbol{\theta}_k$ はクラス k の分布のパラメータをまとめて表したものである．このように，いくつかの分布の重ね合わせとして表される分布を（有限）**混合分布**と呼び，そのように仮定することを（有限）**混合モデル**という．特に各々が正規分布からなる場合は（有限）**正規混合分布**，（有限）**正規混合モデル**などと呼ばれる．この場合には $\boldsymbol{\theta}_k$ はクラス k の平均 μ_k と分散 σ_k^2 を表す．

☞ 観測データから混合分布に含まれる未知パラメータ N_k, $\boldsymbol{\theta}_k$, $k=1,\ldots,K$ を推定する問題は古くから研究されていた．基本的な方法は最尤推定であり，5.1 節で述べたように $\prod_{\alpha=1}^N p(x_\alpha)$ を最大に，あるいは同じことだが，その対数 $\sum_{\alpha=1}^N \log p(x_\alpha)$ を最大にするように N_k, $\boldsymbol{\theta}_k$, $k=1,\ldots,K$ を決めればよい．しかし，式が複雑な形をしているので，解析的な（すなわち偏微分して 0 と置く）方法で解を求めるのは困難である．そこで，ここに示した教師なし学習が考案され，反復過程で尤度が減少することはなく，必ず収束することが証明された．

5.4　不完全データからの最尤推定 *

5.4.1　欠損データがある場合

$N+M$ 個のデータ $x_1, x_2, \ldots, x_N, y_1, y_2, \ldots, y_M$ を観測したとする．$x_1, \ldots, x_N$ を成分とする N 次元ベクトルを $\boldsymbol{x}$, $y_1, \ldots, y_M$ を成分とする M 次元ベクトルを $\boldsymbol{y}$ とする．$\boldsymbol{x}, \boldsymbol{y}$ が未知パラメータ $\boldsymbol{\theta}$ をもつある確率密度 $p(\boldsymbol{x}, \boldsymbol{y}|\boldsymbol{\theta})$ に従って発生したと仮定して，そのパラメータ $\boldsymbol{\theta}$ を推定する問題を考える．このための最尤推定とは，確率密度 $p(\boldsymbol{x}, \boldsymbol{y}|\boldsymbol{\theta})$ にデータ $\boldsymbol{x}, \boldsymbol{y}$ を代入した尤度 $p(\boldsymbol{x}, \boldsymbol{y}|\boldsymbol{\theta})$ を $\boldsymbol{\theta}$ の関数とみなし，これを最大にするように $\boldsymbol{\theta}$ を定めるものである．

さて，本来は観測されるべきデータ $\boldsymbol{y}$ が観測できなかったとする．このような**欠損データ**を含むデータを**不完全データ**と呼ぶ．不完全データに対しては尤度 $p(\boldsymbol{x}, \boldsymbol{y}|\boldsymbol{\theta})$ が $\boldsymbol{\theta}$ の関数として定義できない．そこで，不明の $\boldsymbol{y}$ について積分した $p(\boldsymbol{x}|\boldsymbol{\theta}) = \int_{\mathbf{y}} p(\boldsymbol{x}, \boldsymbol{y}|\boldsymbol{\theta}) d\boldsymbol{y}$ を最大にする，あるいは同じことだがその対数

$$\log p(\boldsymbol{x}|\boldsymbol{\theta}) = \log \int_{\mathbf{y}} p(\boldsymbol{x}, \boldsymbol{y}|\boldsymbol{\theta}) d\boldsymbol{y} \tag{5.46}$$

を最大にするように $\boldsymbol{\theta}$ の推定する．

☞ 式 (5.46) 中の積分 $\int d\boldsymbol{y}$ は重積分 $\int \cdots \int dy_1 \cdots dy_M$ の略記であり，各変数についてそれが定義される範囲に渡って積分する．

☞ $\boldsymbol{y}$ が離散値をとる変数の場合は積分 $\int_{\mathbf{y}} d\boldsymbol{y}$ を各変数のとるすべての値に渡る和 $\sum_{y_1} \cdots \sum_{y_M}$ に置き換える．

☞ 多変数の確率密度をある変数について，それがとり得る範囲に渡って積分したもの（離散値の場合は和）は残りの変数に関する確率密度を表す．この確率分布を**周辺分布**と呼ぶ．そして，このようにある変数に関して積分して残りの変数に関する周辺分布を求める操作を**周辺化**と呼ぶ．

☞ したがって，不完全データからの最尤推定は，**欠損データに関する周辺化を行って，観測データのみの周辺分布による最尤推定を行えばよい**．すなわち，周辺分布密度関数に観測データを代入した尤度を最大にすればよい．

---

procedure $EM(p(\boldsymbol{x}, \boldsymbol{y}|\boldsymbol{\theta}))$

1. 未知パラメータ $\boldsymbol{\theta}$ の初期値 $\boldsymbol{\theta}^{(0)}$ を与え，$K=0$ とする．
2. 次の関数を計算する（**E** ステップ）．

$$Q_K(\boldsymbol{\theta}) = E_{\mathbf{y}|\mathbf{x},\theta^{(K)}}[\log p(\boldsymbol{x}, \boldsymbol{y}|\boldsymbol{\theta})]$$

3. $Q_K(\boldsymbol{\theta})$ を最大にする $\boldsymbol{\theta}$ を $\boldsymbol{\theta}^{(K+1)}$ とする（**M** ステップ）．
4. $K \leftarrow K+1$ としてステップ 2 に戻り，これを収束するまで反復する．

アルゴリズム **5.2**　欠損データ $\boldsymbol{y}$ がある場合にパラメータ $\boldsymbol{\theta}$ を観測データ $\boldsymbol{x}$ から推定する EM アルゴリズム．

5.4.2　EM アルゴリズム

式 (5.46) の尤度 $\log p(\boldsymbol{x}|\boldsymbol{\theta})$ を最大にする解を直接に計算するのは一般には困難であるが，アルゴリズム 5.2 の反復によって計算ができる．これが **EM アルゴリズム**と呼ばれる方法である．ここで重要となるのが，ステップ 2 の関数

$$Q_K(\boldsymbol{\theta}) = E_{\mathbf{y}|\mathbf{x},\theta^{(K)}}[\log p(\boldsymbol{x}, \boldsymbol{y}|\boldsymbol{\theta})] \tag{5.47}$$

である．パラメータが $\boldsymbol{\theta}$ のときにデータ $\boldsymbol{x}$, $\boldsymbol{y}$ を同時に観察する（同時）確率密度は仮定により $p(\boldsymbol{x}, \boldsymbol{y}|\boldsymbol{\theta})$ である．このときデータ $\boldsymbol{x}$ が観測されたとすれば，欠損データ $\boldsymbol{y}$ がとり得る値の可能性を与える $\boldsymbol{y}$ の（事後）確率密度は**ベイズの定理**により，

$$p(\boldsymbol{y}|\boldsymbol{x}, \boldsymbol{\theta}) = \frac{p(\boldsymbol{x}, \boldsymbol{y}|\boldsymbol{\theta})}{\int p(\boldsymbol{x}, \boldsymbol{y}|\boldsymbol{\theta}) d\boldsymbol{y}} \tag{5.48}$$

で与えられる．式 (5.47) 中の記号 $E_{\mathbf{y}|\mathbf{x},\theta^{(K)}}[\cdots]$ は，欠損データ $\boldsymbol{y}$ のこの（事後）確率密度 $p(\boldsymbol{y}|\boldsymbol{x}, \boldsymbol{\theta})$ の $\boldsymbol{\theta}$ に**反復の過程で直前に計算した値** $\boldsymbol{\theta}^{(K)}$ **を代入した** $p(\boldsymbol{y}|\boldsymbol{x}, \boldsymbol{\theta}^{(K)})$ **に関する期待値**，すなわち $\displaystyle\int(\cdots)p(\boldsymbol{y}|\boldsymbol{x}, \boldsymbol{\theta}^{(K)})d\boldsymbol{y}$ のことである．

【例 題 5.8】　なぜアルゴリズム 5.2 によって式 (5.46) の尤度 $\log p(\boldsymbol{x}|\boldsymbol{\theta})$ が最大化できるのか．特に，なぜ式 (5.47) の関数 $Q_K(\boldsymbol{\theta})$ を最大にすれば尤度 $\log p(\boldsymbol{x}|\boldsymbol{\theta})$ が極値をとるのか．これを説明せよ．

（解）式 (5.46) を $\boldsymbol{\theta}$ で微分すると次のようになる．

$$\nabla_\theta \log p(\boldsymbol{x}|\boldsymbol{\theta}) = \frac{\nabla_\theta \int p(\boldsymbol{x},\boldsymbol{y}|\boldsymbol{\theta})d\boldsymbol{y}}{\int p(\boldsymbol{x},\boldsymbol{y}|\boldsymbol{\theta})d\boldsymbol{y}} = \int \frac{\nabla_\theta p(\boldsymbol{x},\boldsymbol{y}|\boldsymbol{\theta})}{\int p(\boldsymbol{x},\boldsymbol{y}'|\boldsymbol{\theta})d\boldsymbol{y}'}d\boldsymbol{y}$$
$$= \int \frac{\nabla_\theta p(\boldsymbol{x},\boldsymbol{y}|\boldsymbol{\theta})}{p(\boldsymbol{x},\boldsymbol{y}|\boldsymbol{\theta})} \frac{p(\boldsymbol{x},\boldsymbol{y}|\boldsymbol{\theta})}{\int p(\boldsymbol{x},\boldsymbol{y}'|\boldsymbol{\theta})d\boldsymbol{y}'}d\boldsymbol{y}$$
$$= \int \nabla_\theta \log p(\boldsymbol{x},\boldsymbol{y}|\boldsymbol{\theta}) p(\boldsymbol{y}|\boldsymbol{x},\boldsymbol{\theta})d\boldsymbol{y} \tag{5.49}$$

ただし，右辺の最後で式 (5.48) を用いた．尤度 $\log p(\boldsymbol{x}|\boldsymbol{\theta})$ を最大にするには上式が 0 となる $\boldsymbol{\theta}$ を求めればよい．しかし，式が複雑になって解析が困難である．そこで反復を行う．すなわち，（事後）確率密度 $p(\boldsymbol{y}|\boldsymbol{x},\boldsymbol{\theta})$ に直前の推定値 $\boldsymbol{\theta}^{(K)}$ を用い，これを代入した式 (5.49) が 0 となる $\boldsymbol{\theta}$ を $\boldsymbol{\theta}^{(K+1)}$ として，これを収束するまで反復する．式 (5.49) 中の $p(\boldsymbol{y}|\boldsymbol{x},\boldsymbol{\theta})$ の $\boldsymbol{\theta}$ に $\boldsymbol{\theta}^{(K)}$ を代入すると次のように書き直せる．

$$\int \nabla_\theta \log p(\boldsymbol{x},\boldsymbol{y}|\boldsymbol{\theta}) p(\boldsymbol{y}|\boldsymbol{x},\boldsymbol{\theta}^{(K)})d\boldsymbol{y} = \nabla_\theta \int \log p(\boldsymbol{x},\boldsymbol{y}|\boldsymbol{\theta}) p(\boldsymbol{y}|\boldsymbol{x},\boldsymbol{\theta}^{(K)})d\boldsymbol{y}$$
$$= \nabla_\theta E_{\mathbf{y}|\mathbf{x},\theta^{(K)}}[\log p(\boldsymbol{x},\boldsymbol{y}|\boldsymbol{\theta})] = \nabla_\theta Q_K(\boldsymbol{\theta}) \tag{5.50}$$

これを 0 にすることは式 (5.47) の関数 $Q_K(\boldsymbol{\theta})$ の極値を計算することを意味する．□

☞ 式 (5.48) の右辺の分母の $\int p(\boldsymbol{x},\boldsymbol{y}|\boldsymbol{\theta})d\boldsymbol{y}$ は $\boldsymbol{x}$ の周辺分布の確率密度 $p(\boldsymbol{x}|\boldsymbol{\theta})$ である．分母を払うと次のように書ける．

$$p(\boldsymbol{x},\boldsymbol{y}|\boldsymbol{\theta}) = p(\boldsymbol{x}|\boldsymbol{\theta})p(\boldsymbol{y}|\boldsymbol{x},\boldsymbol{\theta}) \tag{5.51}$$

$\boldsymbol{x}$ と $\boldsymbol{y}$ の役割を交換すると $p(\boldsymbol{x},\boldsymbol{y}|\boldsymbol{\theta}) = p(\boldsymbol{y}|\boldsymbol{\theta})p(\boldsymbol{x}|\boldsymbol{y},\boldsymbol{\theta})$ とも書ける．これを式 (5.48) に代入すると次のように書ける．

$$p(\boldsymbol{y}|\boldsymbol{x},\boldsymbol{\theta}) = \frac{p(\boldsymbol{y}|\boldsymbol{\theta})p(\boldsymbol{x}|\boldsymbol{y},\boldsymbol{\theta})}{\int p(\boldsymbol{y}|\boldsymbol{\theta})p(\boldsymbol{x}|\boldsymbol{y},\boldsymbol{\theta})d\boldsymbol{y}} \tag{5.52}$$

ベイズの定理はよくこの形に書かれる．分母の積分は $\int p(\boldsymbol{y}|\boldsymbol{x},\boldsymbol{\theta})d\boldsymbol{y} = 1$ とする正規化定数とみなせる．式 (5.52) は式 (5.44) の離散変数のベイズの定理の連続変数の場合に当たる．

☞ 式 (5.50) が得られるのは，（事後）確率密度 $p(\boldsymbol{y}|\boldsymbol{x},\boldsymbol{\theta})$ の計算に直前の値 $\boldsymbol{\theta}^{(K)}$ を用いるためである．これが定数だから微分 ∇_θ が積分の外に出せる．そうでないと，∇_θ を積分の外に出せば微分が $p(\boldsymbol{y}|\boldsymbol{x},\boldsymbol{\theta})$ にも及んでしまう．

【定 理 5.1】 EM アルゴリズムの反復過程で式 (5.46) の対数尤度 $\log p(\boldsymbol{x}|\boldsymbol{\theta})$ は単調に増大する．

【例 題 5.9】 定理 5.1 を証明せよ．

（解）次のように書ける．

$$
\begin{aligned}
\log p(\boldsymbol{x}|\boldsymbol{\theta}^{(K+1)}) - \log p(\boldsymbol{x}|\boldsymbol{\theta}^{(K)}) &= \log\Bigl(\frac{p(\boldsymbol{x}|\boldsymbol{\theta}^{(K+1)})}{p(\boldsymbol{x}|\boldsymbol{\theta}^{(K)})}\Bigr) \\
&= \log\Bigl(\frac{\int p(\boldsymbol{x},\boldsymbol{y}|\boldsymbol{\theta}^{(K+1)})d\boldsymbol{y}}{\int p(\boldsymbol{x},\boldsymbol{y}|\boldsymbol{\theta}^{(K)})d\boldsymbol{y}}\Bigr) = \log\int\frac{p(\boldsymbol{x},\boldsymbol{y}|\boldsymbol{\theta}^{(K+1)})}{\int p(\boldsymbol{x},\boldsymbol{y}'|\boldsymbol{\theta}^{(K)})d\boldsymbol{y}'}d\boldsymbol{y} \\
&= \log\int\frac{p(\boldsymbol{x},\boldsymbol{y}|\boldsymbol{\theta}^{(K+1)})}{p(\boldsymbol{x},\boldsymbol{y}|\boldsymbol{\theta}^{(K)})}\frac{p(\boldsymbol{x},\boldsymbol{y}|\boldsymbol{\theta}^{(K)})}{\int p(\boldsymbol{x},\boldsymbol{y}'|\boldsymbol{\theta}^{(K)})d\boldsymbol{y}'}d\boldsymbol{y} \\
&= \log\int\frac{p(\boldsymbol{x},\boldsymbol{y}|\boldsymbol{\theta}^{(K+1)})}{p(\boldsymbol{x},\boldsymbol{y}|\boldsymbol{\theta}^{(K)})}p(\boldsymbol{y}|\boldsymbol{x},\boldsymbol{\theta}^{(K)})d\boldsymbol{y} \\
&= \log E_{\mathbf{y}|\mathbf{x},\theta^{(K)}}\left[\frac{p(\boldsymbol{x},\boldsymbol{y}|\boldsymbol{\theta}^{(K+1)})}{p(\boldsymbol{x},\boldsymbol{y}|\boldsymbol{\theta}^{(K)})}\right] \qquad (5.53)
\end{aligned}
$$

ここで，一般に成り立つ不等式 $\log E[x] \geq E[\log x]$ を用いると次の関係を得る．

$$
\begin{aligned}
\log p(\boldsymbol{x}|\boldsymbol{\theta}^{(K+1)}) - \log p(\boldsymbol{x}|\boldsymbol{\theta}^{(K)}) &\geq E_{\mathbf{y}|\mathbf{x},\theta^{(K)}}\left[\log\frac{p(\boldsymbol{x},\boldsymbol{y}|\boldsymbol{\theta}^{(K+1)})}{p(\boldsymbol{x},\boldsymbol{y}|\boldsymbol{\theta}^{(K)})}\right] \\
&= E_{\mathbf{y}|\mathbf{x},\theta^{(K)}}[\log p(\boldsymbol{x},\boldsymbol{y}|\boldsymbol{\theta}^{(K+1)}) - \log p(\boldsymbol{x},\boldsymbol{y}|\boldsymbol{\theta}^{(K)})] \\
&= E_{\mathbf{y}|\mathbf{x},\theta^{(K)}}[\log p(\boldsymbol{x},\boldsymbol{y}|\boldsymbol{\theta}^{(K+1)})] - E_{\mathbf{y}|\mathbf{x},\theta^{(K)}}[\log p(\boldsymbol{x},\boldsymbol{y}|\boldsymbol{\theta}^{(K)})] \\
&= Q_K(\boldsymbol{\theta}^{(K+1)}) - Q_K(\boldsymbol{\theta}^{(K)}) \qquad (5.54)
\end{aligned}
$$

しかし，$\boldsymbol{\theta}^{(K+1)}$ は関数 $Q_K(\boldsymbol{\theta})$ を最大にするよう選んでいるから上式は正または 0 である．ゆえに常に $\log p(\boldsymbol{x}|\boldsymbol{\theta}^{(K+1)}) \geq \log p(\boldsymbol{x}|\boldsymbol{\theta}^{(K)})$ であり，対数尤度は反復過程で減少することはない． □

- ☞ 例題 5.9 の解に用いた不等式 $\log E[x] \geq E[\log x]$ は，対数関数 $\log x$ が上に凸であり，データの対数の平均はデータの平均の対数より大きいか等しいことから成り立つ．これは**イェンセンの不等式**と呼ばれる．
- ☞ 定理 5.1 の「増大」は厳密には「非減少」，すなわち「大きくなる，または等しい」の意味である．これにより，有限かつ連続な確率密度 $p(\boldsymbol{x}|\boldsymbol{\theta})$ をもつ問題では $\log p(\boldsymbol{x}|\boldsymbol{\theta})$ が無限大に発散することはないから，$\log p(\boldsymbol{x}|\boldsymbol{\theta})$ は必ずある極大値に収束する．ただし，それが大域的な最大値であるとは限らない．
- ☞ ここに示した欠損データがある場合のアルゴリズム 5.2 の計算法は 1977 年に A. P. Dempster, N. M. Larid, D. B. Rubin によって発表された．これが，ステップ 2 の欠損データを含んだ対数尤度をその期待値で置き換える計算（**E ステップ**）とステップ 3 のそれを最大にするように未知パラメータを推定する計算（**M ステップ**）を交互に繰り返すことから，彼らはこれを **EM アルゴリズム**と命名した．

【例 題 5.10】　前節に示したクラス判別の教師なし学習（アルゴリズム 5.1）は不完全データからの最尤推定の EM アルゴリズム（アルゴリズム 5.2）の特別の場合であることを示せ．

（解） クラス判別問題にアルゴリズム 5.2 の EM アルゴリズムを適用すると次のようになる．仮に各データ x_α がどのクラスに属するかが既知であるとし，

$$\bar{w}_\alpha^{(k)} = \begin{cases} 1 & x_\alpha \text{ がクラス } k \text{ に属すとき} \\ 0 & \text{そうでないとき} \end{cases} \tag{5.55}$$

の KN 個の値 $\{\bar{w}_\alpha^{(k)}\}$ が指定されているとする．このときデータ $\{x_\alpha\}$ の尤度は次のように書ける．

$$L = \prod_{\alpha=1}^{N} \frac{N_{k(\alpha)}}{N} p_{k(\alpha)}(x_\alpha|\boldsymbol{\theta}_{k(\alpha)}) \tag{5.56}$$

ただし，$k(\alpha)$ はデータ x_α の属するクラスであり，$p_{k(\alpha)}(x_\alpha|\boldsymbol{\theta}_{k(\alpha)})$ はそのクラスのデータ発生の確率密度，$\boldsymbol{\theta}_{k(\alpha)}$ はそのクラスの確率密度の（未知）パラメータである．式 (5.56) の対数は次のように書ける．

$$\log L = \sum_{\alpha=1}^{N} \Big(\log N_{k(\alpha)} + \log p_{k(\alpha)}(x_\alpha|\boldsymbol{\theta}_{k(\alpha)})\Big) - N \log N \tag{5.57}$$

これは式 (5.55) の $\{\bar{w}_\alpha\}$ を用いると，次のように書き直せる．

$$\log L = \sum_{\alpha=1}^{N}\sum_{k=1}^{K}\bar{w}_\alpha^{(k)}\Big(\log N_k + \log p_k(x_\alpha|\boldsymbol{\theta}_k)\Big) - N\log N \tag{5.58}$$

なぜなら，x_α が属していないクラスでは $\bar{w}_\alpha^{(k)} = 0$ であり，$\bar{w}_\alpha^{(k)}$ を掛けてすべてのクラス k に渡る和をとれば，x_α が属するクラスのみの和になるからである．

ところが $\{\bar{w}_\alpha^{(k)}\}$ は未知である．そこで，**これを欠損データとみなして，式 (5.58) をその期待値で置き換える**（**E** ステップ）．

$$Q(\{N_k\},\{\boldsymbol{\theta}_k\}) = E[\log L] = \sum_{\alpha=1}^{N}\sum_{k=1}^{K}E[\bar{w}_\alpha^{(k)}]\Big(\log N_k + \log p_k(x_\alpha|\boldsymbol{\theta}_k)\Big) - N\log N \tag{5.59}$$

しかし，**0, 1 をとる離散変数の期待値は，それが 1 となる確率に等しい**．したがって $E[\bar{w}_\alpha^{(k)}]$ （以下 $w_\alpha^{(k)}$ と置く）はデータ x_α がクラス k に属する確率に等しい．この確率は EM アルゴリズムでは**仮定した値を用いて計算した事後確率**を用いる．式 (5.44) のベイズの定理によれば，これは次のように与えられる．

$$w_\alpha^{(k)} = \frac{\pi_k p_k(x_\alpha|\boldsymbol{\theta}_k)}{\sum_{l=1}^{K}\pi_l p_l(x_\alpha|\boldsymbol{\theta}_k)}, \qquad \pi_k = \frac{N_k}{N} \tag{5.60}$$

これを式 (5.59) に代入し，未知数 $\{N_k\}$，$\{\boldsymbol{\theta}_k\}$，$k = 1,\ldots,K$ に関して $Q(\{N_k\},\{\boldsymbol{\theta}_k\})$ を最大化する（**M** ステップ）．

まず，N_k を考える．式 (5.59) より，$Q(\{N_k\},\{\boldsymbol{\theta}_k\})$ を最大にするには $\sum_{\alpha=1}^{N}\sum_{k=1}^{K}w_\alpha^{(k)}\log N_k$ を最大にすればよい．ただし $\sum_{k=1}^{K}N_k = N$ という制約条件がある．そこでラグランジュ乗数 λ（$\hookrightarrow$ 第 2 章 2.4 節）を導入して，

$$F = \sum_{\alpha=1}^{N}\sum_{k=1}^{K}w_\alpha^{(k)}\log N_k - \lambda\left(\sum_{k=1}^{K}N_k - N\right) \tag{5.61}$$

と置く．これを N_k で偏微分して 0 と置くと $\sum_{\alpha=1}^{N}w_\alpha^{(k)}/N_k - \lambda = 0$ となる．これから

$$N_k = \frac{1}{\lambda}\sum_{\alpha=1}^{N}w_\alpha^{(k)} \tag{5.62}$$

が得られる．定義式 (5.55) より $\sum_{k=1}^{K}\bar{w}_\alpha^{(k)} = 1$ であるから，その期待値も $E[\sum_{k=1}^{K}\bar{w}_\alpha^{(k)}] = \sum_{k=1}^{K}w_\alpha^{(k)} = 1$ である（$E[\bar{w}_\alpha^{(k)}] = w_\alpha^{(k)}$ と置いていることに注

意）．ゆえに式 (5.62) より

$$\sum_{k=1}^{K} N_k = \frac{1}{\lambda}\sum_{\alpha=1}^{N}\sum_{k=1}^{K} w_\alpha^{(k)} = \frac{N}{\lambda} \tag{5.63}$$

となる．制約条件 $\sum_{k=1}^{K} N_k = N$ から $\lambda = 1$ でなければならない．ゆえに次式が得られる．

$$N_k = \sum_{\alpha=1}^{N} w_\alpha^{(k)} \tag{5.64}$$

一方，$Q(\{N_k\}, \{\boldsymbol{\theta}_k\})$ を最大にする $\{\boldsymbol{\theta}_k\}$ を求めるには，式 (5.59) より

$$\sum_{k=1}^{K}\sum_{\alpha=1}^{N} w_\alpha^{(k)} \log p_k(x_\alpha|\boldsymbol{\theta}_k) = \sum_{k=1}^{K} \log \prod_{\alpha=1}^{N} p_k(x_\alpha|\boldsymbol{\theta}_k)^{w_\alpha^{(k)}} \tag{5.65}$$

を最大化すればよい．しかし，右辺は各クラス k ごとに異なるパラメータ $\boldsymbol{\theta}_k$ を含む項の和であるから，それぞれのクラスごとに

$$\log \prod_{\alpha=1}^{N} p_k(x_\alpha|\boldsymbol{\theta}_k)^{w_\alpha^{(k)}} \tag{5.66}$$

を最大にする $\boldsymbol{\theta}_k$ を求めればよい．これは各クラス k ごとにデータ $x_1, x_2, \ldots, x_N$ がそれぞれ $w_1^{(k)}$ 個，$w_2^{(k)}$ 個，…，$w_N^{(k)}$ 個あるときのパラメータ $\boldsymbol{\theta}_k$ の最尤推定と等価である．特に正規分布の場合は 5.1 節のように平均 μ_k と分散 σ_k^2 を推定すればよい．そこで，適当な初期値 $\{N_k\}$, $\{\boldsymbol{\theta}_k\}$ から始めて式 (5.60), (5.64)，および各クラスの $\boldsymbol{\theta}_k$ の最尤推定を収束するまで反復すればよい．これはちょうどアルゴリズム 5.1 の教師なし学習となる．　□

☞　5.3.2 項に述べた混合モデルの教師なし学習は EM アルゴリズムとは独立に研究され，反復によって尤度が単調に増大し，収束が保証されることが証明された（ただし真の解に収束するとは限らない）．しかし，後に，式 (5.55) の $\{\bar{w}_\alpha^{(k)}\}$ を欠損データとみなすとこれが EM アルゴリズムと同じ数学的な構造をもつことが示された．このため，以後これも「EM アルゴリズム」と呼ばれるようになっただけでなく，圧倒的な頻度で用いられることから，現在では「EM アルゴリズム」というと，ほとんどの場合，正規混合モデルの教師なし学習を指している．しかし，表面的にはどこが「E ステップ」でどこが「M ステップ」かが判然としない．これを示すには，「各クラスへの所属確率を各クラスへの所属の真偽を表す 0, 1 データの期待値とみなす」という作為的な解釈が必要である．

第6章

線形計画法

変数が多数の 1 次不等式によって制約されているとき，与えられた 1 次式を最大，最小化する問題は「線形計画」と呼ばれ，工学だけでなく，経済学，経営学などの多くの分野の最も基本的な問題の一つである．本章ではこれを効率的に解く「シンプレックス法」と呼ばれる計算法を説明する．まずその基本原理を述べ，その計算過程の幾何学的な意味を示す．また「退化」と呼ばれる特殊な状況や，どんな場合にも解を生成する「人工変数」の方法を述べる．次に，一つの線形計画問題と，その「双対問題」と呼ばれる別の線形計画問題との関係，およびその解釈を述べる．このような関係は「双対原理」と呼ばれ，線形計画に限らず，次章で述べる非線形計画法でも重要な役割を果たす．

6.1　線形計画の標準形

次の形の最適化問題を考える．

［**問題 P0**］

$$\begin{cases} a_{11}x_1 + a_{12}x_2 + \cdots + a_{1n}x_n \le b_1 \\ a_{21}x_1 + a_{22}x_2 + \cdots + a_{2n}x_n \le b_2 \\ \quad\vdots \qquad\quad \vdots \qquad \ddots \qquad \vdots \qquad \vdots \\ a_{m1}x_1 + a_{m2}x_2 + \cdots + a_{mn}x_n \le b_m \end{cases} \tag{6.1}$$

$$x_1 \ge 0, \quad x_2 \ge 0, \quad \ldots, \quad x_n \ge 0 \tag{6.2}$$

$$f = c_1x_1 + c_2x_2 + \cdots + c_nx_n \to \max \tag{6.3}$$

この問題の特徴は次の点である．

- n 個の変数 $x_1, \ldots, x_n$ はすべて**非負**である．
- m 個の制約条件は変数 $x_1, \ldots, x_n$ の **1 次式の不等式**（これを**制約不等式**と呼ぶ）である．
- 最大化する関数 f（これを**目的関数**と呼ぶ）は変数 $x_1, \ldots, x_n$ の **1 次関数**である．

この三つの特徴をもつ問題を**線形計画**と呼ぶ．そして，それを問題 P0 のように表したものを線形計画の**標準形**と呼ぶ．線形計画を解く手法を**線形計画法**（リニアプログラミング）という．線形計画の典型的な具体例は次のような問題である．

【例 題 6.1】　ある工場では n 種類の製品 $A_1, \ldots, A_n$ を製造している．これらを作るには m 種類の原料 $M_1, \ldots, M_m$ を用いる．製品 A_j を作るには 1 単位当たり原料 M_i を a_{ij}kg 必要とする．工場には原料 $M_1, \ldots, M_m$ がそれぞれ $b_1$kg, ..., $b_m$kg ある．製品 $A_1, \ldots, A_n$ はそれぞれ 1 単位当たり c_1 円，...，c_n 円で売れる．売上高を最大にするように製品 $A_1, \ldots, A_n$ を製造したい．このような計画はどのように記述できるか．

（解） 製品 $A_1, \ldots, A_n$ をそれぞれ x_1 単位, ..., x_n 単位作るとする．すると原料 M_1 はそれぞれに対して $a_{11}x_1$kg, ..., $a_{1n}x_n$kg 必要であり，その合計が $b_1$kg 以下でなければならない．これから条件 (6.1) の最初の制約不等式が得られる．原料 $M_2, \ldots, M_m$ についても同様にして残りの制約不等式が得られる．すべての変数 $x_1, \ldots, x_n$ は正または零でなければならないから，条件 (6.2) が必要である．製品 $A_1, \ldots, A_n$ をそれぞれ x_1 単位，…，x_n 単位売ったときの売上高は $c_1x_1 + \cdots + c_nx_n$ 円である．したがって，売上高を最大にする計画は問題 P0 の線形計画によって記述できる． □

【例 題 6.2】 2 種類の容器 A, B を作るのに 2 台の機械 M_1, M_2 を使う．容器 A を 1 個作るのに機械 M_1 を 2 分，機械 M_2 を 4 分使う必要がある．一方，容器 B を 1 個作るのに機械 M_1 を 8 分，機械 M_2 を 4 分使う必要がある．容器 A, B を作る利益は一つあたりそれぞれ 29 円，45 円である．利益を最大にするにはどのように計画すればよいか．

（解）容器 A, B をそれぞれ 1 時間当たり x 個，y 個だけ作ると，1 時間当たりの利益は $29x + 45y$ 円である．このとき機械 M_1 を使う時間の合計は $2x + 8y$ 分であり，機械 M_2 を使う時間の合計は $4x + 4y$ 分である．これが 1 時間以内に完了しなければならないから，最適な生産計画は次の線形計画問題の解となる．

$$\begin{cases} 2x + 8y \leq 60 \\ 4x + 4y \leq 60 \end{cases} \tag{6.4}$$

$$x \geq 0, \qquad y \geq 0 \tag{6.5}$$

$$f = 29x + 45y \to \max \tag{6.6}$$

□

【例 題 6.3】 2 種類の金属 M_1, M_2 を用いて 2 種類の合金 A, B を作る．合金 A, B はそれぞれ 1 トン当たり 30,000 円, 25,000 円の利益がある．合金 A は金属 M_1, M_2 を $1:1$ の割合で混合し，合金 B は金属 M_1, M_2 を $1:3$ の割合で混合する．金属 M_1, M_2 はそれぞれ 1 日当たり 10 トン，15 トンの供給が可能である．利益を最大にするように合金 A, B を作るにはどのように計画すればよいか．

（解）合金 A, B をそれぞれ 1 日当たり x トン，y トン作ると，1 日当たりの利益は $30x + 25y$ 千円である．合金 A を x トン作るには金属 M_1 が $0.5x$ トン，

金属 M_2 が $0.5x$ トン必要であり，合金 B を y トン作るには金属 M_1 が $0.25y$ トン，金属 M_2 が $0.75y$ トン必要である．金属 M_1, M_2 は1日当たりの供給はそれぞれ10トン，15トンであるから，最適な生産計画は次の線形計画問題の解となる．

$$\begin{cases} 0.5x + 0.25y \leq 10 \\ 0.5x + 0.75y \leq 15 \end{cases} \tag{6.7}$$

$$x \geq 0, \qquad y \geq 0 \tag{6.8}$$

$$f = 30x + 25y \to \max \tag{6.9}$$

□

☞ 各変数 x_i は実数とみなしている．例えば製造する製品が気体（燃料など），液体（薬品など），粉体（飼料など）の場合は各変数 x_j が小数になっても構わないが，機械部品や電気製品などでは変数は整数しかとらない．しかし，整数値に制限した問題（**整数計画**）を解くのは極めて難しいので，現実には実数として計算し，解が整数でないときは四捨五入することが多い．こうすると，得られた解が厳密な最適解と異なることもあり得るが，多くの場合これで十分である．

☞ 例6.3では利益の単位を千円にとっている．円のままなら式(6.9)が $f = 30000x + 25000y \to \max$ となるが，単位をどうとっても問題の意味は同じであるから，計算が簡単になるような都合のよい単位をとればよい．もっとも，コンピュータを使う場合はそのような工夫もあまり意味がない．同様のことが最小二乗法にも現れた（↪ 第4章4.1.1項）．

6.2　可能領域

n 次元空間内で条件(6.1), (6.2)の不等式を満たす点 $(x_1, \ldots, x_n)$ の集合を**可能領域**（または**許容領域**）といい，それに属する点 $(x_1, \ldots, x_n)$ を**可能解**（または**許容解**）という．可能解の中で目的関数を最大にする点 $(x_1^*, \ldots, x_n^*)$ を**最適解**という．このとき次の定理が成り立つ．

【定 理 6.1】　問題P0の可能領域は n 次元空間内の凸多面体である．

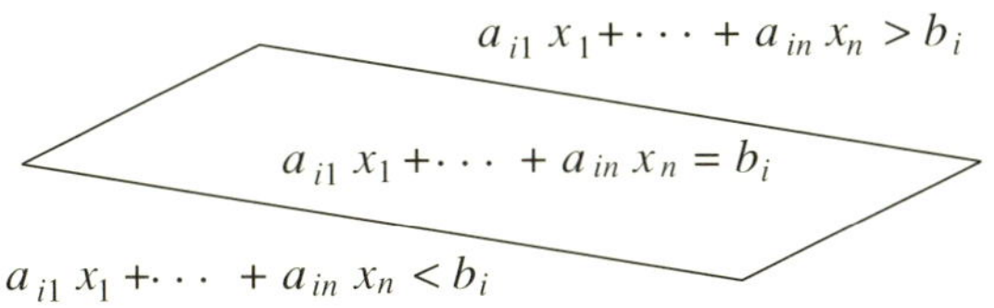

図 6.1 平面 $a_{i1}x_1 + \cdots + a_{in}x_n = b_i$ は n 次元空間を $a_{i1}x_1 + \cdots + a_{in}x_n > b_i$ の側と $a_{i1}x_1 + \cdots + a_{in}x_n < b_i$ の側とに分割する．解はこの平面上または $a_{i1}x_1 + \cdots + a_{in}x_n < b_i$ の側にある．

【例 題 6.4】 定理 6.1 を証明せよ．

（**解**）条件 (6.2) は解 $(x_1, \ldots, x_n)$ が n 次元空間の第 1 象限になければならないことを示している．n 次元空間内の平面 $a_{11}x_1 + \cdots + a_{1n}x_n = b_1$ は，n 次元空間をこの面を境界とする $a_{11}x_1 + \cdots + a_{1n}x_n > b_1$ の側と $a_{11}x_1 + \cdots + a_{1n}x_n < b_1$ の側の二つの**半空間**に分割する（図 6.1）．条件 (6.1) の最初の不等式は，解 $(x_1, \ldots, x_n)$ がこの平面上または半空間 $a_{11}x_1 + \cdots + a_{1n}x_n < b_1$ にあることを示している．残りの不等式についても，解 $(x_1, \ldots, x_n)$ がそれぞれの対応する平面上，またはその一方の側の半空間にあることを示している．このような半空間の共通部分は凸多面体である． □

☞ n 次元空間内の“平面” $a_{i1}x_1 + \cdots + a_{in}x_n = b_i$ は厳密には**超平面**というべきであるが，ここでは簡単のために単に“平面”と呼んでいる（↪ 第 2 章 2.1.1 項）．境界が（超）平面から成る集合を**多面体**という．

☞ 集合 S が**凸**であるとは，集合 S に属する任意の 2 点 $P, P' \in S$ に対して，P と P' を結ぶ線分上のすべての点が S に属することをいう．

【例 題 6.5】 次の不等式で表される可能領域を示せ．

$$\begin{cases} x + 3y \le 9 \\ 2x + y \le 8 \end{cases} \tag{6.10}$$

$$x \ge 0, \qquad y \ge 0 \tag{6.11}$$

（**解**）図 6.2(a) のようになる． □

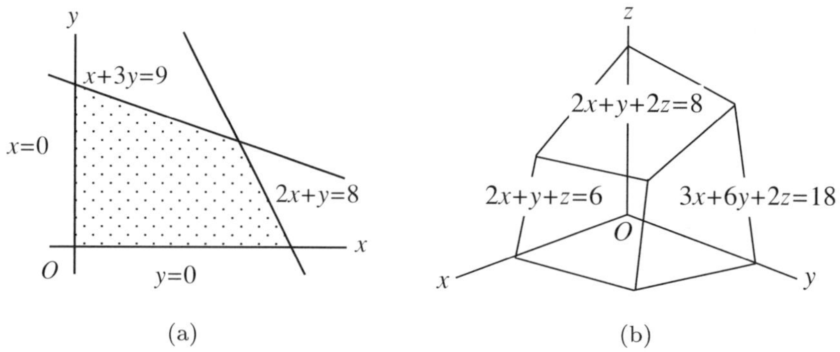

図 **6.2**　可能領域. (a) 2 次元の例. (b) 3 次元の例.

【例 題 6.6】 次の不等式で表される可能領域を示せ.

$$\begin{cases} 2x + y + 2z \leq 8 \\ 2x + y + z \leq 6 \\ 3x + 6y + 2z \leq 18 \end{cases} \tag{6.12}$$

$$x \geq 0, \quad y \geq 0, \quad z \geq 0 \tag{6.13}$$

(解) 図 6.2(b) のようになる. □

定理 6.1 より, 最適解が存在しないのは次の二つの場合である.

- 可能領域が有界ではなく, 目的関数が発散する.
- 可能領域が空集合である.

【例 題 6.7】 次の線形計画には最適解が存在するか.

$$\begin{cases} -x - y \leq -1 \\ -2x + y \leq 1 \\ x - 2y \leq 1 \end{cases} \tag{6.14}$$

$$x \geq 0, \quad y \geq 0 \tag{6.15}$$

$$f = x + y \to \max \tag{6.16}$$

(解) 可能領域は図 6.3(a) のようになり, f が発散する. したがって, この問題には最適解が存在しない. □

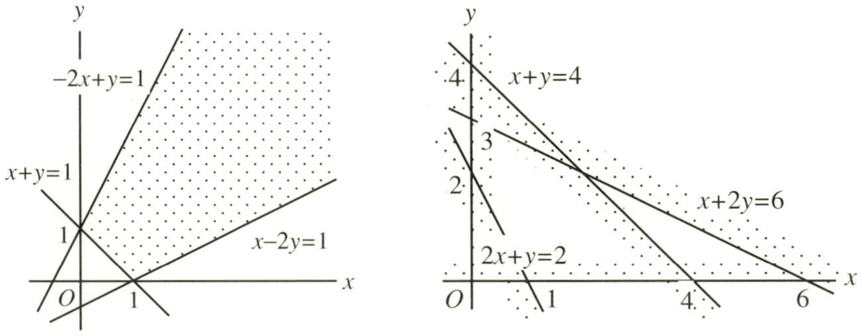

(a) (b)

図 6.3 最適解が存在しない例. (a) 可能領域が有界でなく，目的関数が発散する. (b) 可能領域が空集合である.

【例 題 6.8】 次の線形計画には最適解が存在するか.

$$\begin{cases} 2x + y \leq 2 \\ -x - 2y \leq -6 \\ x + y \leq 4 \end{cases} \tag{6.17}$$

$$x \geq 0, \quad y \geq 0 \tag{6.18}$$

$$f = 2x + y \to \max \tag{6.19}$$

（解）可能領域は図 6.3(b) のようになり，空集合である．したがって，この問題には最適解が存在しない． □

☞ どの方向にもある一定の距離 R 以内に制限されている（すなわち，半径 R の（超）球に含まれる）集合を**有界である**といい，そうでないとき**有界でない**という．可能解領域が有界でなくても，目的関数の形によっては最適解が存在する．例えば図 6.3(a) の有界でない領域でも，$f = -x \to \max$ なら点 $(0, 1)$ が最適解となる．

6.3 線形計画の基本定理

線形計画問題 P0 の解を求める最も基本的な原理は，目的関数 f を最大にする最適解があるとすれば，可能領域を表す凸多面体の**頂点のみを調べれば**よいという事実である．

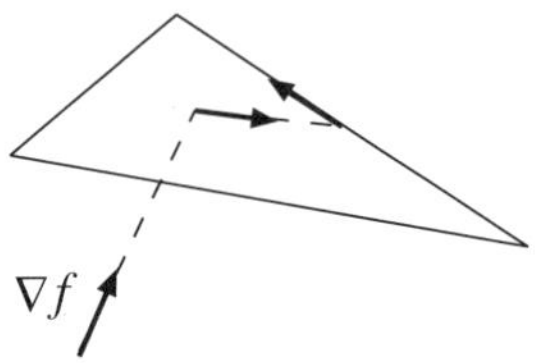

図 6.4　最適解としては可能領域の頂点のみを考えればよい．

【例 題 6.9】　3 次元の場合にこれを示せ．

（解）f は 1 次関数であり，**1 次関数は極値をとらない**．したがって，凸多面体の内部で極大値をとることはない．f が定数関数でなければその勾配 ∇f は零でないから，その方向に進めば f の値が単調に増大し，最適解があるとすればついにはどこかの**境界面に達する**（図 6.4）．一方，f が定数関数であれば，どこでも値が同じであるから，**境界面上の値のみを考えればよい**．

その境界面上でも f は 1 次関数であるから内部で極値をとることはない．面上で定数でなければ，ある方向に進むと関数値が増えるから，最適解があるとすればついにはその面のある**辺に達する**．一方，面上で定数であれば，どこでも値が同じであるから，**辺上の値のみを考えればよい**．

その辺上でも f は 1 次関数であるから，内部で極値をとることはない．辺上で定数でなければ，どちらかの方向に進むと関数値が増えるから，最適解があるとすればついにはその**端点に達する**．一方，辺上で定数であれば，どこでも値が同じであるから，**端点の値のみ考えればよい**．□

これは何次元の多面体でも同じことであるから，次の**線形計画の基本定理**を得る．

【定 理 6.2】　問題 P0 に最適解 $(x_1^*, \ldots, x_n^*)$ が存在すれば，目的関数は可能領域の頂点で最大値をとる．

n 次元多面体の頂点では n 個の境界面が交わっている．可能領域の各境界面は条件 (6.1), (6.2) の $m+n$ 個の不等式で不等号を**等号に置き換えたもの**のどれかである．このことから，次の結論を得る．

【定 理 6.3】 問題 P0 のある最適解 $(x_1^*, \ldots, x_n^*)$ において，条件 (6.1), (6.2) の $m+n$ 個の不等式のうち n 個が等号で成立する．

このことから，問題 P0 は原理的には次のようにして解くことができる．

1. 条件 (6.1), (6.2) の $m+n$ 個の不等式のうちから n 個を選んで等号に置き換えた連立 1 次方程式を解く．
2. その解が非負であって，残りの制約不等式を満たすか調べる．
3. 満たせば目的関数 f の値を計算する．
4. これをすべての可能性について行ない，f の値が最大になるものを選ぶ．

しかし $m+n$ 個の不等式から n 個を選ぶ選び方は組合せ $\begin{pmatrix} m+n \\ n \end{pmatrix}$ の数だけある．m, n が大きくなるとこれは急速に増大するので実際的ではない．そこで，なるべく速く最適解に到達するように，組織的に n 個を選ぶ方法を考える．

☞ 例題 6.9 において，∇f の方向にいくら進んでも境界面に到達せず，f が限りなく増えるなら最適解は存在しない．同様に，面上をいくら進んでも辺に到達せず，f が限りなく増えるなら最適解は存在しない．辺上をいくら進んでも端点に到達せず，f が限りなく増えるなら最適解は存在しない．しかし，最適解は存在すると仮定しているから，そのようなことは起こらない．

☞ n 次元空間の頂点で n 枚の境界面が交わっていることは，2, 3 次元空間で考えるとわかりやすい．例えば，2 次元空間では 2 本の直線が一点で交わり，3 次元空間では 3 枚の平面が 1 点で交わる．n 次元空間で n 枚の（超）平面が一点で交わることは，n 個の n 変数の 1 次式からなる連立 1 次方程式が唯一の解をもつことに当たる．もちろん平面に重複があって独立なものが n 個以下の場合は解は無数にあり（不定），また平行な平面が含まれていれば解が存在しない（不能）．しかし，唯一の解がある（= 1 点で交わる）なら，それは n 個の独立な 1 次式の解（= n 枚の（超）平面の交わり）である（$\hookrightarrow$ 第 4 章 4.2.2 項）．

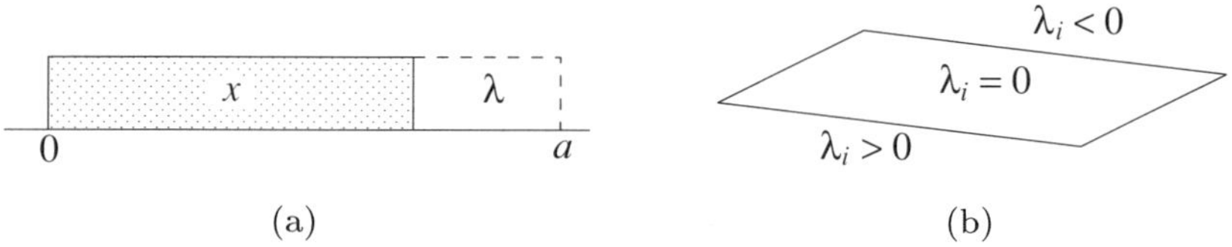

図 6.5　(a) 不等式 $x \leq a$ はスラック変数 λ を用いて，$x + \lambda = a, \lambda \geq 0$ と書ける．(b) n 次元空間の可能領域の i 番目の境界面上では $\lambda_i = 0$ であり，一方の側では $\lambda_i > 0$，反対側では $\lambda_i < 0$ である．解はこの平面上または $\lambda_i > 0$ の側になければならない．

6.4　スラック変数

不等式は小さいほうの辺に非負の数を加えて等式にすることができる（図 6.5(a)）．

【例 題 6.10】　次の線形計画を等式の制約条件に書き直せ．

$$\begin{cases} 2x + 8y \leq 60 \\ 4x + 4y \leq 60 \end{cases} \tag{6.20}$$

$$x \geq 0, \qquad y \geq 0 \tag{6.21}$$

$$f = 29x + 45y \to \max \tag{6.22}$$

（解）次のように書き直せる．

$$\begin{cases} 2x + 8y + \lambda_1 = 60 \\ 4x + 4y + \lambda_2 = 60 \end{cases} \tag{6.23}$$

$$x \geq 0, \qquad y \geq 0, \qquad \lambda_1 \geq 0, \qquad \lambda_2 \geq 0 \tag{6.24}$$

$$f = 29x + 45y \to \max \tag{6.25}$$

□

上の例のように小さいほうの辺に付け加える非負の変数を**スラック変数**と呼ぶ．問題 P0 の条件 (6.1) の制約不等式にスラック変数 $\lambda_1, \ldots, \lambda_m$ を導入して等式の制約条件に書き換えると，問題 P0 は次の問題 P1 と等価となる．

[問題 P1]

$$\begin{cases} a_{11}x_1 + a_{12}x_2 + \cdots + a_{1n}x_n + \lambda_1 = b_1 \\ a_{21}x_1 + a_{22}x_2 + \cdots + a_{2n}x_n + \lambda_2 = b_2 \\ \vdots \\ a_{m1}x_1 + a_{m2}x_2 + \cdots + a_{mn}x_n + \lambda_m = b_m \end{cases} \tag{6.26}$$

$$\begin{aligned} &x_1 \geq 0, \quad x_2 \geq 0, \quad \ldots, \quad x_n \geq 0, \\ &\lambda_1 \geq 0, \quad \lambda_2 \geq 0, \quad \ldots, \quad \lambda_m \geq 0 \end{aligned} \tag{6.27}$$

$$f = c_1x_1 + c_2x_2 + \cdots + c_nx_n \to \max \tag{6.28}$$

スラック変数 $\lambda_1, \ldots, \lambda_m$ は条件 (6.1) の制約不等式において，左辺が右辺よりどれだけ小さいかを示す量である．したがって，$\lambda_i = 0$ ということは条件 (6.1) の i 番目の制約不等式が等号で成立していることを意味する．これを幾何学的に解釈すれば，n 次元空間の可能領域の i 番目の境界面で $\lambda_i = 0$ であると言える．そして，この平面の一方の側の半空間では $\lambda_i > 0$ であり，反対側の半空間では $\lambda_i < 0$ である．式 (6.27) より，解はこの平面上または $\lambda_i > 0$ の側の半空間になければならない（図 6.5(b)）．

定理 6.3 によれば，問題 P0 のある最適解 $(x_1^*, \ldots, x_n^*)$ において式 (6.1) の制約不等式のうち等号が成立しているものの個数と $x_1^*, \ldots, x_n^*$ のうち 0 であるものの個数との合計が n 個である．このことを問題 P1 について書き直すと，次のようになる．

【定 理 6.4】 問題 P1 のある最適解 $(x_1^*, \ldots, x_n^*, \lambda_1^*, \ldots, \lambda_m^*)$ において，$n + m$ 個の値 $x_1^*, \ldots, x_n^*, \lambda_1^*, \ldots, \lambda_m^*$ のうちの n 個は 0 である．

このことから，問題 P1 は原理的には次のようにして解くことができる．

1. $n + m$ 個の変数 $x_1, \ldots, x_n, \lambda_1, \ldots, \lambda_m$ のうちから n 個を選んで 0 と置いてできる連立 1 次方程式 (6.26) を，残りの m 個の変数について解く．
2. その解がすべて非負かどうか調べる．

3. そうであれば目的関数 f の値を計算する．
4. これをすべての可能性について行ない，f の値が最大になるものを選ぶ．

$n+m$ 個の変数から選んで 0 と置く n 個の変数のことを**非基底変数**といい，残りの m 個の変数を**基底変数**と呼ぶ．n 個の非基底変数を 0 と置くことによって得られる解を**基底解**と呼ぶ．しかし $m+n$ 個の変数から n 個の非基底変数を選ぶ選び方（あるいは m 個の基底変数を選ぶ選び方）は $\begin{pmatrix} m+n \\ n \end{pmatrix}$ 通りある．m, n が大きくなるとこれは急速に増大するので，すべての基底解を調べるのは実際的ではない．そこで，なるべく速く最適解に到達する方法として考えられたのは，選んだ n 個の非基底変数（0 と置く変数）から一つを除外し，別の変数を新たに 0 とするような「変数の交換」を次々と行うことである．このときに，目的関数が**必ず増加するように**交換する変数を選ぶ．これが次に述べる**シンプレックス法**（**単体法**）である．

☞ スラック変数 λ_i の意味を例題 6.1 について考えれば，すべて製品を作り終わったときの原料 M_i の残りの量が $\lambda_i$kg であると言える．

☞ 「基底変数」と「非基底変数」の区別が紛らわしい．本来は，値を求めるべき m 個の変数という意味で基底変数と呼び，残りの変数は 0 と置くから非基底変数と呼ぶのである．しかし，実際には「n 個の変数を選んで 0 と置く」と考えるほうがわかりやすい．それを“非”基底変数と呼ぶのがやや不自然である．これは，幾何学的には可能領域の凸多面体の頂点を選ぶことに対応し，非基底変数はその頂点を定義する n 枚の面に対応している．歴史的事情でこのような命名がなされたが，覚えにくければ特に覚える必要はない．変数を「0 と置く変数」と「値を求める変数」とに分けることさえ理解していればよい．

6.5　シンプレックス法

6.5.1　原理と計算法

シンプレックス法の原理を例題 6.10 を用いて説明する．説明の都合上，変数 x, y とスラック変数 λ_1, λ_2 に通し番号をつけ，x_1, x_2, x_3, x_4 と書く．式 (6.23), (6.24), (6.25) は次のように書ける．

【例 題 6.11】 次の線形計画をシンプレックス法を用いて解け.

$$\begin{cases} 2x_1 + 8x_2 + x_3 = 60 \\ 4x_1 + 4x_2 + x_4 = 60 \end{cases} \tag{6.29}$$

$$x_1 \geq 0, \quad x_2 \geq 0, \quad x_3 \geq 0, \quad x_4 \geq 0 \tag{6.30}$$

$$f = 29x_1 + 45x_2 \to \max \tag{6.31}$$

(解) $x_1, \ldots, x_4$ のうちから二つを選んで左辺に移し，右辺を残りの変数で表す．例えば x_3, x_4 を選べば，次のように書ける．

$$\begin{aligned} x_3 &= 60 - 2x_1 - 8x_2 & \cdots \quad (1) \\ x_4 &= 60 - 4x_1 - 4x_2 & \cdots \quad (2) \\ f &= 29x_1 + 45x_2 & \cdots \quad (3) \end{aligned} \tag{6.32}$$

右辺の変数をすべて 0 と置くと，次の解を得る．

$$x_1 = 0, \quad x_2 = 0, \quad x_3 = 60, \quad x_4 = 60 \tag{6.33}$$

これらはすべて非負である．しかし，これは最適解ではない．なぜなら (1), (2) で x_1, x_2 を少しだけ増やしても x_3, x_4 は正のままであるが，(3) より f の値が増加するからである．そこで (1), (2) で x_3, x_4 **が非負である限りできるだけ大きく** x_1 または x_2 を増やすことを考える．

まず x_1 を増やすことを考える．(1) によれば（$x_2 = 0$ として），x_1 が増えるにつれて x_3 が減り，$x_1 = 30$ $(= 60/2)$ で $x_3 = 0$ となる．(2) によれば $x_1 = 15$ $(= 60/4)$ で $x_4 = 0$ となる．したがって，x_1 は**最大** $x_1 = 15$ **まで増やせる**．その結果，(3) の f は $\Delta f = 29 \times 15 = 435$ だけ増加する．

次に（$x_1 = 0$ として）x_2 を増やすことを考える．(1) より $x_2 = 7.5$ $(= 60/8)$ まで増やすと $x_3 = 0$ となり，(2) より $x_2 = 15$ $(= 60/4)$ まで増やすと $x_4 = 0$ となる．したがって，x_2 は**最大** $x_2 = 7.5$ **まで増やせる**．その結果，(3) の f は $\Delta f = 45 \times 7.5 = 337.5$ だけ増加する．

以上より x_1 **を増やしたほうが** f **の値がより増加する**．そして x_1 を限度いっぱいに増やすと **(2) の左辺の** x_4 **が 0 となる**．そこで (2) の左辺の x_4 を右辺に移し，右辺の x_1 を左辺に移す．すると (2) は

$$x_1 = 15 - x_2 - \frac{1}{4}x_4 \tag{6.34}$$

となる．これを (1), (3) に代入して x_1 を消去すると，それぞれ次のようになる．

$$x_3 = 30 - 6x_2 + \frac{1}{2}x_4 \tag{6.35}$$

$$f = 435 + 16x_2 - 7.25x_4 \tag{6.36}$$

以上をまとめると，次のようになる．

$$\left.\begin{array}{rcl} x_3 &=& 30 - 6x_2 + \dfrac{1}{2}x_4 \quad \cdots \quad (4) \\ x_1 &=& 15 - x_2 - \dfrac{1}{4}x_4 \quad \cdots \quad (5) \\ f &=& 435 + 16x_2 - 7.25x_4 \quad \cdots \quad (6) \end{array}\right. \tag{6.37}$$

右辺の変数をすべて0と置くと，次の解を得る．

$$x_2 = 0, \quad x_4 = 0, \quad x_3 = 30, \quad x_1 = 15 \tag{6.38}$$

しかし，これは最適解ではない．なぜなら (4), (5) で x_2 を少しだけ増やしても x_3, x_1 は正のままであるが，(6) より f の値が増加するからである．

そこで x_2 を（$x_4 = 0$ として）増やす．(4) によれば $x_2 = 5$ $(= 30/6)$ まで増加すると $x_3 = 0$ となり，(5) によれば $x_2 = 15$ $(= 15/1)$ まで増加すると $x_1 = 0$ となる．したがって，x_2 は**最大 $x_2 = 5$ まで増やせる**．そして f が $\Delta f = 16 \times 5 = 80$ だけ増加し，**その結果 (4) の左辺の x_3 が 0 になる**．

そこで (4) の左辺の x_3 を右辺に移し，右辺の x_2 を左辺に移す．すると (4) は

$$x_2 = 5 - \frac{1}{6}x_3 + \frac{1}{12}x_4 \tag{6.39}$$

となる．これを (5), (6) に代入して x_2 を消去すると，それぞれ次のようになる．

$$x_1 = 10 + \frac{1}{6}x_3 - \frac{1}{3}x_4 \tag{6.40}$$

$$f = 515 - 2.667x_3 - 5.917x_4 \tag{6.41}$$

以上をまとめると，次のようになる．

$$\left.\begin{array}{rcl} x_2 &=& 5 - \dfrac{1}{6}x_3 + \dfrac{1}{12}x_4 \quad \cdots \quad (7) \\ x_1 &=& 10 + \dfrac{1}{6}x_3 - \dfrac{1}{3}x_4 \quad \cdots \quad (8) \\ f &=& 515 - 2.667x_3 - 5.917x_4 \quad \cdots \quad (9) \end{array}\right. \tag{6.42}$$

右辺の変数をすべて 0 と置くと，次の解を得る．

$$x_3 = 0, \quad x_4 = 0, \quad x_2 = 5, \quad x_1 = 10 \tag{6.43}$$

これは最適解である．なぜなら (9) の x_3, x_4 の係数が負であるから，x_3, x_4 を少しでも 0 から増やすと f の値が減ってしまうためである．したがって，f の最大値は

$$f = 515 \tag{6.44}$$

である． □

上の手順で，(1), (2), (3) からどの変数を入れ換えるかを見つける計算を筆算で行なうとすれば，次のように書くとよい．選ぶべき値と変数に下線を引いてある．

$x_3 = 60 - 2x_1 - 8x_2$	$x_1 = 60/2 = 30$	$x_2 = 60/8 = \underline{7.5}$
$\underline{x_4} = 60 - 4\underline{x_1} - 4x_2$	$x_1 = 60/4 = \underline{15}$	$x_2 = 60/4 = 15$
$f = 29x_1 + 45x_2$	$\Delta f = 29 \times 15 = \underline{435}$	$\Delta f = 45 \times 7.5 = 337.5$

これから第 2 式の x_4 と x_1 を交換すべきことがわかる．(1), (2), (3) から (4), (5), (6) を導くには上に示したように代入を行なってもよいが，次のように**掃き出し**を行なってもよい．まず (1), (2), (3) において，(2) を 4 で割って x_1 の係数を -1 にする．

$$\begin{aligned} x_3 &= 60 - 2x_1 - 8x_2 && \cdots \quad (1) \\ \frac{1}{4}x_4 &= 15 - x_1 - x_2 && \cdots \quad (2') = (2)/4 \\ f &= 29x_1 + 45x_2 && \cdots \quad (3) \end{aligned} \tag{6.45}$$

次に (1), (3) から (2′) の -2 倍，29 倍をそれぞれ足して x_1 を消去する．

$$\begin{aligned} -\frac{1}{2}x_4 + x_3 &= 30 - 6x_2 && \cdots \quad (1') = (1) - 2 \times (2') \\ \frac{1}{4}x_4 &= 15 - x_1 - x_2 && \cdots \quad (2') \\ 7.25x_4 + f &= 435 + 16x_2 && \cdots \quad (3') = (3) + 29 \times (2') \end{aligned} \tag{6.46}$$

最後に x_4 の列と x_1 の列を互いに移項して (4), (5), (6) が得られる．

☞ 式 (6.29) を式 (6.32) のように書き直すのにどの変数を選んで左辺に移してもよいが，普通はスラック変数を選ぶ．これは，スラック変数が各式に一つしか含まれていないからである．それに対して，二つ以上の式に含まれる変数は，一つの式を用いて残りの式からその変数を消去する必要があり，計算が複雑になる．

☞ 式 (6.29) を式 (6.32) のように表すことは，式 (6.32) の左辺の変数 x_3, x_4 を**基底変数**，右辺の変数 x_1, x_2 を**非基底変数**に選ぶという意味である．そして，右辺の変数（非基底変数）を 0 と置き，左辺の変数（基底変数）の値を計算すると，式 (6.33) の基底解（最適解とは限らない）が得られる．

☞ 式 (6.33) の基底解はたまたますべてが非負であるから，**可能解**（最適解とは限らない）である．もし一つでも負になるものがあれば，別の基底変数を選んでやり直すか，後述の**人工変数**や**双対原理**を用いる．

☞ 式 (6.33) の解はすべてが非負であるかどうかのチェックが必要である．もしそうでなければ別の処理に移る．しかし，式 (6.38) の解ではこのチェックは不要である．なぜなら，いったんすべてが非負の解（可能解）を得たら，以後の基底変数と非基底変数の交換では**どの変数も負にならないように**値を入れ換えているからである．したがって，以下すべての変数は常に非負（可能解）であり，負の値が現れたら計算間違いである．

☞ 多くの教科書ではシンプレックス法の計算を式 (6.32) のように書き直さずに，式 (6.29) の形のままで計算している．これは伝統的な方法であり，手計算の手間が減る．しかし，本書のように変数の交換のたびに基底変数を左辺に，非基底変数を右辺に移したほうが原理がより理解しやすい．

☞ シンプレックス法は米国の数学者**ダンツィッヒ** (George B. Danzig: 1914–) が 1947 年に発表し，その魅力的な命名とともに世界中に普及して経営や生産の合理化に使われ，目覚しい成果を挙げた．しかし，1980 年代後半になってコンピュータが普及するまでは手回し計算機やそろばんや電卓を用いた手計算が主であった．このため，伝統的な教科書ではシンプレックス法を手計算に都合のよい形で説明することが多かった．しかし，今日ではコンピュータを用いるので，手計算の簡素化にそれほど意味がなくなった．

6.5.2 幾何学的解釈

幾何学的に解釈すると，シンプレックス法は可能領域のある頂点を出発点とし，**目的関数 f の値が最も大きく増加するように辺に沿って移動し**，f が増加しなくなる頂点で終了するものである．

【例 題 6.12】 例題 6.11 の解法が例題 6.10 の式 (6.20), (6.21) の可能領域の境界の辺に沿って f を最大化していることを幾何学的に説明せよ．

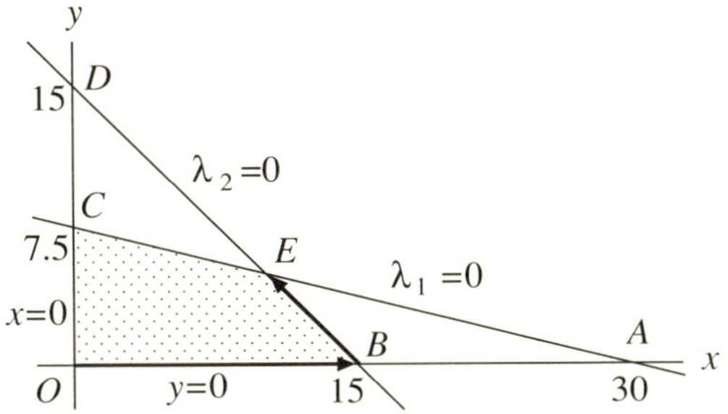

図 6.6 可能領域の境界の辺に沿って頂点を移動する．

(解) 式 (6.20), (6.21) の可能領域は図 6.6 のようになる．式 (6.23) のようにスラック変数を導入する．境界となる直線 $2x+8y=60$, $4x+4y=60$ はそれぞれ $\lambda_1=0$, $\lambda_2=0$ に相当する．まず原点 (0,0) を考える．そこから x 軸（すなわち直線 $y=0$）または y 軸（すなわち直線 $x=0$）に沿って移動すると f が増加する．したがって，原点 (0,0) は最適解ではない．

そこで，x 軸に沿って移動することを考える．制約 $2x+8y\leq 60$（すなわち $\lambda_1\geq 0$）を破らないで移動できる限界は図の頂点 A である．制約 $4x+4y\leq 60$（すなわち $\lambda_2\geq 0$）を破らないで移動できる限界は頂点 B である．したがって，両方を考慮した限界は頂点 B である．そして，f は 435 だけ増加する．

今度は y 軸に沿って移動することを考える．制約 $2x+8y\leq 60$（すなわち $\lambda_1\geq 0$）を破らないで移動できる限界は図の頂点 C である．制約 $4x+4y\leq 60$（すなわち $\lambda_2\geq 0$）を破らないで移動できる限界は頂点 D である．したがって，両方を考慮した限界は頂点 C である．そして，f は 377.5 だけ増加する．

以上より，x 軸に沿って移動する方が f がより大きく増加する．そこで，頂点 B に移動する．頂点 B から直線 $4x+4y=60$（すなわち $\lambda_2=0$）に沿って，制約 $2x+8y\leq 60$（すなわち $\lambda_1\geq 0$）を破らないで移動できる限界は図の頂点 E である．制約 $x\geq 0$ を破らないで移動できる限界は頂点 D である．したがって，両方を考慮した限界は頂点 E である．そして，f は 80 だけ増加する．そこで，頂点 E に移動する．この頂点からどの辺に沿って進んでも f が減少する．ゆえに，この頂点が最適解である．

例題 6.11 では x, y, λ_1, λ_2 に通し番号をつけて x_1, x_2, x_3, x_4 としているが，その計算過程をたどれば，上記の境界辺に沿う探索を行なっていることがわ

かる．□

図6.6より，辺に沿って移動する頂点では変数の値が次のように変化する．

原点 O	$\rightarrow$	頂点 B	$\rightarrow$	頂点 E
$x = 0$		$y = 0$		$\lambda_1 = 0$
$y = 0$		$\lambda_2 = 0$		$\lambda_2 = 0$
$\lambda_1 > 0$		$x > 0$		$x > 0$
$\lambda_2 > 0$		$\lambda_1 > 0$		$y > 0$

これからわかるように，頂点を移動する度に，0と置く変数（非基底変数）を制約条件の数だけ（この場合は2個）選び，その一つをそれ以外の変数（基底変数）と入れ換えている．このように，シンプレックス法は6.4節の最後に述べた手順を組織的に実行していることがわかる．

ここで次の疑問が生じる．シンプレックス法が終了した頂点では，辺で隣接する頂点に移動してももはや f の値は増えない．しかし，その頂点が真に最適なのであろうか．すなわち，直接には辺で隣接していないほかの頂点で f がより大きくなることはないであろうか．このようなことが生じないことは次のようにしてわかる．

【例 題 6.13】 シンプレックス法が終了したときに得られる解は最適解であることを幾何学的に説明せよ．

（解）頂点 P でシンプレックス法が終了し，そこで $f = c$ となったとする（図6.7）．すなわち，頂点 P に隣接するすべての頂点では f の値は c に等しいかそれより小さい．このことは，頂点 P に隣接するすべての頂点が平面 $f = c$ の上またはその一方の側（$f \leq c$ の側）にあることを意味する．もし f の値が c より大きい頂点 Q が離れたところに存在したとすると，頂点 Q はこの平面の他方の側（$f > c$ の側）にあることになる．しかし，**可能領域は凸多面体であるから，その任意の2点を結ぶ線分もその凸多面体の一部でなければならない**．このため，頂点 P と頂点 Q とを結ぶ線分は可能領域の内部になければならない．しかし，頂点 P に隣接するすべての頂点は $f \leq c$ の側にあり，反対側に通じる経路はありえない．ゆえにほかの頂点で f の値がより大きくなることはない．□

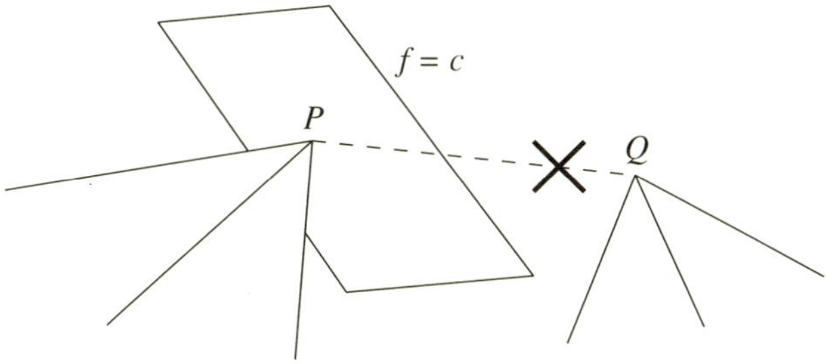

図 **6.7** 最適解がほかにあると矛盾が生じる．

- ☞ 例題 6.11 の解法と例題 6.12 の解釈からわかるように，シンプレックス法ではある頂点から辺に沿って隣の頂点に移動するとき，f が増える辺が複数あるときは f が最も大きく増える辺を選んでいる．理論的にはこのように選ぶ必要はなく，f が増える辺であればどれを選んでも，最終的には最適解に達する．しかし，そこに到達するまでに多くの辺をたどって計算時間が多くかかる可能性があるので，なるべく速く最適解に達するように f の増加量が多い辺を選んでいる．このような選択は**グリーディ（貪欲）法**という．別法として f の係数 c_j の最も大きいものを選ぶ方法もよく行われる．このような方法で最も速く最適解に到達できるという保証はないが，経験的に有効であるとされている．
- ☞ 多くの最適化問題では，解の領域において，その近傍のどの点よりも目的関数を大きく，または小さくする点を求めている．この性質を**局所的最適性**と呼び，そのような解を**局所解**と呼ぶ．それに対して，その点が解の領域全体で目的関数を最大または最小にすることを**大域的最適性**と呼び，そのような解を**大域解**と呼ぶ．本書でこれまでに述べた最適化手法のほとんどは局所解を求める方法である．
- ☞ 大域解は局所解でもあるから，局所解が一つしかなければ，それは大域解でもある．しかし，局所解が複数あるときは，求めた局所解が大域解であるとは限らない．線形計画は局所解が大域解であることが保証される数少ない例である．この性質は例 6.13 に示したように，目的関数が線形であることと，解の領域が凸であることに基いている．一般に，目的関数が上に凸で，解の領域も凸なら，どの点からでも，値を大きくする方向に（例えばグリーディ法で）移動すれば必ず大域解に（存在すれば）到達する（次章参照）．
- ☞ シンプレックス法は**多項式時間アルゴリズム**ではない．多項式時間アルゴリズムとは，必要な計算回数が変数の数や制約式の数のような問題の規模を指定するパラメータの多項式で表されるものである．計算量の理論では，そのようなアルゴリズムが "効率的" であるとみなされる．しかし，例外的な問題でなければシンプレックス法は実用的に十分に効率的であり，事実上，多項式時間アルゴリズムに匹敵することが経験的に知られている．

☞ それに対して，線形計画を真に多項式時間で解く方法が1979年に旧ソ連のハチヤン (L. G. Khachiyan) によって，そして1984年に米国でカーマーカー (N. Karmarkar) によって発表された．ハチヤンの方法は**楕円体法**と呼ばれ，解の範囲を次第に小さい楕円体内に絞り込む方法である．カーマーカーの方法はシンプレックス法のように可能領域の多面体の辺を移動して解を探索するのではなく，その多面体の内部を移動して最適解に到達する．このような内部を通る方法は一般に**内点法**と呼ばれている．ハチヤンの方法もカーマーカーの方法も問題の規模が極めて大きいときに理論上はシンプレックス法より効率的であることが示せるが，実際問題では必ずしも効率的とは限らない．しかし，最近では内点法を効率化する研究が進み，一部では既に実用化もされ，将来的には内点法が中心になると期待されている．

6.5.3 シンプレックス表によるプログラミング

前節の方法を一般化する．次のように表されているとする．

$$
\begin{array}{ccccccccccc}
x_\alpha & = & b_1 & + & a_{11}x_a & + \cdots + & a_{1j}x_b & + \cdots + & a_{1n}x_c \\
\vdots & & \vdots & & \vdots & \cdots & \vdots & \cdots & \vdots \\
x_\beta & = & b_i & + & a_{i1}x_a & + \cdots + & a_{ij}x_b & + \cdots + & a_{in}x_c \\
\vdots & & \vdots & & \vdots & \cdots & \vdots & \cdots & \vdots \\
x_\gamma & = & b_m & + & a_{m1}x_a & + \cdots + & a_{mj}x_b & + \cdots + & a_{mn}x_c \\
f & = & c_0 & + & c_1x_a & + \cdots + & c_jx_b & + \cdots + & c_nx_c
\end{array}
\tag{6.47}
$$

ただし，$b_1 \geq 0, \ldots, b_i \geq 0, \ldots, b_m \geq 0$ であるとする．この式を次のような表に表す．これを**シンプレックス表**（または**タブロー**）という．

$$
\begin{array}{c|cccccc}
 & & x_a & \cdots & x_b & \cdots & x_c \\
\hline
x_\alpha & b_1 & a_{11} & \cdots & a_{1j} & \cdots & a_{1n} \\
\vdots & \vdots & \vdots & \cdots & \vdots & \cdots & \vdots \\
x_\beta & b_i & a_{i1} & \cdots & a_{ij} & \cdots & a_{in} \\
\vdots & \vdots & \vdots & \cdots & \vdots & \cdots & \vdots \\
x_\gamma & b_m & a_{m1} & \cdots & a_{mj} & \cdots & a_{mn} \\
\hline
f & c_0 & c_1 & \cdots & c_j & \cdots & c_n
\end{array}
\tag{6.48}
$$

例 6.11 の計算より，もし $c_1, \ldots, c_j, \ldots, c_n$ がすべて 0 または負なら

$$x_a = 0, \quad \ldots, \quad x_b = 0, \quad \ldots, \quad x_c = 0 \tag{6.49}$$

$$x_\alpha = b_1, \quad \ldots, \quad x_\beta = b_i, \quad \ldots, \quad x_\gamma = b_m \tag{6.50}$$

が最適解である．このときの f の最大値は

$$f = c_0 \tag{6.51}$$

である．そうでないときは交換する変数を見つけなければならない．それには例 6.11 で行ったように，$c_1, \ldots, c_j, \ldots, c_n$ のうち正のものに対する変数のみを調べればよい．いま $c_j > 0$ であるとすると，それに対する変数 x_b は

$$x_b = \min_{\{\beta | a_{\beta j} < 0\}} \left[-\frac{b_\beta}{a_{\beta j}} \right] \tag{6.52}$$

まで増やせる．このとき f は

$$\Delta f = c_j x_b \tag{6.53}$$

だけ増加する．これを $c_1, \ldots, c_j, \ldots, c_n$ のうちの正のものに対する変数すべてについて調べて，Δf が最大であるものを選ぶ．いま x_b がそうであったとし，これを限度まで増加させると x_β が 0 になるとする．このとき，例 6.11 で行ったように，x_b を左辺に，x_β を右辺に移るように表を書き換える．これは次のようにできる．

まず，表を次のように書き直す．

x_β			x_a	$\cdots$	x_b	$\cdots$	x_c
0	x_α	b_1	a_{11}	$\cdots$	a_{1j}	$\cdots$	a_{1n}
$\vdots$	$\vdots$	$\vdots$	$\vdots$	$\cdots$	$\vdots$	$\cdots$	$\vdots$
1		b_i	a_{i1}	$\cdots$	a_{ij}	$\cdots$	a_{in}
$\vdots$	$\vdots$	$\vdots$	$\vdots$	$\cdots$	$\vdots$	$\cdots$	$\vdots$
0	x_γ	b_m	a_{m1}	$\cdots$	a_{mj}	$\cdots$	a_{mn}
0	f	c_0	c_1	$\cdots$	c_j	$\cdots$	c_n

(6.54)

第 i 行を $-a_{ij}$ で割る．すると次の形になる．

$$\begin{array}{c|c|cccccc}
x_\beta & & & x_a & \cdots & x_b & \cdots & x_c \\
\hline
0 & x_\alpha & b_1 & a_{11} & \cdots & a_{1j} & \cdots & a_{1n} \\
\vdots & \vdots & \vdots & \vdots & \cdots & \vdots & \cdots & \vdots \\
-a'_{ij} & & b'_i & a'_{i1} & \cdots & -1 & \cdots & a'_{in} \\
\vdots & \vdots & \vdots & \vdots & \cdots & \vdots & \cdots & \vdots \\
0 & x_\gamma & b_m & a_{m1} & \cdots & a_{mj} & \cdots & a_{mn} \\
\hline
0 & f & c_0 & c_1 & \cdots & c_j & \cdots & c_n
\end{array} \tag{6.55}$$

ただし，

$$a'_{ij} = \frac{1}{a_{ij}}, \qquad b'_i = -\frac{b_i}{a_{ij}}$$

$$a'_{ik} = -\frac{a_{ik}}{a_{ij}}, \qquad k = 1, \ldots, j-1, j+1, \ldots, n \tag{6.56}$$

である．次に第 l 行に第 i 行の a_{lj} 倍を足す $(l = 1, \ldots, i-1, i+1, \ldots, m)$．そして f の行に第 i 行の c_j 倍を足す．すると次の形になる．

$$\begin{array}{c|c|cccccc}
x_\beta & & & x_a & \cdots & x_b & \cdots & x_c \\
\hline
-a'_{1j} & x_\alpha & b'_1 & a'_{11} & \cdots & 0 & \cdots & a'_{1n} \\
\vdots & \vdots & \vdots & \vdots & \cdots & \vdots & \cdots & \vdots \\
-a'_{ij} & & b'_i & a'_{i1} & \cdots & -1 & \cdots & a'_{in} \\
\vdots & \vdots & \vdots & \vdots & \cdots & \vdots & \cdots & \vdots \\
-a'_{mj} & x_\gamma & b'_m & a'_{m1} & \cdots & 0 & \cdots & a'_{mn} \\
\hline
-c'_j & f & c'_0 & c'_1 & \cdots & 0 & \cdots & c'_n
\end{array} \tag{6.57}$$

ただし，各行 $(l = 1, \ldots, i-1, i+1, \ldots, m)$ に対して

$$a'_{lj} = a_{lj} a'_{ij}, \qquad b'_l = b_l + a_{lj} b'_i$$

$$a'_{lk} = a_{lk} + a_{lj} a'_{ik}, \qquad k = 1, \ldots, j-1, j+1, \ldots, n \tag{6.58}$$

であり，f の行に対しては

$$c'_j = c_j a'_{ij}, \qquad c'_0 = c_0 + c_j b'_i$$

$$c'_k = c_k + c_j a'_{ik}, \qquad k = 1, \ldots, j-1, j+1, \ldots, n \tag{6.59}$$

である．最後に x_β の列と x_b の列を符号を換えて入れ替えれば次の形になる．

$$\begin{array}{c|cccccc} & & x_a & \cdots & x_\beta & \cdots & x_c \\ \hline x_\alpha & b'_1 & a'_{11} & \cdots & a'_{1j} & \cdots & a'_{1n} \\ \vdots & \vdots & \vdots & \cdots & \vdots & \cdots & \vdots \\ x_b & b'_i & a'_{i1} & \cdots & a'_{ij} & \cdots & a'_{in} \\ \vdots & \vdots & \vdots & \cdots & \vdots & \cdots & \vdots \\ x_\gamma & b'_m & a'_{m1} & \cdots & a'_{mj} & \cdots & a'_{mn} \\ \hline f & c'_0 & c'_1 & \cdots & c'_j & \cdots & c'_n \end{array} \tag{6.60}$$

以下，最適解に達するまで同じ手順を繰り返す．

以上の手順によって最初に非負の解から出発すれば，毎回 f の値が増加するように変数を交換しているので，毎回 f が増加する限り次のどちらかになる．

- 最適解に到達して終了する．
- f が発散して，最適解は存在しない．

第 1 の場合は f **のすべての係数** c_j **が 0 または負になる**ことによって判定できる．第 2 の場合は，f の係数 c_j が正となる変数があり，制約式の中で**その変数の係数** a_{ij} **がすべて非負になる**ことで判定できる．これ以外の可能性として残るのは次の二つである．

- 出発する非負の解が見つからない．
- 変数の交換を行なっても f の値が変化しない．

第 1 の場合は，非負の解が単に計算しにくいという場合と，可能領域が空集合であって，そもそも非負の解が存在しない場合とがある．これらは**人工変数**によって解決する（$\hookrightarrow$6.7 節）．第 2 の場合は**退化**と呼ばれる現象である．これは次節で説明する．

☞ 式 (6.47) の左辺に縦に並んでいる変数 $x_\alpha, \ldots, x_\beta, \ldots, x_\gamma$ が**基底変数**，右辺に現われている変数 $x_a, \ldots, x_b, \ldots, x_c$ が**非基底変数**である．

☞ 式 (6.47) において $b_1 \geq 0, \ldots, b_i \geq 0, \ldots, b_m \geq 0$ であれば，右辺の非基底変数を $x_a = \cdots = x_b = \cdots = x_c = 0$ と置くと，左辺の基底変数が $x_\alpha = b_1 \geq 0, \ldots,$ $x_\beta = b_i \geq 0, \ldots, x_\gamma = b_m \geq 0$ となり，得られる解（**基底解**）は**可能解**となる．式

(6.47) が $b_1 \geq 0, \ldots, b_i \geq 0, \ldots, b_m \geq 0$ のように書けない場合については人工変数（↪6.7 節）を用いる．

☞ シンプレックス法のデータを表の形に表す方法は式 (6.48) の形のほかにいろいろな流儀がある．これは，本来は紙に見やすくデータを書き込んで，手計算を行っては値を書き換えていくために考案されたものである．実際，そのための罫線が入った用紙が市販されていた．そして，伝統的な教科書ではすべて手計算に都合のよい形に表されていた．しかし，今日はコンピュータを使うので，手計算は不要になった．

☞ シンプレックス表が「タブロー」とも呼ばれるのは，シンプレックス法を考案したダンツィヒがその普及を図るために，「表」にあたる英語の table という言葉を用いず，フランス語の tableau を用いたためである．「シンプレックス法」という魅力的な命名と「タブロー」という人目を引く用語はその普及に大いに貢献したといわれる．

☞ 式 (6.52) で $a_{\beta j} < 0$ の値のみを調べるのは，$a_{\beta j} \geq 0$ なら x_b をいくら増やしても左辺の x_β が 0 にならないので，その行の制約条件は考える必要がないからである．もし $a_{\beta j} < 0$ となるものがその列に一つもなければ x_b は限りなく増やせるので，その段階で最適解が存在しないと判定される．

☞ 左辺に移す変数として，式 (6.53) で計算される可能な増分 Δf が最も大きくなるものを選んでいるが（グリーディ法），先に述べたように f の係数 c_j の最も大きいものを選んでもよい．しかし，c_j が正のものを選ぶ限り，どれを選んでも最適解に到達する．グリーディ法や c_j 最大を選ぶ方法によって最適解により速く到達するという保証はないが，経験的に有効であるとされている．

☞ 表 (6.54) の x_β の行，x_b の列にある要素 a_{ij} を**枢軸**（ピボット）とよび，x_b と x_β を交換して表 (6.60) のように書き換えることを「a_{ij} を枢軸とする**枢軸変換**」という．

☞ 表 (6.55), (6.57) は途中経過は説明のためであり，計算機プログラムでは表 (6.54) を式 (6.56), (6.58), (6.59) によって直接に表 (6.60) に書き直せばよい．このとき，数値の配列だけでなく，変数番号を入れる行と列も用意して，その番号も書き直す．

6.6　退化

n 次元空間内の可能領域を表す多面体の頂点は n 枚の**境界面**の交わりとして定義されるが，たまたまそこで $n+1$ 枚以上の平面が交わっていることもある．

【例 題 6.14】　次の線形計画の可能領域を示せ．

$$\begin{cases} 2x + y \leq 16 \\ x + y \leq 8 \\ y \leq 3.5 \end{cases} \tag{6.61}$$

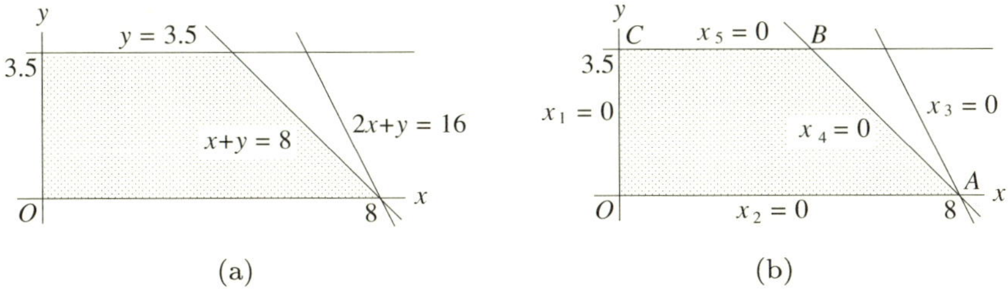

図 6.8 (a) 退化が起こる可能領域. (b) 変数と境界線との対応.

$$x \geq 0, \qquad y \geq 0 \tag{6.62}$$

$$f = 150x + 300y \to \max \tag{6.63}$$

(解) 図 6.8(a) のようになる. □

図 6.8(a) の頂点 $(8, 0)$ を 2 直線の交点とみなすのに次の 3 通りの解釈がある.

1. 直線 $y = 0$ と直線 $x + y = 8$ の交点.
2. 直線 $x + y = 8$ と直線 $2x + y = 16$ の交点.
3. 直線 $2x + y = 16$ と直線 $y = 0$ の交点.

この中で, 可能領域を表す多角形の**境界線の交点**としての解釈は第 1 のものである. 第 2, 第 3 の解釈を用いた場合は, 第 1 のものに乗り換えなければならない.

上の問題にスラック変数を導入して等式制約条件に直すと, 次のようになる. ただし, x, y をそれぞれ x_1, x_2 と書き直し, スラック変数を x_3, x_4, x_5 とする.

【例 題 6.15】 次の線形計画を解け.

$$\begin{cases} 2x_1 + x_2 + x_3 = 16 \\ x_1 + x_2 + x_4 = 8 \\ x_2 + x_5 = 3.5 \end{cases} \tag{6.64}$$

$$x_1 \geq 0, \qquad x_2 \geq 0, \qquad x_3 \geq 0, \qquad x_4 \geq 0, \qquad x_5 \geq 0 \tag{6.65}$$

$$f = 150x_1 + 300x_2 \to \max \tag{6.66}$$

図 6.8(a) の直線 $x=0$, $y=0$, $2x+y=16$, $x+y=8$, $y=3.5$ は図 6.8(b) のように，それぞれ式 $x_1=0$, $x_2=0$, $x_3=0$, $x_4=0$, $x_5=0$ に対応している．したがって，図 6.8(b) の頂点 A を表すために選んで 0 と置く 2 変数として，次の 3 通りがある．

1. $x_2=0$, $x_4=0$
2. $x_4=0$, $x_3=0$
3. $x_3=0$, $x_2=0$

シンプレックス法で解を探索していくとき，第 2，第 3 のように右辺の変数を選んだときは，第 1 の選び方に乗り換えなければならない．このとき目的関数 f の値は増加しない．このことを例題 6.15 を例として示す．

（例題 6.15 の解） 式 (6.64) でスラック変数 x_3, x_4, x_5 を左辺に移すと次のようになる．

$$\begin{aligned} x_3 &= 16 - 2x_1 - x_2 & \cdots \quad (1) \\ x_4 &= 8 - x_1 - x_2 & \cdots \quad (2) \\ x_5 &= 3.5 \qquad\; - x_2 & \cdots \quad (3) \\ f &= 150x_1 + 300x_2 & \cdots \quad (4) \end{aligned} \tag{6.67}$$

右辺の変数をすべて 0 と置くと，次の解を得る

$$x_1=0, \quad x_2=0, \quad x_3=16, \quad x_4=8, \quad x_5=3.5, \quad f=0 \tag{6.68}$$

これらはすべて非負である．しかし，この解は最適解ではない．(4) で x_1, x_2 の係数が正であり，x_1, x_2 を少しだけ増やせば f の値が増加するからである．

まず x_1 を増やすことを考える．(1) では $x_1=8$ $(=16/2)$ まで増やせる．(2) でも $x_1=8$ まで増やせる．したがって，x_1 は最大 $x_1=8$ まで増やせる．その結果 f は $\Delta f = 150\times 8 = 1200$ だけ増加する．

次に x_2 を増やすことを考える．(1) では $x_2=16$ まで増やせる．(2) では $x_2=8$ まで増やせる．(3) では $x_2=3.5$ まで増やせる．したがって，x_2 は最大 $x_2=3.5$ まで増やせる．その結果 f は $\Delta f = 300\times 3.5 = 1050$ だけ増加する．

以上のことは次のように書ける．

$\underline{x_3} = 16 - 2\underline{x_1} - x_2$	$x_1 = 16/2 = \underline{8}$	$x_2 = 16$
$\underline{x_4} = 8 - \underline{x_1} - x_2$	$x_1 = \underline{8}$	$x_2 = 8$
$x_5 = 3.5 - x_2$		$x_2 = \underline{3.5}$
$f = 150x_1 + 300x_2$	$\Delta f = 150 \times 8 = \underline{1200}$	$\Delta f = 300 \times 3.5 = 1050$

以上より x_1 を増やしたほうが f の値がより増加する．その結果 x_3 と x_4 の**両方が 0 になる**．したがって，x_1 を x_3 か x_4 の**どちらかと交換する**ことになる．そこで x_3 の方と交換してみる．

(1) を 2 で割って x_1 の係数を -1 にすると次のようになる．

$$0.5x_3 = 8 - x_1 - 0.5x_2 \tag{6.69}$$

これを -1 倍，150 倍してそれぞれ (2), (4) に足して x_1 を消去すると，それぞれ次のようになる．

$$-0.5x_3 + x_4 = -0.5x_2 \tag{6.70}$$

$$75x_3 + f = 1200 + 225x_2 \tag{6.71}$$

以上をあわせて，x_3 の項を右辺に，x_1 の項を左辺に移項すると，次のようになる．

$$\begin{array}{rcrcrcrcl} x_1 &=& 8 &-& 0.5x_2 &-& 0.5x_3 & \cdots & (5) \\ x_4 &=& &-& 0.5x_2 &+& 0.5x_3 & \cdots & (6) \\ x_5 &=& 3.5 &-& x_2 & & & \cdots & (7) \\ f &=& 1200 &+& 225x_2 &-& 75x_3 & \cdots & (8) \end{array} \tag{6.72}$$

右辺の変数をすべて 0 と置くと，次の解を得る．

$$x_2 = 0, \quad x_3 = 0, \quad x_1 = 8, \quad x_4 = 0, \quad x_5 = 3.5, \quad f = 1200 \tag{6.73}$$

しかし，この解は最適解ではない．(8) で x_2 の係数が正であり，x_2 を増やせば f の値が増加するからである．

そこで先ほどと同じことをする．

$x_1 = 8 - 0.5x_2 - 0.5x_3$	$x_2 = 8/0.5 = 16$
$\underline{x_4} = - 0.5\underline{x_2} + 0.5x_3$	$x_2 = 0/0.5 = \underline{0}$
$x_5 = 3.5 - x_2$	$x_2 = 3.5$
$f = 1200 + 225x_2 - 75x_3$	$\Delta f = 225 \times 0 = \underline{0}$

これを見ると，x_2 はもはや増やすことはできない．しかし，構わず前と同じ手順で x_4 と交換してみる．

(6) を 0.5 で割って x_2 の係数を -1 にすると次のようになる．

$$2x_4 = -x_2 + x_3 \tag{6.74}$$

これを -0.5 倍，-1 倍，225 倍してそれぞれ (5), (7), (8) に足して x_2 を消去すると，それぞれ次のようになる．

$$-x_4 + x_1 = 8 - x_3 \tag{6.75}$$

$$-2x_4 + x_5 = 3.5 - x_3 \tag{6.76}$$

$$450x_4 + f = 1200 + 150x_3 \tag{6.77}$$

以上をあわせて，x_4 の項を右辺に，x_2 の項を左辺に移項すると，次のようになる．

$$\begin{array}{rcrcrcrcc} x_1 & = & 8 & - & x_3 & + & x_4 & \cdots & (9) \\ x_2 & = & & & x_3 & - & 2x_4 & \cdots & (10) \\ x_5 & = & 3.5 & - & x_3 & + & 2x_4 & \cdots & (11) \\ f & = & 1200 & + & 150x_3 & - & 450x_4 & \cdots & (12) \end{array} \tag{6.78}$$

右辺の変数をすべて 0 と置くと，次の解を得る．

$$x_3 = 0, \quad x_4 = 0, \quad x_1 = 8, \quad x_2 = 0, \quad x_5 = 3.5, \quad f = 1200 \tag{6.79}$$

しかし，この解は最適解ではない．(12) で x_3 の係数が正であり，x_3 を増やせば f の値が増加するからである．

そこで先ほどと同じことをする．

$$\begin{array}{rcrcrcr|c} x_1 & = & 8 & - & x_3 & + & x_4 & x_3 = 8 \\ x_2 & = & & & x_3 & - & 2x_4 & \\ \underline{x_5} & = & 3.5 & - & \underline{x_3} & + & 2x_4 & x_3 = \underline{3.5} \\ \hline f & = & 1200 & + & 150x_3 & - & 450x_4 & \Delta f = 150 \times 3.5 = \underline{525} \end{array}$$

これから x_3 と x_5 とを交換すればよいことがわかる．

(11) の x_3 の係数は -1 であるから，これを -1 倍，1 倍，150 倍してそれぞれ (9), (10), (12) に足して x_3 を消去すると，それぞれ次のようになる．

$$-x_5 + x_1 = 4.5 - x_4 \tag{6.80}$$

$$x_5 + x_2 = 3.5 \tag{6.81}$$

$$150x_5 + f = 1725 - 150x_4 \tag{6.82}$$

(11) とこれらをあわせて，x_5 の項を右辺に，x_3 の項を左辺に移項すると，次のようになる．

$$\begin{array}{rcrcrcrcc} x_1 & = & 4.5 & - & x_4 & + & x_5 & \cdots & (13) \\ x_2 & = & 3.5 & & & - & x_5 & \cdots & (14) \\ x_3 & = & 3.5 & + & 2x_4 & - & x_5 & \cdots & (15) \\ f & = & 1725 & - & 150x_4 & - & 150x_5 & \cdots & (16) \end{array} \tag{6.83}$$

右辺の変数をすべて 0 と置くと，次の解を得る．

$$x_4 = 0, \quad x_5 = 0, \quad x_1 = 4.5, \quad x_2 = 3.5, \quad x_3 = 3.5, \quad f = 1725 \tag{6.84}$$

(16) で x_4, x_5 の係数が負であるから，この解は最適解である． □

よく見ると式 (6.73) と式 (6.79) は**同じ解**である．これらは共に図 6.8(b) の点 A に対応している．解としては同じだが，違っているのはどの変数を左辺にもってきて，どの変数を右辺にもってくるかという**解釈**である．このため，変数を交換しても f **の値は変化しない**．この現象を**退化**（または**縮退**）という．

この原因は最初の (1), (2), (3) において，変数の交換のためには**本来は (2) を選ぶべきであったのに** (1) を選んだためである．図 6.8(b) を見るとわかるように，x_1 $(= x)$ を増やせる限界の直線は (1) に対応する $x_3 = 0$（すなわち $2x + y = 16$）ではなく，(2) に対応する可能領域の境界線 $x_4 = 0$（すなわち $x + y = 8$）である．しかし，$x_3 = 0$ の方を最初に選んだため，**それに沿って次に進むことができず**，次のステップで改めて $x_4 = 0$ の方に乗り換えたのである．その結果，それに沿って最適解を与える点 $B(4.5, 3.5)$ に到達できた．

☞ 既に述べたように，シンプレックス法では元の変数 x_j とスラック変数 λ_j を区別しないで通し番号をつけて，同等な変数として扱う．それぞれの変数はある制約条件を表しており，それを 0 と置いたものは制約の境界の平面を表している．もとの変数 x_j に対しては制約は $x_j \geq 0$ であり，$x_j = 0$ は対応する第 1 象限の境界を表す．スラック変数 λ_j の制約 $\lambda_j \geq 0$ は j 番目の制約不等式であり，$\lambda_j = 0$ はその制約の表す平面を表している．

☞ 例 6.15 では交換する変数の候補が二つしかなく，順に交換していくと f が増加するものが見つかった．しかし，もし候補が多数あるとどれも $\Delta f = 0$ であるのでグリーディ法では選ぶ変数が定まらない．一方，f の係数 c_j が最大のものを選ぶと，すべてが尽くされる前に一度試みた変数を再び選ぶということがあり得る．これが起こると計算が無限ループに入り，終了しない．これを**巡回退化**（または**循環退化**）という．

☞ 循環退化を避ける最も簡単な方法は，c_j が正になる変数の中で**変数の番号の最も小さいもの**から順に左辺に移すことである．さらに，それと入れ換えて右辺に移す変数の候補が複数あるときは**変数の番号の最も小さいもの**から順に右辺に移すことである．これは米国のブランド (Robert C. Bland: 1948–) が 1976 年に指摘したので**ブランドの方法**と呼ぶ．しかし，これは場合によって全部の可能性をしらみつぶしに調べることにもなり，必ずしも計算が効率的とは限らない．そこで，より効率的に退化から脱出する方法がいろいろ研究されている．代表的なものに**辞書式順序**による方法，および**記号摂動法**と呼ばれる方法がある．

6.7　人工変数

これまでは 6.1 節に示した問題 P0（式 (6.1)∼(6.3)）の標準形のみを考えたが，その形をしていなくても変形によって標準形に帰着する場合がある．

- 変数の中に非負ではなく，$x_i \leq 0$ の条件があれば，すべての x_i を $-x_i$ で置き換えて，$x_i \geq 0$ の条件に変える．
- 制約不等式の中に不等号の向きが反対の

$$a_{i1}x_1 + \cdots + a_{in}x_n \geq b_i \tag{6.85}$$

の形のものがあれば，両辺に -1 を掛けて，次のように不等号の向きを変える．

$$-a_{i1}x_1 - \cdots - a_{in}x_n \leq -b_i \tag{6.86}$$

- 制約条件の中に等式の形の

$$a_{i1}x_1 + \cdots + a_{in}x_n = b_i \tag{6.87}$$

のものがあれば，これを次の二つの不等式に置き換える．

$$a_{i1}x_1 + \cdots + a_{in}x_n \leq b_i \tag{6.88}$$

$$a_{i1}x_1 + \cdots + a_{in}x_n \geq b_i \tag{6.89}$$

後者は上に示したように，両辺に -1 を掛けることによって，式 (6.86) の形に書ける．

- 目的関数を最大にするのではなく

$$f = c_1x_1 + \cdots + c_nx_n \to \min \tag{6.90}$$

のように最小にするのなら，両辺に -1 を掛けて，$f' = -f$ と置くと f' の最大化となる．

$$f'(= -f) = -c_1x_1 - \cdots - c_nx_n \to \max \tag{6.91}$$

☞ 理論的には確かに式 (6.87) の制約式が式 (6.88), (6.89) の不等式に置き換わるが，コンピュータによる有限精度の実数計算では途中で丸め誤差のために両者が矛盾する可能性がないとはいえない．シンプレックス法ではスラック変数を導入して不等式の制約条件を等式に置き換えるので，始めから等式があっても問題はない．

シンプレックス法では最初に非負の解（可能解）が見つからなければ次に進めないが，上のような変換を行なうと，出発する解が見つけにくいことがある．そのようなときの対策の一つに**人工変数**の導入がある．これを例で示そう．

【例 題 6.16】 次の線形計画を解け．

$$\begin{cases} x - 0.5y \geq 1 \\ x - \quad\ y \leq 2 \\ x + \quad\ y \leq 4 \end{cases} \tag{6.92}$$

$$x \geq 0, \qquad y \geq 0 \tag{6.93}$$

$$f = 2x + y \to \max \tag{6.94}$$

（解）第 1 の不等式の不等号の向きが反対なので，両辺に -1 を掛けて標準形に直す．

$$\begin{cases} -x + 0.5y \leq -1 \\ x - y \leq 2 \\ x + y \leq 4 \end{cases} \tag{6.95}$$

$x_1 = x, x_2 = y$ と置き，スラック変数 x_3, x_4, x_5 を導入して等式条件に書き直すと，次のようになる．

$$\begin{cases} -x_1 + 0.5x_2 + x_3 = -1 \\ x_1 - x_2 + x_4 = 2 \\ x_1 + x_2 + x_5 = 4 \end{cases} \tag{6.96}$$

左辺に移項する変数としてスラック変数 x_3, x_4, x_5 を選んでみると，次のように書ける．

$$\begin{aligned} x_3 &= -1 + x_1 - 0.5x_2 && \cdots && (1) \\ x_4 &= 2 - x_1 + x_2 && \cdots && (2) \\ x_5 &= 4 - x_1 - x_2 && \cdots && (3) \\ f &= 2x_1 + x_2 && \cdots && (4) \end{aligned} \tag{6.97}$$

(1), (2), (3) の右辺の変数をすべて 0 と置くと，次の解を得る

$$x_1 = 0, \quad x_2 = 0, \quad x_3 = -1, \quad x_4 = 2, \quad x_5 = 4, \quad f = 0 \tag{6.98}$$

ところが x_3 が負なので，これから出発することができない．そこで，新しい変数 x_6 を (1) につけ加えて

$$x_3 = -1 + x_1 - 0.5x_2 + x_6, \qquad x_6 \geq 0 \tag{6.99}$$

としてみる．これを x_6 について解けば次のようになる．

$$x_6 = 1 - x_1 + 0.5x_2 + x_3 \tag{6.100}$$

これは形としては都合がよいが，**問題が変わってしまう**．しかし，最終的な最適解で $x_6 = 0$ となっているなら，変数 x_6 はなかったことに等しい．そこで，**最適解で $x_6 = 0$ となるように強制する**ために，目的関数 f に $-Mx_6$ と

いう項をつけ加える．ここで M は非常に大きい数である．この M を**罰金**と呼ぶ．そして新しい目的関数

$$\hat{f} = f - Mx_6 = 2x_1 + x_2 - Mx_6 \tag{6.101}$$

を考える．こうすれば，x_6 がどんなに小さい正数でも 0 でない限り $\hat{f}$ が著しく減少するので，最適解では必然的に $x_6 = 0$ となる．このような変数を**人工変数**（または**人為変数**）と呼ぶ．

式 (6.100) をこの $\hat{f}$ の式に代入して x_6 を消去すると，(1), (2), (3), (4) は次のように書ける．

$$\begin{aligned}
x_6 &= 1 - x_1 + 0.5x_2 + x_3 & \cdots \quad (1') \\
x_4 &= 2 - x_1 + x_2 & \cdots \quad (2) \\
x_5 &= 4 - x_1 - x_2 & \cdots \quad (3) \\
\hat{f} &= -M + (M+2)x_1 - (0.5M-1)x_2 - Mx_3 & \cdots \quad (4')
\end{aligned} \tag{6.102}$$

(1′), (2), (3) の右辺の変数をすべて 0 と置くと，次の解を得る．

$$x_1 = 0, \quad x_2 = 0, \quad x_3 = 0, \quad x_4 = 2, \quad x_5 = 4, \quad x_6 = 1, \quad \hat{f} = -M \tag{6.103}$$

これはすべて非負である．しかし (4′) の x_1 の係数が正であるから，これは最適解ではない．

以下，前と同じようにして，最終的に

$$\begin{aligned}
x_1 &= 3 - 0.5x_4 - 0.5x_5 & \cdots \quad (5) \\
x_3 &= 1.5 - 0.75x_4 - 0.25x_5 + x_6 & \cdots \quad (6) \\
x_2 &= 1 + 0.5x_4 - 0.5x_5 & \cdots \quad (7) \\
\hat{f} &= 7 - 0.5x_4 - 1.5x_5 - Mx_6 & \cdots \quad (8)
\end{aligned} \tag{6.104}$$

となり，右辺の変数をすべて 0 と置いて，次の最適解を得る．

$$x_4 = 0, \quad x_5 = 0, \quad x_6 = 0, \quad x_1 = 3, \quad x_3 = 1.5, \quad x_2 = 1, \quad \hat{f} = 7 \tag{6.105}$$

確かに人工変数 x_6 は 0 となっている．　□

☞ 式 (6.99) のように右辺に新しい変数 x_6 を付け加えることは，もともとのスラック変数 x_3 を $x_3 - x_6$ に置き換えたことに等しい．すなわち，式 (6.1) の標準形において右辺が負の不等式に対してはスラック変数を $\lambda - \lambda'$ の形に置くことを意味する．

☞ 式 (6.101) の罰金 M は，例えば f の最大値が 100〜1000 程度とわかっていれば 10^{10} のようにそれよりはるかに大きい値を用いればよい．しかし，あらかじめ見積ることが難しいこともある．そのようなことを考えると，むしろ M という**記号のまま**にして，正負の判定や大小の比較の必要のつど，「M はどの数よりも大きい」というルールを適用するのがよい．これをプログラムするには式 $aM + b$ を (a, b) と表し，$(a, b) \geq (a', b')$ を $a \geq a'$ または $a = a'$, $b \geq b'$（**辞書式順序**）と定義すればよい．

☞ 標準形において右辺が負になる制約式が複数あるときは，**それぞれに人工変数** $\mu_1, \mu_2, \ldots$ を導入する．しかし**罰金は一つ**で十分である．目的関数を $\hat{f} = f - M(\mu_1 + \mu_2 + \cdots)$ とすればよい．

人工変数を用いると，このように常に非負の解が作れるので，たとえ可能領域が空集合であって，非負の解が存在しない場合でも**非負の解が人工的に作れる**．この場合にどうなるかを例で示す．次の例題は例題 6.8 と同じものである（↪ 図 6.3(b)）．

【例 題 6.17】　次の線形計画を解け．

$$\begin{cases} 2x + \ \ y \leq 2 \\ \ \ x + 2y \geq 6 \\ \ \ x + \ \ y \leq 4 \end{cases} \tag{6.106}$$

$$x \geq 0, \qquad y \geq 0 \tag{6.107}$$

$$f = 2x + y \to \max \tag{6.108}$$

（解）第 2 の不等式の不等号の向きが反対なので，両辺に -1 を掛けて標準形に直す．

$$\begin{cases} 2x + \ \ y \leq \ \ 2 \\ -x - 2y \leq -6 \\ \ \ x + \ \ y \leq \ \ 4 \end{cases} \tag{6.109}$$

$x_1 = x, x_2 = y$ と置き，スラック変数 x_3, x_4, x_5 を導入して，等式条件に書き直すと，次のようになる

$$\begin{cases} 2x_1 + x_2 + x_3 = 2 \\ -x_1 - 2x_2 + x_4 = -6 \\ x_1 + x_2 + x_5 = 4 \end{cases} \tag{6.110}$$

非負の解が見つけにくいので，人工変数 x_6 を導入し，第 2 式のスラック変数 x_4 を $x_4 - x_6$ で置き換える．そして x_6 を左辺に移項すると

$$x_6 = 6 - x_1 - 2x_2 + x_4 \tag{6.111}$$

となる．これに伴って，目的関数 f に罰金 M を導入し

$$\hat{f} = f - Mx_6 \tag{6.112}$$

とする．これに式 (6.111) を代入して x_6 を消去し，以上の式を整理すると次のようになる．

$$\begin{aligned} x_3 &= 2 - 2x_1 - x_2 & \cdots && (1) \\ x_6 &= 6 - x_1 - 2x_2 + x_4 & \cdots && (2) \\ x_5 &= 4 - x_1 - x_2 & \cdots && (3) \\ \hat{f} &= -6M + (M+2)x_1 + (2M+1)x_2 - Mx_4 & \cdots && (4) \end{aligned} \tag{6.113}$$

$\hat{f}$ の x_1 と x_2 の係数が正であるから，変数の交換を行なう．x_1 の増加の限度は 1 であり，$\hat{f}$ の増加量は $\Delta\hat{f} = M + 2$ である．x_2 の増加の限度は 2 であり，$\hat{f}$ の増加量は $\Delta\hat{f} = 4M + 2$ である．そこで，x_2 を左辺に移す．x_2 を限度 2 まで増加させると $x_3 = 0$ となるから，x_3 を右辺に移す．その結果，次のようになる．

$$\begin{aligned} x_2 &= 2 - 2x_1 - x_3 & \cdots && (5) \\ x_6 &= 2 + 3x_1 + 2x_3 + x_4 & \cdots && (6) \\ x_5 &= 2 + x_1 + x_3 & \cdots && (7) \\ \hat{f} &= -2(M-1) - 3Mx_1 - (2M+1)x_3 - Mx_4 & \cdots && (8) \end{aligned} \tag{6.114}$$

$\hat{f}$ のすべての係数が負であるから，最適解に到達している．右辺の変数をすべて 0 とおくと，次の解を得る．

$$\begin{aligned} &x_1 = 0, \quad x_3 = 0, \quad x_4 = 0, \\ &x_2 = 2, \quad x_6 = 2, \quad x_5 = 2, \quad \hat{f} = -(2M-1) \end{aligned} \tag{6.115}$$

ところが，x_6 は**人工変数であるにもかかわらず 0 になっていない**．これはもとの問題に解が存在しないことを意味している．□

このことから，人工変数を用いて非負の解を人工的に作ってシンプレックス法を適用すると，次の 3 通りのどれかになる．

- 発散して，最適解が存在しない．
- 最適解に到達して，人工変数はすべて 0 となる．
- 最適解に到達するが，人工変数の中には 0 にならないものがある．

最後の場合が，可能領域が空集合の場合にあたる．このことを利用すれば，**与えられた可能領域が空集合かどうか**が判定できる．

☞ 線形計画は目的関数を最大にする解を求めるものであるが，それ以外に上述のように**複数の不等式をすべて満たす変数の値が存在するかしないか**を判定するためにも用いられる．これは工学のさまざまな分野で非常に重要な問題である．変数や式の個数が少なければ直接的に判定できることもあるが，数十（時には数百，数千）個の変数や不等式があれば，それらが互いに矛盾しているかどうかの判定が難しい．そのような場合は，それらの不等式を制約条件として何らかの式を最大にする解をシンプレックス法で解いてみればよい．最大にする式 f は何でもよい．最も簡単なのは $f = 0$ とすることである．可能領域が空でなければ最大値 $f = 0$ という最適解が得られる．しかし，空なら得られない．

6.8　双対原理 *

6.8.1　双対問題と双対変数

6.1 節の問題 P0 に対して，次の問題 D0 を問題 P0 の**双対問題**という．

［問題 D0］

$$\begin{cases} a_{11}y_1 + a_{21}y_2 + \cdots + a_{m1}y_m \geq c_1 \\ a_{12}y_1 + a_{22}y_2 + \cdots + a_{m2}y_m \geq c_2 \\ \quad\vdots \qquad\quad \vdots \qquad\quad \ddots \qquad \vdots \qquad\quad \vdots \\ a_{1n}y_1 + a_{2n}y_2 + \cdots + a_{mn}y_m \geq c_n \end{cases} \tag{6.116}$$

$$y_1 \geq 0, \quad y_2 \geq 0, \quad \ldots, \quad y_m \geq 0 \tag{6.117}$$

$$g = b_1y_1 + b_2y_2 + \cdots + b_my_m \to \min \tag{6.118}$$

特徴は次の点である．

- 問題 P0 の n 個の変数 $x_1, \ldots, x_n$ が m 個の変数 $y_1, \ldots, y_m$ に置き換わっている．
- 問題 P0 の m 個の制約不等式が n 個の制約不等式に置き換わっている．
- 問題 P0 と比べて制約不等式の不等号の**向きが反対**になっている．
- 問題 P0 の制約不等式の係数 a_{ij} が a_{ji} に**転置されている**．
- 問題 P0 の目的関数 f の係数 $c_1, \ldots, c_n$ が制約不等式の右辺の定数となっている．
- 問題 P0 の制約不等式の右辺の定数 $b_1, \ldots, b_m$ が目的関数 g の係数となっている．
- 問題 P0 では目的関数 f を最大にするのに対して，目的関数 g を**最小**にしている．

このとき問題 P0 は双対問題 D0 の**主問題**であるといい，問題 P0, D0 は**互いに双対**であるという．問題 D0 の変数 y_i を問題 P0 の制約不等式 $a_{i1}x_1 + \cdots + a_{in}x_n \leq b_i$ の**双対変数**といい，問題 D0 の制約式 $a_{1j}y_1 + \cdots + a_{mj}y_m \geq c_j$ を問題 P0 の変数 x_j の**双対制約式**という．

【例 題 6.18】 次の線形計画の双対問題を作れ．

$$\begin{cases} 2x_1 - x_2 \leq 7 & \cdots \quad (1) \\ 3x_1 + x_2 \leq 10 & \cdots \quad (2) \\ -x_1 + 2x_2 \leq 18 & \cdots \quad (3) \end{cases} \tag{6.119}$$

$$x_1 \geq 0, \quad x_2 \geq 0 \tag{6.120}$$

$$f = x_1 + 2x_2 \to \max \tag{6.121}$$

（解）制約不等式 (1), (2), (3) の双対変数をそれぞれ y_1, y_2, y_3 とし，目的関数を g とすると，双対問題は次のようになる．

$$\begin{cases} 2y_1 + 3y_2 - y_3 \geq 1 & \cdots \quad (1') \\ -y_1 + y_2 + 2y_3 \geq 2 & \cdots \quad (2') \end{cases} \tag{6.122}$$

$$y_1 \geq 0, \quad y_2 \geq 0, \quad y_3 \geq 0 \tag{6.123}$$

$$g = 7y_1 + 10y_2 + 18y_3 \to \min \tag{6.124}$$

(1′), (2′) が変数 x_1, x_2 の双対制約式である．これは次の標準形に書き直せる．

$$\begin{cases} -2y_1 - 3y_2 + y_3 \leq -1 & \cdots \quad (1'') \\ y_1 - y_2 - 2y_3 \leq -2 & \cdots \quad (2'') \end{cases} \tag{6.125}$$

$$y_1 \geq 0, \quad y_2 \geq 0, \quad y_3 \geq 0 \tag{6.126}$$

$$g' = -7y_1 - 10y_2 - 18y_3 \to \max \tag{6.127}$$

これは人工変数を用いたシンプレックス法で解くことができる．　□

☞ 双対問題 D0 において式 (6.116) の両辺に -1 を掛けて不等号の向きを変え，g の代わりに $g' = -g$ と置くと，見かけ上主問題 P0 と同じ形になる．それから同じ手順で双対問題を作ると，結局主問題 P0 と同じものが得られる．この意味で，主問題 P0 は双対問題 D0 の双対問題でもあり，**双対問題の双対問題はもとの問題になる**という性質がある．

☞ 変数 y_j を主問題の制約不等式の**双対変数**，双対問題の制約不等式を主問題の変数 x_i の**双対制約式**と呼ぶように，主問題の変数 x_i を双対問題の制約不等式の**双対変数**，主問題の制約不等式を双対問題の変数 y_j の**双対制約式**と呼ぶ．すなわち，主問題と双対問題とでは，**変数が制約式に，制約式が変数に**対応している．

☞ 例えば例 6.18 では，式 (6.125)〜(6.127) の双対問題を作ってから変形すると，式 (6.119)〜(6.121) と同じになる．そして，式 (6.122) が式 (6.120) の変数 x_1, x_2 に対する双対制約式であり，式 (6.123) の変数 y_1, y_2, y_3 がそれぞれ式 (6.119) に対する双対変数である．逆に，式 (6.119) が式 (6.123) の変数 y_1, y_2, y_3 の双対制約式，式 (6.120) の変数 x_1, x_2 が式 (6.122) に対する双対変数である．

☞ 忘れてはならないことは，主問題と双対問題とでは**変数の個数が異なる**ということである．双対問題の変数の個数は主問題の制約不等式の個数に等しく，主問題の変数の個数は双対問題の制約不等式の個数に等しい．

6.8.2 双対定理

双対問題が重要なのは次の**双対定理**が成り立つためである．

【定 理 6.5】 $(x_1^*, \ldots, x_n^*)$, $(y_1^*, \ldots, y_m^*)$ がそれぞれ問題 P0, D0 の可能解であり，それぞれの目的関数の値 f^*, g^* が互いに等しければ，すなわち

$$f^* = c_1 x_1^* + \cdots + c_n x_n^* = b_1 y_1^* + \cdots + b_m y_m^* = g^* \tag{6.128}$$

であれば，それらはそれぞれの問題の最適解である．

（証明） $(x_1, \ldots, x_n)$, $(y_1, \ldots, y_m)$ をそれぞれ問題 P0, D0 の任意の可能解とする．条件 (6.1), (6.116) から

$$f = \sum_{j=1}^{n} c_j x_j \le \sum_{j=1}^{n} \left(\sum_{i=1}^{m} a_{ij} y_i \right) x_j = \sum_{i=1}^{m} \left(\sum_{j=1}^{n} a_{ij} x_j \right) y_i \le \sum_{i=1}^{m} b_i y_i = g \tag{6.129}$$

となる．$(x_1, \ldots, x_n)$, $(y_1, \ldots, y_m)$ をそれぞれ個別に $(x_1^*, \ldots, x_n^*)$, $(y_1^*, \ldots, y_m^*)$ として

$$f \le g^*, \qquad f^* \le g \tag{6.130}$$

が得られる．すなわち，f は上から g^* で抑えられ，g は下から f^* で抑えられている．ゆえに，$f = g^*$, $f^* = g$ であれば f, g がそれぞれ最大値，最小値を達成している． □

次の定理はこの逆も成立することを示している．証明は長くなるので省略する．

【定 理 6.6】 問題 P0, D0 のどちらかに最適解があれば，他方にも最適解が存在して，双方の目的関数の値は互いに等しい．

次の定理は**相補性定理**（あるいは**均衡定理**）として知られている．

【定 理 6.7】 問題 P0, D0 の最適解 $(x_1^*, \ldots, x_n^*)$, $(y_1^*, \ldots, y_m^*)$ に対して次の関係が成り立つ．

$$y_i^* > 0 \quad \text{なら} \quad a_{i1}x_1^* + \cdots + a_{in}x_n^* = b_i \tag{6.131}$$

$$a_{1j}y_1^* + \cdots + a_{mj}y_m^* > c_j \quad \text{なら} \quad x_j^* = 0 \tag{6.132}$$

$$x_j^* > 0 \quad \text{なら} \quad a_{1j}y_1^* + \cdots + a_{mj}y_m^* = c_j \tag{6.133}$$

$$a_{i1}x_1^* + \cdots + a_{in}x_n^* < b_i \quad \text{なら} \quad y_i^* = 0 \tag{6.134}$$

（証明） 定理 6.6 より最適解 $(x_1^*, \ldots, x_n^*)$, $(y_1^*, \ldots, y_m^*)$ では式 (6.128) が成り立つ．このことは式 (6.129) の不等号がすべて等号で成立することを意味する．したがって，

$$c_j x_j^* = \left(\sum_{i=1}^{m} a_{ij} y_i^*\right) x_j^*, \quad j = 1, \ldots, n, \qquad \left(\sum_{j=1}^{n} a_{ij} x_j^*\right) y_i^* = b_i y_i^*, \quad i = 1, \ldots, m \tag{6.135}$$

であり，書き直すと次のようになる．

$$\left(\sum_{i=1}^{m} a_{ij} y_i^* - c_j\right) x_j^* = 0, \quad j = 1, \ldots, n,$$
$$\left(\sum_{j=1}^{n} a_{ij} x_j^* - b_i\right) y_i^* = 0, \quad i = 1, \ldots, m \tag{6.136}$$

これから式 (6.131)–(6.134) が得られる．　□

☞ 双対定理 6.5 を「主問題と双対問題は同じ最適解をもつ」と誤解する人が多いので注意が必要である．主問題と双対問題はそもそも変数の個数が違うので，解が同じということはあり得ない．等しくなるのは**目的関数の値**である．主問題では目的関数を最大化し，双対問題では最小化し，それぞれの最適解ではそれらが一致するという意味である．

- ☞ 定理 6.6 によって，主問題と双対問題の一方に最適解があれば他方にも最適解が存在するが，前述のようにそれらは「同じ解」ではない（そもそも変数の個数が違う）．ただし，一方の解が得られればそれから他方の解を「計算」することはできる．これは次節で述べる．
- ☞ 定理 6.5 より，主問題と双対問題の一方に最適解が存在しなければ他方にも存在しないが，より具体的には，一方に（可能）解が存在しなければ（すなわち可能領域が空集合であれば）他方では目的関数が発散し，逆に，一方の目的関数が発散すれば他方には解が存在しないことが示せる．いい換えれば，「解が存在しない」ことと「目的関数が発散する」こととは互いに双対な概念である．
- ☞ 定理 6.7 を一言でいうと，最適解においては「変数が正ならその双対制約式は等号で成立し，制約式が不等号で成立すればその双対変数は 0 である」ということである．
- ☞ **相補性**（**相補スラック性**ともいう）は数学用語であり，**均衡定理**は経済学用語である．線形計画法は（計量）経済学に密接に関連しているので，経済学に関連する用語が多い．

6.8.3　スラック変数と双対変数

問題 D0 の式 (6.116) は左辺が右辺より大きいから，スラック変数 $\mu_1 \geq 0$, ..., $\mu_n \geq 0$ を導入すると，次の等式条件の形に書ける．

[問題 D1]

$$\begin{cases} a_{11}y_1 + a_{21}y_2 + \cdots + a_{m1}y_m - \mu_1 = c_1 \\ a_{12}y_1 + a_{22}y_2 + \cdots + a_{m2}y_m - \mu_2 = c_2 \\ \quad\vdots \qquad\qquad \vdots \qquad\quad \ddots \qquad\quad \vdots \qquad\quad \vdots \qquad \vdots \\ a_{1n}y_1 + a_{2n}y_2 + \cdots + a_{mn}y_m - \mu_n = c_n \end{cases} \tag{6.137}$$

$$\begin{aligned} &y_1 \geq 0, \quad y_2 \geq 0, \quad \ldots, \quad y_m \geq 0, \\ &\mu_1 \geq 0, \quad \mu_2 \geq 0, \quad \ldots, \quad \mu_n \geq 0 \end{aligned} \tag{6.138}$$

$$g = b_1y_1 + b_2y_2 + \cdots + b_my_m \to \min \tag{6.139}$$

変数 y_i を主問題 P1（式 (6.26)～(6.28)）のスラック変数 λ_i の**双対変数**と呼び，スラック変数 μ_j を主問題 P1 の変数 x_j の**双対変数**と呼ぶ．スラック変数が 0 であることは**その制約不等式が等号で成立すること**であり，スラック変数が正であることは**その制約不等式が不等号で成立すること**である．このことから，定理 6.7 は次のように書き直せる．

【定 理 6.8】 問題 P1，D1 の最適解を $(x_1^*, \ldots, x_n^*, \lambda_1^*, \ldots, \lambda_m^*)$，$(y_1^*, \ldots, y_m^*, \mu_1^*, \ldots, \mu_n^*)$ とすると，次の関係が成り立つ．

$$y_i^* > 0 \quad \text{なら} \quad \lambda_i^* = 0, \qquad \mu_j^* > 0 \quad \text{なら} \quad x_j^* = 0 \tag{6.140}$$

$$x_j^* > 0 \quad \text{なら} \quad \mu_j^* = 0, \qquad \lambda_i^* > 0 \quad \text{なら} \quad y_i^* = 0 \tag{6.141}$$

要するに，**変数が正ならその双対変数は 0** であり，**双対変数が正ならその変数は 0** である．このことを利用すれば，もとの問題が解きにくいとき，その双対問題を解くことによってもとの問題の最適解が求まる．例えば，例題 6.18 はスラック変数を用いると次のように書ける．

$$\left\{\begin{array}{rcrcrcr} 2x_1 & - & x_2 & + & \lambda_1 & = & 7 \quad \cdots \quad (1) \\ 3x_1 & + & x_2 & + & \lambda_2 & = & 10 \quad \cdots \quad (2) \\ -x_1 & + & 2x_2 & + & \lambda_3 & = & 18 \quad \cdots \quad (3) \end{array}\right. \tag{6.142}$$

$$x_1 \geq 0, \quad x_2 \geq 0, \quad \lambda_1 \geq 0, \quad \lambda_2 \geq 0, \quad \lambda_3 \geq 0 \tag{6.143}$$

$$f = x_1 + 2x_2 \to \max \tag{6.144}$$

これをシンプレックス法で解くと，次の最適解が得られる．

$$x_1 = \frac{2}{7}, \quad x_2 = \frac{64}{7}, \quad \lambda_1 = \frac{109}{7}, \quad \lambda_2 = 0, \quad \lambda_3 = 0, \quad f = \frac{130}{7} \tag{6.145}$$

双対問題は式 (6.122)〜(6.124) で与えられ，スラック変数を用いると次のように書ける．

$$\left\{\begin{array}{rcrcrcrcr} 2y_1 & + & 3y_2 & - & y_3 & - & \mu_1 & = & 1 \quad \cdots \quad (1') \\ -y_1 & + & y_2 & + & 2y_3 & - & \mu_2 & = & 2 \quad \cdots \quad (2') \end{array}\right. \tag{6.146}$$

$$y_1 \geq 0, \quad y_2 \geq 0, \quad y_3 \geq 0, \quad \mu_1 \geq 0, \quad \mu_2 \geq 0 \tag{6.147}$$

$$g = 7y_1 + 10y_2 + 18y_3 \to \min \tag{6.148}$$

これをシンプレックス法で解くと，次の最適解が得られる．

$$y_1 = 0, \quad y_2 = \frac{4}{7}, \quad y_3 = \frac{5}{7}, \quad \mu_1 = 0, \quad \mu_2 = 0, \quad g = \frac{130}{7} \tag{6.149}$$

【例 題 6.19】 主問題 (6.142)〜(6.144) の最適解 (6.145) が得られたとき，双対問題 (6.146)〜(6.148) の最適解を求めよ．

（解） 最適解 (6.145) では $x_1 > 0,\ x_2 > 0,\ \lambda_1 > 0$ であるから，双対変数では $\mu_1 = 0,\ \mu_2 = 0,\ y_1 = 0$ である．これらを式 (1′), (2′) に代入すると，残りの未知数 $y_2,\ y_3$ に関する連立 1 次方程式

$$3y_2 - y_3 = 1, \qquad y_2 + 2y_3 = 2 \tag{6.150}$$

が得られる．これを解くと，$y_2 = 4/7,\ y_3 = 5/7$ となり，解 (6.149) が得られる． □

【例 題 6.20】 双対問題 (6.146)〜(6.148) の最適解 (6.149) が得られたとき，主問題 (6.142)〜(6.144) の最適解を求めよ．

（解） 最適解 (6.149) では $y_2 > 0,\ y_3 > 0$ であるから，もとの変数では $\lambda_2 = 0$, $\lambda_3 = 0$ である．これらを式 (1), (2), (3) に代入すると，残りの未知数 $x_1,\ x_2$, λ_1 に関する連立 1 次方程式

$$2x_1 - x_2 + \lambda_1 = 7, \quad 3x_1 + x_2 = 10, \quad -x_1 + 2x_2 = 18 \tag{6.151}$$

が得られる．これを解くと，$x_1 = 2/7,\ x_2 = 64/7,\ \lambda_1 = 109/7$ となり，解 (6.145) が得られる． □

☞ スラック変数は不等式の**値の小さい辺に非負の変数を加えて**等式とするものである．6.1 節の問題 P0 の不等式 (6.1) は左辺が小さいから，左辺に非負の変数 $\lambda_1 \geq 0$, $\ldots$, $\lambda_m \geq 0$ を加えると等式 (6.26) となる．それに対して，双対問題 P0 の不等式 (6.116) では右辺が小さいから，右辺に非負の変数 $\mu_1 \geq 0$, $\ldots$, $\mu_m \geq 0$ を加えると等式となる．このスラック変数を符号を変えて左辺に移項したものが式 (6.137) である．あるいは不等式の**値の大きい辺から非負の変数を引いて**等式とすると考えてもよい．

☞ スラック変数を導入した形で比較すると，式 (6.26)〜(6.28) の主問題 P1 と式 (6.137)〜(6.139) の双対問題 D1 とでは，互いに**変数がスラック変数に，スラック変数が変数に**対応している．すなわち双対問題 D1 の変数 y_i とスラック変数 μ_j はそれぞれ主問題 P1 のスラック変数 λ_i と変数 x_j の双対変数であり，逆に主問題 P1 の変数 x_j とスラック変数 λ_i はそれぞれ双対問題 D1 のスラック変数 μ_j と変数 y_i の双対変数である．

☞ 例題 6.19, 6.20 からわかるように，主問題と双対問題の解の変換において意味があるのはそれぞれの解の値でなく，変数とスラック変数の**どれが正であるか**ということである．これが主問題と双対問題とで入れ代わっているので，一方の問題で正となる変数とスラック変数に対応する他方のスラック変数と変数を 0 と置いて他方の解が求まるのである．

☞ 定理 6.8 で注意することは，結論が得られるのは**変数または双対変数が正**なら対応する双対変数または変数が 0 であるという事実である．「変数または双対変数が 0」のときは対応する双対変数または変数が正か 0 かは結論できない．これは定理 6.7 の証明からわかるように，すべての結論は「積が 0 になる」という事実から導かれているためである．

6.8.4　双対変数の解釈

定理 6.7, 6.8 は次のように幾何学的に解釈できる．最適解が図 6.9 の頂点 P であるとする．そして，この点は $\lambda_1 = 0$, $\lambda_2 = 0$ の表す境界上にあるとする．これは λ_1, λ_2 に対応する制約条件が限界に達し，等号が成立していることを意味する．このとき定理 6.7, 6.8 より，それらの双対変数は正であり $y_1 > 0$, $y_2 > 0$ である．

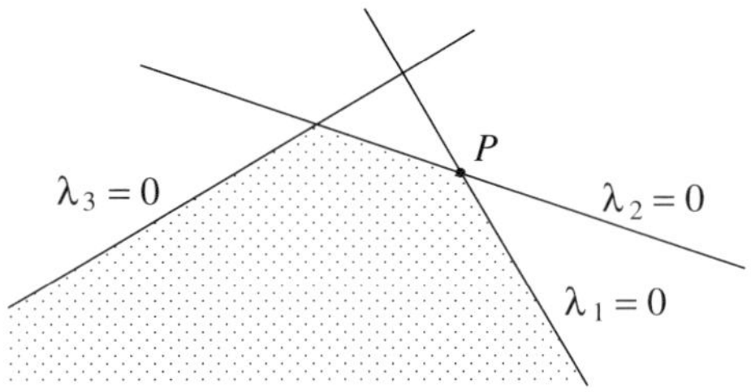

図 6.9　頂点 P では $\lambda_3 > 0$ であるから，その双対変数を y_3 とすると $y_3 = 0$ である．

一方，別の境界が $\lambda_3 = 0$ は頂点 P を通らないとする．これは λ_3 に対応する制約条件がまだ限界に達しておらず，不等号で成立することを意味する．このとき定理 6.7, 6.8 より，それらの双対変数は 0 であり $y_1 = 0$, $y_2 = 0$ である．

経済学によれば限界に達しているものは“効用”があり，余っているものは“効用”がないとみなされる．このことから，双対変数を“効用”（すなわち“価値”）とみなす“経済学的解釈”を与えることができる．

【例 題 6.21】 6.1 節の線形計画問題 P0 を例題 6.1 に当てはめた場合の双対変数の経済学的解釈を与えよ．

（解） 式 (6.128) によれば，最適な生産計画における利益は $b_1y_1 + \cdots + b_my_m$ 円である．したがって，現在は原料 M_i は $b_i$kg しかないとしても，仮にそれを 1kg 増やしたとすると利益が y_i 円増加する．このことは双対変数 y_i が**原料 M_i の 1kg 当たりの価値**（または効用）を表していると解釈できる．生産を増やそうとすれば，足りなくなる原料を買い足さなければならないが，価値 y_i（円/kg）の大きい原料から優先的に購入するのが合理的である．

$a_{i1}x_1 + \cdots + a_{in}x_n$ は原料 M_i の必要量であり，b_i はその在庫量である．式 (6.134) は，必要量以上にある原料はそれ以上増やしても利益に貢献しないから，**余っている原料の価値は 0** であると解釈できる．したがって，生産を増やすにしても，余っている原料は買い足す必要がない． □

以上の考察から，双対問題 D0 にも経済学的解釈を与えることができる．

【例 題 6.22】 6.1 節の線形計画問題 P0 を例題 6.1 に当てはめた場合に，双対問題 D0 の経済学的解釈を与えよ．

（解） 例題 6.1 の工場で "損をしないで"，製造を中止して工場を閉鎖することが可能か考える．閉鎖するためには保有する原料 $M_1, \ldots, M_m$ をすべて処分しなければならない．すべてを処分するためにはなるべく安い価格で売却しなければならない．しかし，あまり安すぎるとそれを使って製品 $A_i, \ldots, A_n$ を製造して，それを売った方が得である．

今原料 $M_1, \ldots, M_m$ をそれぞれ 1kg 当たり y_1 円，…，y_m 円で売却するとすれば，保有する全原料の売却価格は $b_1y_1 + \cdots + b_my_m$ 円である．これを最小にしたい．原料 $M_1, \ldots, M_m$ をそれぞれ a_{1j}kg，…，a_{mj}kg 使うと製品 A_j が 1 単位作れるので，製品 A_j が 1 単位作れるだけの原料の価格は $a_{1j}y_1 + \cdots + a_{mj}y_m$ 円である．しかし，製品 A_j の 1 単位は c_j 円で売れる．したがって，$a_{1j}y_1 + \cdots + a_{mj}y_m \geq c_j$ でなければ原料を売るのは損である．ほかの製品 $A_2, \ldots, A_n$ についても同様であるから，結局問題は問題 D0 の形に書ける． □

- ☞ 例題 6.21 では原料 M_i を 1kg 増やしたときに余分に得られる利益を原料 M_i の 1kg 当たりの価値とみなしたが，経済学では資源を 1 単位増やしたときに余分に得られる利益をその資源 1 単位当たりの**限界効用**（または**限界価値**）と呼ぶ．それに対して，水や空気のように余っているものはさらに増やしても利益を生まないので，経済学的には効用（価値）がないとみなされる．このことから，線形計画問題の制約式の双対変数は，その制約に対応する資源の限界効用（限界価値）を表すと解釈できる．
- ☞ 例題 6.22 の解釈から，定理 6.5, 6.6 は「損をしない原料の最小の売却価格は，それから製造できる製品の最大の販売価格に等しい」と解釈できる．このことから「均衡定理」という言葉が生まれた．
- ☞ 双対変数は物理学にも現れ，"物理学的解釈" を与えることもできる．例えば，剛体の運動が壁で止まるような制約があるとき，物体が壁に触れていなければその制約に対するスラック変数 λ は $\lambda > 0$ であり，壁に触れていれば $\lambda = 0$ であるが，双対変数は定理 6.7, 6.8 より前者では $y = 0$，後者では $y > 0$ である．これから，双対変数 y を壁からの**反力**（壁の支える力，反作用）と解釈することができる．壁に触れていないときは壁からの反力は 0 であるが，壁が支えているときは正の反力が作用している．そして，その壁が移動すると，その反力と移動距離の積だけの「仕事」がなされる．
- ☞ 双対変数は資源がなくなってしまうことの警告信号であると考えてもよい．これは例えばコピー機やプリンタの用紙が切れたとき，赤ランプがついたりピーと鳴ったりするようなもので，資源に余裕があるときは警告信号はなく，使い切ると発せられ，その大きさがその資源の必要性を表していると考えることができる．

第7章

非線形計画法

線形制約条件のもとで線形関数を最大，最小にする問題が「線形計画」であるのに対して，制約条件も目的関数も一般の非線形関数の場合が「非線形計画」である．これに対しては一般的な理論も解法も存在しない．その代わりに，制約条件や目的関数のもつ性質ごとに種々の定理が成立し，さまざまな解法が存在する．これらは多岐に渡るので，本章では用語の説明を中心とし，代表的な問題に対して成り立ついくつかの定理を紹介するのに留める．

7.1 非線形計画

次の問題を考える．

［問題 **A**］

$$f(x_1, \ldots, x_n) \to \max \tag{7.1}$$

$$\begin{cases} g_1(x_1, \ldots, x_n) \leq 0 \\ \quad\vdots \\ g_m(x_1, \ldots, x_n) \leq 0 \end{cases}, \quad \begin{cases} h_1(x_1, \ldots, x_n) = 0 \\ \quad\vdots \\ h_l(x_1, \ldots, x_n) = 0 \end{cases} \tag{7.2}$$

ただし，$f(x_1,\ldots,x_n)$, $g_i(x_1,\ldots,x_n)$, $i=1,\ldots,m$, $h_i(x_1,\ldots,x_n)$, $i=1,\ldots,l$ はすべて滑らかな連続関数である．これらがすべて線形（すなわち 1 次式）のときが線形計画である．そうでない場合を**非線形計画**と呼ぶ．線形計画のときと同様に $f(x_1,\ldots,x_n)$ を**目的関数**，式 (7.2) を**制約条件**と呼ぶ．特に初めのものを**制約不等式**，後のものを**制約等式**と呼ぶ．

特別の場合として，式 (7.1) の $f(x_1,\ldots,x_n)$ が**上に凸**の関数であり，式 (7.2) の制約条件が定義する n 次元空間の領域が**凸**であるとき，この問題を**凸計画**と呼ぶ．線形計画も凸問題である．制約条件がすべて線形で，目的関数が上に凸の 2 次式のものを **2 次計画**と呼ぶ．2 次計画も凸計画である．

以下，必要に応じて変数 x_1, ..., x_n をまとめてベクトル $\boldsymbol{x}=(x_1,\ldots,x_n)^\top$ で表し，関数 $f(x_1,\ldots,x_n)$, $g_i(x_1,\ldots,x_n)$, $h_i(x_1,\ldots,x_n)$ をそれぞれを $f(\boldsymbol{x})$, $g_i(\boldsymbol{x})$, $h_i(\boldsymbol{x})$ と略記する．

☞ 式 (7.1) では目的関数 $f(\boldsymbol{x})$ を最大にしているが，最小にする問題は $f(\boldsymbol{x})$ を $-f(\boldsymbol{x})$ とすればよい．ここでは線形計画と対応させて最大化を考える．

☞ 関数 $f(\boldsymbol{x})$ が**上に凸**とは n 次元空間の任意の 2 点 $\boldsymbol{x}_1$, $\boldsymbol{x}_2$ と任意の正数 α, β に対して次の関係が成立することである．

$$\frac{\alpha f(\boldsymbol{x}_1)+\beta f(\boldsymbol{x}_2)}{\alpha+\beta} \leq f\left(\frac{\alpha\boldsymbol{x}_1+\beta\boldsymbol{x}_2}{\alpha+\beta}\right) \tag{7.3}$$

左辺は値 $f(\boldsymbol{x}_1)$ と $f(\boldsymbol{x}_2)$ を $\beta:\alpha$ に内分する値であり，右辺の引数は 2 点 $\boldsymbol{x}_1$, $\boldsymbol{x}_2$ を結ぶ線分を $\beta:\alpha$ に内分する位置である．上式は 2 点 $\boldsymbol{x}_1$, $\boldsymbol{x}_2$ を結ぶ線分上の値は両端の値 $f(\boldsymbol{x}_1)$, $f(\boldsymbol{x}_2)$ を直線で結んだものより大きいことを意味する（図 7.1(a)）．不等号が逆になれば**下に凸**であるという（単に**凸関数**といえば普通は下に凸を意味する）．

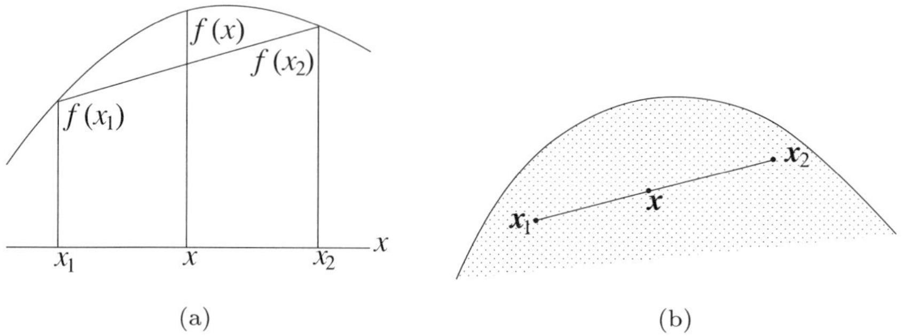

図 7.1　(a) 上に凸の関数．(b) 凸領域．

☞ 領域が凸であるとは，それに属する任意の $\boldsymbol{x}_1$, $\boldsymbol{x}_2$ を結ぶ線分がすべてその領域に含まれること，すなわち，任意の正数 α, β に対して $\dfrac{\alpha\boldsymbol{x}_1+\beta\boldsymbol{x}_2}{\alpha+\beta}$ がその領域にあることである（図 7.1(b)）．

☞ 2 次関数が上に凸である必要十分条件はそのヘッセ行列が半負値対称行列となることである．負値対称行列であれば唯一の最大値をとる（$\hookrightarrow$ 第 2 章 2.1.3 項）．

7.2 ラグランジュ乗数

以下では，式 (7.1), (7.2) の問題 A において $f(x_1,\ldots,x_n)$ は上に凸であり，制約不等式を与える $g_i(x_1,\ldots,x_n)$ はすべて下に凸であり，制約等式を与える $h_i(x_1,\ldots,x_n)$ はすべて 1 次式の場合を考える．このときは変数の領域が凸となる．これは凸計画の代表的な問題である．

【例 題 7.1】 各 $g_i(\boldsymbol{x})$ が下に凸の関数で各 $h_i(\boldsymbol{x})$ が 1 次式のとき，

$$g_i(\boldsymbol{x})\leq 0,\quad i=1,\ldots,m,\qquad h_i(\boldsymbol{x})=0,\quad i=1,\ldots,l \tag{7.4}$$

で定義される領域は凸であること示せ．

（解） $g_i(\boldsymbol{x})$ が下に凸の関数で $h_i(\boldsymbol{x})$ が 1 次式であるから，2 点 $\boldsymbol{x}_1$, $\boldsymbol{x}_2$ が共に式 (7.4) を満たすなら，任意の正数 α, β に対して

$$g_i\left(\frac{\alpha\boldsymbol{x}_1+\beta\boldsymbol{x}_2}{\alpha+\beta}\right)\leq\frac{\alpha g_i(\boldsymbol{x}_1)+\beta g_i(\boldsymbol{x}_2)}{\alpha+\beta}\leq 0 \tag{7.5}$$

$$h_i\left(\frac{\alpha\boldsymbol{x}_1+\beta\boldsymbol{x}_2}{\alpha+\beta}\right)=\frac{\alpha h_i(\boldsymbol{x}_1)+\beta h_i(\boldsymbol{x}_2)}{\alpha+\beta}=0 \tag{7.6}$$

となる．ゆえに $\dfrac{\alpha\boldsymbol{x}_1+\beta\boldsymbol{x}_2}{\alpha+\beta}$ もその領域中にある．したがって，この領域は凸である． □

式 (7.1), (7.2) の問題 A に対して，新しい変数 λ_1, …, λ_m, μ_1, …, μ_l を追加した次の関数を考える．

$$L(\boldsymbol{x},\{\lambda_i\},\{\mu_i\})=f(\boldsymbol{x})-\sum_{i=1}^{m}\lambda_i g_i(\boldsymbol{x})-\sum_{i=1}^{l}\mu_i h_i(\boldsymbol{x}) \tag{7.7}$$

λ_i, μ_i をそれぞれ制約不等式 $g_i(\boldsymbol{x}) \leq 0$ および制約等式 $h_i(\boldsymbol{x}) = 0$ の**ラグランジュ乗数**と呼ぶ．そして上式の関数 L を問題 A の**ラグランジュ関数**（または**ラグランジアン**）と呼ぶ．このとき，次の**キューン・タッカーの定理**が成り立つ．

【定 理 7.1】 問題 A の解が存在する必要十分条件は，その解 $\boldsymbol{x}$ において次の条件が成り立つような $\{\lambda_i\}$, $\{\mu_i\}$ が存在することである．

$$\frac{\partial L}{\partial x_i} = 0, \qquad i = 1, \ldots, n, \qquad \frac{\partial L}{\partial \mu_i} = 0, \quad i = 1, \ldots, l, \tag{7.8}$$

$$g_i(\boldsymbol{x}) \leq 0, \quad \lambda_i \geq 0, \qquad \lambda_i g_i(\boldsymbol{x}) = 0, \quad i = 1, \ldots, m \tag{7.9}$$

式 (7.9) を**カルーシュ・キューン・タッカーの（相補性）条件**（略して **KKT 条件**）と呼ぶ．

- ☞ 不等式制約条件 $g_i(\boldsymbol{x}) \leq 0$ がなければ，これは等式制約条件のもとでのラグランジュの未定乗数法（↪2 章 2.4 節）と実質的に同じである（↪ 定理 2.10）．そこでは極値が存在する必要条件にすぎなかったが，ここでは変数の領域が凸で目的関数が上に凸であることから，解が存在する十分条件となる．
- ☞ 式 (7.9) の KKT 条件は次のように解釈できる．解 $\boldsymbol{x}$ が制約不等式 $g_i(\boldsymbol{x}) \leq 0$ の定義する領域の“内部”，すなわち不等式 $g_i(\boldsymbol{x}) < 0$ の成り立つところにあれば，$\lambda_i g_i(\boldsymbol{x}) = 0$ より $\lambda_i = 0$ でなければならない．
- ☞ このことは制約不等式に対するラグランジュ乗数が線形計画における“双対変数”（↪第 6 章 6.8 節）の役割を果していることを意味する．すなわち，制約 $g_i(\boldsymbol{x}) \leq 0$ がある資源の限度を表しているとすれば，λ_i がその資源の価値（効用）を表している（↪第 6 章 6.8.4 項）．まだ資源が残っているときは $g_i(\boldsymbol{x}) < 0$ であり，価値は $\lambda_i = 0$ である．
- ☞ これは次のように示せる．式 (7.7) と式 (7.8) の第 1 式から解においては

$$\frac{\partial f}{\partial x_k} = \sum_{i=1}^{m} \lambda_i \frac{\partial g_i}{\partial x_k} + \sum_{i=1}^{l} \mu_i \frac{\partial h_i}{\partial x_k} \tag{7.10}$$

が成り立つ．したがって，$\boldsymbol{x}$ を $\boldsymbol{x} + \Delta\boldsymbol{x}$ だけ変化させると，$f(\boldsymbol{x})$ の増加量 Δf は第

1 近似として次のように書ける.

$$\Delta f = \sum_{k=1}^{n} \frac{\partial f}{\partial x_k} \Delta x_k = \sum_{i=1}^{m} \lambda_i \sum_{k=1}^{n} \frac{\partial g_i}{\partial x_k} \Delta x_k + \sum_{i=1}^{l} \mu_i \sum_{k=1}^{n} \frac{\partial h_i}{\partial x_k} \Delta x_k$$
$$= \sum_{i=1}^{m} \lambda_i \Delta g_i + \sum_{i=1}^{l} \mu_i \Delta h_i \tag{7.11}$$

$\lambda_i > 0$ なら $g_i(\boldsymbol{x})$ が限界に達しているから，$g(\boldsymbol{x})$ の単位の増分に対して $f(\boldsymbol{x})$ が λ_i だけ増加する．しかし，$\lambda_i = 0$ なら $g_i(\boldsymbol{x})$ はまだ限界に達していないから，$g_i(\boldsymbol{x})$ を増やしても f は変化しない．一方，解は等式制約条件 $h_i(\boldsymbol{x}) = 0$ を満たしているから一般に $\mu_i \neq 0$ であり，$h_i(\boldsymbol{x})$ の単位量の変化に対して f が μ_i だけ変化する．

☞ この KKT 条件はキューン (Harold W. Kuhn: 1925–2014) とタッカー (Albert W. Tucker: 1905–1995) の 1951 年の論文で示されたため，長い間**キューン・タッカーの条件**と呼ばれていた．しかし，それ以前にカルーシュ (W. Karush) も同様のことを指摘していたことが後にわかり，最近では KKT 条件と呼ばれている．

7.3 双対原理 *

式 (7.7) のラグランジュ関数 L において，ラグランジュ乗数 $\{\lambda_i\}$, $\{\mu_i\}$ を定数とみなして $\boldsymbol{x}$ に関して最大化した値は $\{\lambda_i\}$, $\{\mu_i\}$ の関数である．これを

$$l(\{\lambda_i\}, \{\mu_i\}) = \max_{\boldsymbol{x}} L(\boldsymbol{x}, \{\lambda_i\}, \{\mu_i\}) \tag{7.12}$$

と置く．次の問題を問題 A の**双対問題**と呼ぶ．

[問題 B]

$$l(\{\lambda_i\}, \{\mu_i\}) \to \min \tag{7.13}$$

$$\lambda_1 \geq 0, \quad , \ldots , \quad \lambda_m \geq 0 \tag{7.14}$$

そして，問題 A をこの双対問題の**主問題**と呼ぶ．このとき次の定理が成り立つ．

【定 理 7.2】 $\boldsymbol{x}$ が式 (7.2) の制約条件を満たす任意の値であり，$\{\lambda_i\}$, $\{\mu_i\}$ が式 (7.14) の制約条件を満たす任意の値のとき，次の関係が成り立つ．

$$f(\boldsymbol{x}) \leq l(\{\lambda_i\}, \{\mu_i\}) \tag{7.15}$$

（証明）式 (7.12) の定義より

$$l(\{\lambda_i\}, \{\mu_i\}) \geq L(\boldsymbol{x}, \{\lambda_i\}, \{\mu_i\}) = f(\boldsymbol{x}) - \sum_{i=1}^{m} \lambda_i g_i(\boldsymbol{x}) - \sum_{i=1}^{l} \mu_i h_i(\boldsymbol{x}) \geq f(\boldsymbol{x}) \tag{7.16}$$

となる．最後の不等号は，$\boldsymbol{x}$ が式 (7.2) を満たすから $h_i(\boldsymbol{x}) = 0,\ i = 1, \ldots, l$ であり，λ_i も式 (7.14) を満たすから $\lambda_i \geq 0,\ i = 1, \ldots, m$ であることによる．□

定理 7.2 は，$\boldsymbol{x}$ が主問題 A の制約条件を満たすなら $f(\boldsymbol{x})$ の最大値は $l(\{\lambda_i\}, \{\mu_i\})$ を超えることができず，一方，$\{\lambda_i\}$, $\{\mu_i\}$ が双対問題 B の制約条件を満たすなら $l(\{\lambda_i\}, \{\mu_i\})$ の最小値は $f(\boldsymbol{x})$ を下回ることができないことを意味している．次の定理は，両者が一致するものが主問題 A と双対問題 B の解であることを示す（証明省略）．

【定 理 7.3】 $\boldsymbol{x}$ が主問題 A の解であり，$\{\lambda_i\}$, $\{\mu_i\}$ が双対問題 B の解である必要十分条件は次の式が成り立つことである．

$$f(\boldsymbol{x}) = l(\{\lambda_i\}, \{\mu_i\}) \tag{7.17}$$

これは次のようにいい換えることができる．

【定 理 7.4】 $\boldsymbol{x}^*$ が主問題 A の解であり $\{\lambda_i^*\}$, $\{\mu_i^*\}$ が双対問題 B の解である必要十分条件は，制約条件 (7.2) を満たす任意の $\boldsymbol{x}$ と制約条件 (7.14) を満たす任意の $\{\lambda_i\}$, $\{\mu_i\}$ に対して次式が成り立つことである．

$$L(\boldsymbol{x}, \{\lambda_i^*\}, \{\mu_i^*\}) \leq L(\boldsymbol{x}^*, \{\lambda_i^*\}, \{\mu_i^*\}) \leq L(\boldsymbol{x}^*, \{\lambda_i\}, \{\mu_i\}) \tag{7.18}$$

☞ 非線形計画の双対原理は線形計画法の双対原理の拡張であり，定理 7.2, 7.3 が第 6 章の定理 6.5, 6.6 に対応している．そして線形計画の定理 6.7, 6.8 が式 (7.9) の KKT 条件に対応している．

☞ 主問題 A と双対問題 B を比較すると，双対問題 B では主問題 A の等式制約条件と不等式制約条件とが消去され，**変数が非負であること以外には制約がない**．このため，主問題より双対問題を解くほうが簡単になることが多い．

☞ ただし，線形計画の場合（↪ 第 6 章 6.8.3 項）と異なり，双対問題 B が解けたからといって，直ちに主問題 A の解が得られるわけではない．それでも双対問題 B の解 $\{\lambda_i\}$, $\{\mu_i\}$ は主問題 A の解を求めるための重要な情報を与える．まず KKT 条件 (7.9) より，$\lambda_i > 0$ に対応する制約条件 $g_i(\boldsymbol{x}) \leq 0$ が等式 $g_i(\boldsymbol{x}) = 0$ が成立している．これによって解が強く限定される（これは線形計画の場合と同様である ↪ 例題 6.19）．また，主問題 A の解の候補 $\boldsymbol{x}$ に対して式 (7.17) が満たされるならそれが解であることがわかる．これは，主問題 A を反復法で解くときに，探索が最適解に達したかどうかを判定するのに役立つ．

☞ 式 (7.18) はラグランジュ関数 $L(\boldsymbol{x}, \{\lambda_i\}, \{\mu_i\})$ が解 $\boldsymbol{x}^*$, $\{\lambda_i^*\}$, $\{\mu_i^*\}$ において，$\boldsymbol{x}$ に関しては最大値であり，$\{\lambda_i\}$, $\{\mu_i\}$ に関しては最小値であることを意味している．一般に，ある変数に関して極大，別の変数に関して極小となる点を**鞍点**と呼ぶ（↪ 第 2 章 2.1.3 項）．定理 7.4 はラグランジュ関数が解において鞍点となっていることから，解の**鞍点条件**とも呼ばれる．

例として次の 2 次計画を考えよう．

【例 題 7.2】 次の 2 次計画の双対問題を導け．

$$f = \sum_{i=1}^{n} c_i x_i - \frac{1}{2} \sum_{i,j=1}^{n} q_{ij} x_i x_j \to \max \tag{7.19}$$

$$\begin{cases} a_{11}x_1 & + & \cdots & + & a_{1n}x_n & \leq & b_1 \\ \quad \cdots & & \ddots & & \cdots & & \vdots \\ a_{m1}x_1 & + & \cdots & + & a_{mn}x_n & \leq & b_m \end{cases} \tag{7.20}$$

ただし，行列 $\boldsymbol{Q} = (q_{ij})$ は正値対称行列である．

（解） ベクトルと行列で表すと，ラグランジュ関数は次のように書ける．

$$L = (\boldsymbol{c}, \boldsymbol{x}) - \frac{1}{2}(\boldsymbol{x}, \boldsymbol{Q}\boldsymbol{x}) - (\boldsymbol{\lambda}, \boldsymbol{A}\boldsymbol{x} - \boldsymbol{b}) = (\boldsymbol{c}, \boldsymbol{x}) - \frac{1}{2}(\boldsymbol{x}, \boldsymbol{Q}\boldsymbol{x}) - (\boldsymbol{A}^\top \boldsymbol{\lambda}, \boldsymbol{x}) + (\boldsymbol{\lambda}, \boldsymbol{b}) \tag{7.21}$$

ただし，ベクトル $\boldsymbol{c} = (c_i)$, $\boldsymbol{b} = (b_i)$ と行列 $\boldsymbol{A} = (a_{ij})$ を定義し，ラグランジュ乗数 λ_i, $i = 1, \ldots, m$ を要素とするベクトル $\boldsymbol{\lambda} = (\lambda_i)$ を用いた．L を最大にするには $\nabla L = \boldsymbol{0}$ を計算すればよい．∇L は次のようになる（↪ 微分の公式 (1.46), (1.65)）．

$$\nabla L = \boldsymbol{c} - \boldsymbol{Q}\boldsymbol{x} - \boldsymbol{A}^\top \boldsymbol{\lambda} \tag{7.22}$$

これを $\boldsymbol{0}$ と置くと次の解が得られる．

$$\boldsymbol{x} = \boldsymbol{Q}^{-1}(\boldsymbol{c} - \boldsymbol{A}^\top \boldsymbol{\lambda}) \tag{7.23}$$

これを式 (7.21) に代入すると，次のようになる（↪ 転置の公式 (1.73)）．

$$\begin{aligned}
l &= (\boldsymbol{c}, \boldsymbol{Q}^{-1}(\boldsymbol{c} - \boldsymbol{A}^\top \boldsymbol{\lambda})) - \frac{1}{2}(\boldsymbol{Q}^{-1}(\boldsymbol{c} - \boldsymbol{A}^\top \boldsymbol{\lambda}), \boldsymbol{Q}\boldsymbol{Q}^{-1}(\boldsymbol{c} - \boldsymbol{A}^\top \boldsymbol{\lambda})) \\
&\quad - (\boldsymbol{A}^\top \boldsymbol{\lambda}, \boldsymbol{Q}^{-1}(\boldsymbol{c} - \boldsymbol{A}^\top \boldsymbol{\lambda})) + (\boldsymbol{\lambda}, \boldsymbol{b}) \\
&= (\boldsymbol{c}, \boldsymbol{Q}^{-1}\boldsymbol{c}) - (\boldsymbol{c}, \boldsymbol{Q}^{-1}\boldsymbol{A}^\top \boldsymbol{\lambda}) - \frac{1}{2}(\boldsymbol{c} - \boldsymbol{A}^\top \boldsymbol{\lambda}, \boldsymbol{Q}^{-1}\boldsymbol{Q}\boldsymbol{Q}^{-1}(\boldsymbol{c} - \boldsymbol{A}^\top \boldsymbol{\lambda})) \\
&\quad - (\boldsymbol{A}^\top \boldsymbol{\lambda}, \boldsymbol{Q}^{-1}\boldsymbol{c}) + (\boldsymbol{A}^\top \boldsymbol{\lambda}, \boldsymbol{Q}^{-1}\boldsymbol{A}^\top \boldsymbol{\lambda}) + (\boldsymbol{\lambda}, \boldsymbol{b}) \\
&= (\boldsymbol{c}, \boldsymbol{Q}^{-1}\boldsymbol{c}) - (\boldsymbol{A}\boldsymbol{Q}^{-1}\boldsymbol{c}, \boldsymbol{\lambda}) \\
&\quad - \frac{1}{2}\Big((\boldsymbol{c}, \boldsymbol{Q}^{-1}\boldsymbol{c}) - 2(\boldsymbol{A}^\top \boldsymbol{\lambda}, \boldsymbol{Q}^{-1}\boldsymbol{c}) + (\boldsymbol{A}^\top \boldsymbol{\lambda}, \boldsymbol{Q}^{-1}\boldsymbol{A}^\top \boldsymbol{\lambda})\Big) \\
&\quad - (\boldsymbol{\lambda}, \boldsymbol{A}\boldsymbol{Q}^{-1}\boldsymbol{c}) + (\boldsymbol{\lambda}, \boldsymbol{A}\boldsymbol{Q}^{-1}\boldsymbol{A}^\top \boldsymbol{\lambda}) + (\boldsymbol{\lambda}, \boldsymbol{b}) \\
&= (\boldsymbol{c}, \boldsymbol{Q}^{-1}\boldsymbol{c}) - (\boldsymbol{\lambda}, \boldsymbol{A}\boldsymbol{Q}^{-1}\boldsymbol{c}) \\
&\quad - \frac{1}{2}(\boldsymbol{c}, \boldsymbol{Q}^{-1}\boldsymbol{c}) + (\boldsymbol{\lambda}, \boldsymbol{A}\boldsymbol{Q}^{-1}\boldsymbol{c}) - \frac{1}{2}(\boldsymbol{\lambda}, \boldsymbol{A}\boldsymbol{Q}^{-1}\boldsymbol{A}^\top \boldsymbol{\lambda}) \\
&\quad - (\boldsymbol{\lambda}, \boldsymbol{A}\boldsymbol{Q}^{-1}\boldsymbol{c}) + (\boldsymbol{\lambda}, \boldsymbol{A}\boldsymbol{Q}^{-1}\boldsymbol{A}^\top \boldsymbol{\lambda}) + (\boldsymbol{\lambda}, \boldsymbol{b}) \\
&= (\boldsymbol{\lambda}, \boldsymbol{b} - \boldsymbol{A}\boldsymbol{Q}^{-1}\boldsymbol{c}) + \frac{1}{2}(\boldsymbol{\lambda}, \boldsymbol{A}\boldsymbol{Q}^{-1}\boldsymbol{A}^\top \boldsymbol{\lambda}) + \frac{1}{2}(\boldsymbol{c}, \boldsymbol{Q}^{-1}\boldsymbol{c})
\end{aligned} \tag{7.24}$$

したがって，双対問題は再び2次計画となり，次のように書ける．

$$l = \frac{1}{2}\sum_{i,j=1}^{m} p_{ij}\lambda_i\lambda_j + \sum_{i=1}^{m} q_i\lambda_i + r \to \min, \qquad \lambda_1 \geq 0, \quad \ldots, \quad \lambda_m \geq 0 \tag{7.25}$$

ただし，行列 $\boldsymbol{P} = (p_{ij})$，ベクトル $\boldsymbol{q} = (q_i)$，スカラ r を次のように定義した．

$$\boldsymbol{P} = \boldsymbol{A}\boldsymbol{Q}^{-1}\boldsymbol{A}^\top, \qquad \boldsymbol{q} = \boldsymbol{b} - \boldsymbol{A}\boldsymbol{Q}^{-1}\boldsymbol{c}, \qquad r = \frac{1}{2}(\boldsymbol{c}, \boldsymbol{Q}^{-1}\boldsymbol{c}) \tag{7.26}$$

□

☞ この例からわかるように，2 次計画の双対問題は再び 2 次計画であり，しかも**変数が非負という以外は制約条件が消去されている**．もちろん，双対問題の解が得られたからといって，直ちに主問題の解が得られるわけではない．しかし，先に指摘したように，双対問題の解によって主問題の解が強く限定され，反復法を用いるときの収束判定条件が与えられる．このことは今日広く用いられている**サポートベクトルマシン**とよばれる判別の学習法の計算に重要な役割を果たしている．その目的関数は**マージン**と呼ばれる 2 次式であり，制約条件は判別の正しさを表す 1 次不等式である．等号で成立する制約条件に対応するデータが**サポートベクトル**と呼ばれる．

☞ 式 (7.19), (7.20) の問題にさらに変数の非負条件 $x_1 \geq 0, \ldots, x_n \geq 0$ が加わった

$$\boldsymbol{Ax} \leq \boldsymbol{b}, \qquad \boldsymbol{x} \geq \boldsymbol{0}, \qquad f = (\boldsymbol{c}, \boldsymbol{x}) - \frac{1}{2}(\boldsymbol{x}, \boldsymbol{Qx}) \to \max \tag{7.27}$$

に対しては，より直接的に主問題の解に関連する次の双対問題が知られている．

$$\boldsymbol{A}^\top \boldsymbol{y} + \boldsymbol{Qx} \geq \boldsymbol{c}, \qquad \boldsymbol{x} \geq \boldsymbol{0}, \qquad \boldsymbol{y} \geq \boldsymbol{0}, \qquad g = (\boldsymbol{b}, \boldsymbol{y}) + \frac{1}{2}(\boldsymbol{x}, \boldsymbol{Qx}) \to \min \tag{7.28}$$

式 (7.27), (7.28) の両方の条件を満たす $\boldsymbol{x}$, $\boldsymbol{y}$ があれば，次の不等式が成り立つことがわかる．

$$f \leq (\boldsymbol{A}^\top \boldsymbol{y} + \boldsymbol{Qx}, \boldsymbol{x}) - \frac{1}{2}(\boldsymbol{x}, \boldsymbol{Qx}) = (\boldsymbol{y}, \boldsymbol{Ax}) + \frac{1}{2}(\boldsymbol{x}, \boldsymbol{Qx}) \leq (\boldsymbol{y}, \boldsymbol{b}) + \frac{1}{2}(\boldsymbol{x}, \boldsymbol{Qx}) = g \tag{7.29}$$

これから，主問題に解 $\boldsymbol{x}$ があれば，$\{\boldsymbol{x}, \boldsymbol{y}\}$ が双対問題の解となるような $\boldsymbol{y}$ が存在して，$f = g$ であり，次の**相補性定理**が成り立つ．

$$(\boldsymbol{y}, \boldsymbol{b} - \boldsymbol{Ax}) = \boldsymbol{0}, \qquad (\boldsymbol{x}, \boldsymbol{A}^\top \boldsymbol{y} + \boldsymbol{Qx} - \boldsymbol{c}) = \boldsymbol{0} \tag{7.30}$$

これらは線形計画の直接的な拡張であり，$\boldsymbol{Q} = \boldsymbol{O}$ とすれば式 (7.27) は式 (6.1)〜(6.3) の線形計画の主問題 P0 に，式 (7.28) は式 (6.116)〜(6.118) の双対問題 D0 に，式 (7.29) は式 (6.129) に，式 (7.30) は式 (6.131)〜(6.134) の相補性定理 6.7 にそれぞれ一致する．

第8章

動的計画法

変数が離散値をとる関数の最大，最小化は一般には値のすべての組合せを調べなければならない．しかし，関数が2変数関数の和に表せる場合はより効率的な方法が存在する．本章では，そのような関数の最適解を効率的に計算する「動的計画法」を述べる．まず，なぜ単純な方法で解くことができないかを説明し，正しい解が得られる計算法を説明する．そして，これが「最適経路問題」とみなせること，および「最適性の原理」が成立していることを示す．さらに，これをパタン認識，音声認識，画像認識などの人工知能の多くの問題で基礎となる「ストリングマッチング」に応用する．最後に制約条件がある場合の処理法を述べる．

8.1 多段階決定問題

本章では各変数 x_i が有限個の離散値 $\{a_1, \ldots, a_N\}$ をとる場合に，n 変数関数 $f(x_1, \ldots, x_n)$ を最大化する問題を考える．

$$J = f(x_1, \ldots, x_n) \to \max \tag{8.1}$$

このとき，各変数がとる値の組合せは N^n 通りあり，これらをすべて調べなければならない．しかし，N, n が大きくなると，関数を評価する回数が莫大になり，計算機でも効率的に計算することが困難になる．

一方，関数 f の形によってはそのような全数検査が避けられる場合がある．

代表的なのは，f が次のような**対ごと**の 2 変数関数の和の場合である．

$$J = f_1(x_1) + h_1(x_1, x_2) + h_2(x_2, x_3) + \cdots + h_{n-1}(x_{n-1}, x_n) \to \max \qquad (8.2)$$

変数 x_i の値を選ぶことを何らかの“決定”とみなせば，これは段階的に次々と決定を下す問題とみなせる．まず，初期に x_1 の値を選ぶことに対する利益が関数 $f_1(x_1)$ で与えられる．初期に選んだ x_1 に対して次に x_2 を選ぶことの利益が $h_1(x_1, x_2)$ である．以下同様に，第 i 段階で選んだ x_i に対して第 $i+1$ 段階で x_{i+1} を選ぶ利益が $h_i(x_i, x_{i+1})$ である．そして，式 (8.2) は「利益の総和が最大になるように各段階で決定を下せ」という問題であると解釈できる．

これに対して次のような“解法”(?) が考えられる．

1. $f_1(x_1)$ が最大になる x_1 を選ぶ．
2. その x_1 に対して $h_1(x_1, x_2)$ が最大になる x_2 を選ぶ．
3. その x_2 に対して $h_2(x_2, x_3)$ が最大になる x_3 を選ぶ．

⋮　　……………………………………

n.　その x_{n-1} に対して $h_{n-1}(x_{n-1}, x_n)$ が最大になる x_n を選ぶ．

一見これでよさそうであるが，これでは近視眼的すぎて最適解が得られる保証がない．これがだめな理由は，例えば，初期の段階で損をしても後の段階で大きな利益が得られるのなら，そのほうが最終的に利益が大きいからである．これを理解することが本章の目的の一つである．そして，このような問題を効率的に解く**動的計画法**（**ダイナミックプログラミング**）を説明する．

☞ 本章で述べる動的計画法は変数が連続的であっても離散的であっても原理は同じである．しかし，コンピュータによる計算を考えると，実際の問題で最も応用が広いのは離散的な変数の場合である．連続的な変数でも，離散値で近似すれば十分に実際的な最適解が得られる．以下では離散的な変数の場合に限定する．

☞ 式 (8.1) では各変数 x_i のとる値が共通に $\{a_1, \ldots, a_N\}$ であるとしているが，実際の計算では各変数ごとに異なっていてもよい．以下の例題ではすべてそのような場合を扱う．

☞ 形式的には，すべての変数のとり得る値の和集合を $\{a_1, \ldots, a_N\}$ とすれば値の集合が共通になる．ただし，各変数について，それがとらない値に対しては f は「定義されない」とみなし，これを記号 $\perp$ で表す．このように $\perp$ を関数 f のとり得る“値”の一つとみなすことによって動的計画法の応用範囲が非常に広がる．その代表的な例を後に示す．コンピュータによる計算では $\perp$ は何も出力しなければよい．

- ☞ 式 (8.1) の f を最大にするには，一般には調べる変数の値の組合せを全数 N^n より減らすことは原理的に不可能である．なぜなら，一つでも調べなかったとすると，関数 f に特別の性質がない限り，その省いた値で f が最大になる可能性が排除できないからである．
- ☞ 全数検査が避けられるのは式 (8.2) の形に限らない．最も単純なのは f が 1 変数関数の和として $f_1(x_1)+\cdots+f_n(x_n)$ と書ける場合である．この場合は各 $f_i(x_i)$ を独立に最大化すればよい．しかし，これはあまりにも自明であるから，特にとり上げない．
- ☞ 本章で考える関数は式 (8.2) の形に限定する．最初の $f_1(x_1)$ と次の $h_1(x_1,x_2)$ をあわせたものを $h_1(x_1,x_2)$ と定義すれば最初の $f_1(x_1)$ は不要であるが，形式の便宜上，式 (8.2) の形を用いる．また，冒頭以外に（すなわち途中や最後に）1 変数関数が挿入されている場合は，同じ変数を含む 2 変数関数に吸収させて式 (8.2) の形に直すものとする．
- ☞ 逆に，初めから $f_1(x_1)$ が与えられていない問題では "空関数"（値の定義されない，すなわち，すべての変数値に対して $\perp$ をとる関数）をつけ加える．また途中の関数のいくつかが存在しない場合もやはり空関数を挿入して，常に式 (8.2) の形に表すものとする．
- ☞ ここに示した "解法" (?) は探索の各時点で常に目的関数を最大にするように変数を選択するものであり，**グリーディ（貪欲）法**と呼ばれている．しかし，これによって最適解が得られるのは，問題に特殊な性質がある場合のみである（例えば線形計画 $\hookrightarrow$ 第 6 章 6.5.2 項）．しかし，途中で損をするような選択をしたほうが最終的な利益が大きいことが多い．ほとんどのゲームではそうである（そうでないと「読み」が不要になり，ゲームとしてつまらない）．例えば囲碁では途中で石を捨て，将棋では大駒を切って最終的に勝てることがよくある．

8.2 動的計画法

動的計画法の原理は単純である．式 (8.2) でまず x_1 に着目する．これは $f_1(x_1)$ と $h_1(x_1,x_2)$ にしか関係しない．したがって，$f_1(x_1)+h_1(x_1,x_2)$ を最大にするように x_1 を選べばよい．しかし，そのためには x_2 の値がわかっていなければならない．そこで，x_2 の**可能なすべての値**に対して最適な x_1 をそれぞれ計算する．これを x_2 の**関数とみなして** $\hat{x}_1(x_2)$ と書く．その $f_1(x_1)+h_1(x_1,x_2)$ の最大値も x_2 に依存するので，それを x_2 の**関数とみなして**

$$f_2(x_2)=\max_{x_1}[f_1(x_1)+h_1(x_1,x_2)] \tag{8.3}$$

と定義する．これを用いると，式 (8.2) は次のように書ける．

$$J = f_2(x_2) + h_2(x_2, x_3) + h_3(x_3, x_4) + \cdots + h_{n-1}(x_{n-1}, x_n) \to \max \tag{8.4}$$

これは式 (8.2) と同じ形であり，かつ変数の数が一つ減っている．したがって，同じ手順を繰り返せばよい．すなわち，関数 $f_3(x_3)$ を

$$f_3(x_3) = \max_{x_2}[f_2(x_2) + h_2(x_2, x_3)] \tag{8.5}$$

と定義し，最大値を与える x_2 を $\hat{x}_2(x_3)$ と置く．すると式 (8.4) は次のように書ける．

$$J = f_3(x_3) + h_3(x_3, x_4) + h_4(x_4, x_5) + \cdots + h_{n-1}(x_{n-1}, x_n) \to \max \tag{8.6}$$

以下，同様に進み，最終的に関数 $f_n(x_n)$ を

$$f_n(x_n) = \max_{x_{n-1}}[f_{n-1}(x_{n-1}) + h_{n-1}(x_{n-1}, x_n)] \tag{8.7}$$

と定義し，最大値を与える x_{n-1} を $\hat{x}_{n-1}(x_n)$ と置く．すると式 (8.6) は次のように書ける．

$$J = f_n(x_n) \to \max \tag{8.8}$$

この 1 変数関数 $f_n(x_n)$ が最大になる x_n の値を x_n^* とする．これに対する最適な x_{n-1} の値 x_{n-1}^* は $x_{n-1}^* = \hat{x}_{n-1}(x_n^*)$ である．以下，逆にたどって x_{n-2} の最適な値 $x_{n-2}^* = \hat{x}_{n-2}(x_{n-1}^*)$，…，$x_1$ の最適な値 $x_1^* = \hat{x}_1(x_2^*)$ が決定できる．上の手順を一般的に書くとアルゴリズム 8.1 のようになる．

【例 題 8.1】 次の関数を最大にする解を求めよ．

$$J = f_1(x_1) + h_1(x_1, x_2) + h_2(x_2, x_3) + h_3(x_3, x_4) \to \max \tag{8.9}$$

procedure $DP(f_1(x), \{h_i(x,y)\}_{i=1}^n)$

1. $i=1,\ldots,n-1$ に対して，関数

$$f_{i+1}(x_{i+1}) = \max_{x_i}[f_i(x_i) + h_i(x_i, x_{i+1})]$$

およびその最大値を与える x_i を関数 $\hat{x}_i(x_{i+1})$ として数表の形で定義する．

2. $f_n(x_n)$ を最大にする x_n の値 x_n^* を探索し，その最大値を $J^* = f_n(x_n^*)$ とする．
3. $i=n-1,\ldots,1$ に対して $x_i^* = \hat{x}_i(x_{i+1}^*)$ を計算する．
4. $(x_1^*, x_2^*, \cdots, x_n^*)$ および J^* を返す．

アルゴリズム **8.1** 動的計画法．

ただし，$f_1(x_1)$, $h_1(x_1,x_2)$, $h_2(x_2,x_3)$, $h_3(x_3,x_4)$ を次のように与える．

$f_1(x_1) =$ (8.10)

$x_1=0$	$x_1=1$	$x_1=2$
2	1	3

$h_1(x_1,x_2) =$ (8.11)

h_1	$x_2=1$	$x_2=2$	$x_2=3$
$x_1=0$	3	5	1
$x_1=1$	1	0	7
$x_1=2$	3	0	0

$h_2(x_2,x_3) =$ (8.12)

h_2	$x_3=-1$	$x_3=0$	$x_3=1$
$x_2=1$	1	7	1
$x_2=2$	1	1	3
$x_2=3$	5	6	1

$h_3(x_3,x_4) =$ (8.13)

h_3	$x_4=1$	$x_4=2$	$x_4=3$
$x_3=-1$	7	9	8
$x_3=0$	2	3	6
$x_3=1$	5	4	1

（解）次のように解が求まる．

1. $f_2(x_2)$, $\hat{x}_1(x_2)$ を次のように定義する（x_2 の各値に対して f_1+h_1 の最大

値に下線が引いてある）.

$$f_1(x_1) + h_1(x_1, x_2) = \tag{8.14}$$

$f_1 + h_1$	$x_2 = 1$	$x_2 = 2$	$x_2 = 3$
$x_1 = 0$	$3 + 2$	$\underline{5 + 2}$	$1 + 2$
$x_1 = 1$	$1 + 1$	$0 + 1$	$\underline{7 + 1}$
$x_1 = 2$	$\underline{3 + 3}$	$0 + 3$	$0 + 3$

$$f_2(x_2),\ \ \hat{x}_1(x_2) = \tag{8.15}$$

	$x_2 = 1$	$x_2 = 2$	$x_2 = 3$
f_2	6	7	8
$\hat{x}_1$	2	0	1

2. $f_3(x_3), \hat{x}_2(x_3)$ を次のように定義する（x_3 の各値に対して $f_2 + h_2$ の最大値に下線が引いてある）.

$$f_2(x_2) + h_2(x_2, x_3) = \tag{8.16}$$

$f_2 + h_2$	$x_3 = -1$	$x_3 = 0$	$x_3 = 1$
$x_2 = 1$	$1 + 6$	$7 + 6$	$1 + 6$
$x_2 = 2$	$1 + 7$	$1 + 7$	$\underline{3 + 7}$
$x_2 = 3$	$\underline{5 + 8}$	$\underline{6 + 8}$	$1 + 8$

$$f_3(x_3),\ \ \hat{x}_2(x_3) = \tag{8.17}$$

	$x_3 = -1$	$x_3 = 0$	$x_3 = 1$
f_3	13	14	10
$\hat{x}_2$	3	3	2

3. $f_4(x_4), \hat{x}_3(x_4)$ を次のように定義する（x_4 の各値に対して $f_3 + h_3$ の最大値に下線が引いてある）.

$$f_3(x_3) + h_3(x_3, x_4) = \tag{8.18}$$

$f_3 + h_3$	$x_4 = 1$	$x_4 = 2$	$x_4 = 3$
$x_3 = -1$	$\underline{7 + 13}$	$\underline{9 + 13}$	$\underline{8 + 13}$
$x_3 = 0$	$2 + 14$	$3 + 14$	$6 + 14$
$x_3 = 1$	$5 + 10$	$4 + 10$	$1 + 10$

$$f_4(x_4),\ \ \hat{x}_3(x_4) = \tag{8.19}$$

	$x_4 = 1$	$x_4 = 2$	$x_4 = 3$
f_4	20	22	21
$\hat{x}_3$	-1	-1	-1

4. $f_4(x_4)$ を最大にする x_4 は表 (8.19) より 2 であり，そのときの最大値は $J = 22$ である.

5. $x_4 = 2$ に対する最適な x_3 は表 (8.19) より $\hat{x}_3(2) = -1$ である．
6. $x_3 = -1$ に対する最適な x_2 は表 (8.17) より $\hat{x}_2(-1) = 3$ である．
7. $x_2 = 3$ に対する最適な x_1 は表 (8.15) より $\hat{x}_1(3) = 1$ である．
8. 以上より次の最適解が得られる．

$$x_1 = 1, \quad x_2 = 3, \quad x_3 = -1, \quad x_4 = 2, \quad J = 22 \tag{8.20}$$

□

☞ 動的計画法は 1950 年代に米国のベルマン (Richard E. Bellman: 1920–1984) が提唱したものであり，線形計画法と並んで数理計画の代表的な手法である．ここに述べたのはその典型（プロトタイプ）である．この考え方を一般化すればさらに広範囲の問題に拡張することができるが，ここでは式 (8.1) の形の関数の最大化のみを考える．

☞ 動的計画法の基本的な考え方は，式 (8.2) を式 (8.4) に書き直すように，大きな問題を**形が同じでより小さい問題**に帰着させる点である．これは**再帰原理**と呼ばれ，動的計画法の根幹をなしている．

☞ 動的計画法のもう一つの特徴は例 8.1 のように，計算過程で，**それまでに計算した途中結果を数表の形で保存しておく**ことである．このため，次の段階では，それ以前の段階で得られている計算結果を新たに計算する必要がない．

☞ 動的計画法で最適解が見逃されることがないのは，実質的に変数のあらゆる値の組合せを全数検査しているからである．その際，一度計算した部分結果を表の形で再利用して計算を効率化している．しかし，例 8.1 の計算からわかるように，各変数 x_i が N 個の値 $\{a_1, \ldots, a_N\}$ をとるなら，毎回大きさ $N \times N$ の数表を計算するので，合計 nN^2 回の計算が必要である．確かにこれは直接に全数検査する場合の N^n 回よりはるかに少ないが，それでも n や N が大きくなると計算量が非常に増える．このため動的計画法をそのまま実行すると非効率なことが多く．その問題特有の性質を利用してむだな探索を避ける工夫が必要となる．

☞ 例 8.1 では表計算を反復して解を計算したが，演算の約束を変えると，これはベクトルと行列の積の計算の反復とも解釈できる．具体的には，行列の計算において，要素の積の計算を和に変え，要素の和の計算を max 演算に変えることである．通常の計算では，和も積もどの部分から計算してもよいという**結合法則**が成り立ち，積は和に対して各項それぞれとの積をとってもよいという**分配法則**が成り立つ．このことを，積と和の演算は**半環**を定義するという（さらに和の逆，すなわち "差" が定義できるとき**環**という）．しかし，積を和に，和を max（min でもよい）に変えてもまったく同じ結合法則と分配法則が成り立つ．したがって，和と max（または min）も半環を定義する．動的計画法の解法はこの半環に関する大きさ $N \times N$ 行列の n 回の積となっている．このことからも演算回数が nN^2 回必要であることがわかる．

8.3 最適経路問題

動的計画は**最適経路**を探索する問題としても解釈できる.

【例 題 8.2】 例題 8.1 に相当する最適経路探索の問題を示せ.

（解） 次のような解釈が可能である.

1. 各変数 x_1, x_2, x_3, x_4 のそれぞれの可能な値を“節点”とし，スタートとゴールを表す節点 S, G を追加して，次のように配置する.

$$\begin{array}{cccccc} & x_1 & x_2 & x_3 & x_4 & \\ & 0 & 1 & -1 & 1 & \\ S & 1 & 2 & 0 & 2 & G \\ & 2 & 3 & 1 & 3 & \end{array} \tag{8.21}$$

   式 (8.9) の J を最大にする x_1, x_2, x_3, x_4 の値を見つけることは，経路の評価が式 (8.9) の J で与えられるときに，スタート S からゴール G までの J を最大にする**最適な経路を選ぶ**こととみなせる.

2. スタート S と x_1 の節点を結ぶ枝を引き，$f_1(x_1)$ の値をそれぞれの枝に書き込む.

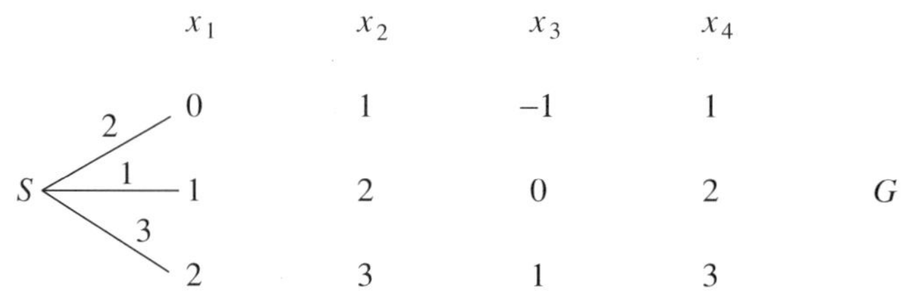

(8.22)

3. x_2 の各節点からそれぞれ x_1 の**すべての節点**への枝を考え，S からの枝の値と $h_1(x_1, x_2)$ の値の和が最大となる枝を探し，その和を書き込む．例えば，$x_2 = 1$ からそれぞれ $x_1 = 0, 1, 2$ への枝を考えると，$h_1(x_1, x_2)$ の値はそれぞれ 3, 1, 3 である．S からの枝の値との和はそれぞれ $3 + 2 = 5$, $1 + 1 = 2, 3 + 3 = 6$ となるから，$x_1 = 2$ と結び，値 6 を書き込む.

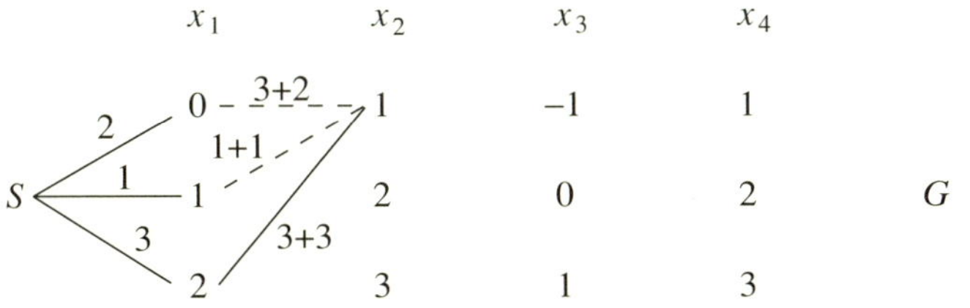

(8.23)

4. 同様にして，$x_2 = 2$ は $x_1 = 0$ と結び，値 7 を書き込む．$x_2 = 3$ は $x_1 = 1$ と結び，値 8 を書き込む．その結果，次のようになる．

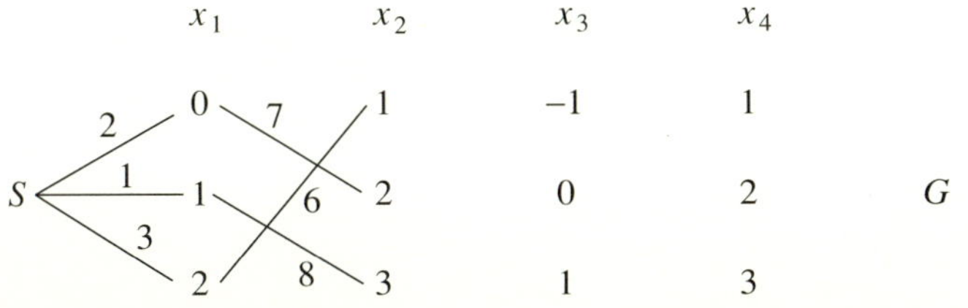

(8.24)

5. 再び同様に，x_3 の各節点からそれぞれ x_2 の**すべての節点**への枝を考え，S からの枝の値と $h_2(x_2, x_3)$ の値の和が最大となる枝を探して，その和を書き込む．その結果，次のようになる．

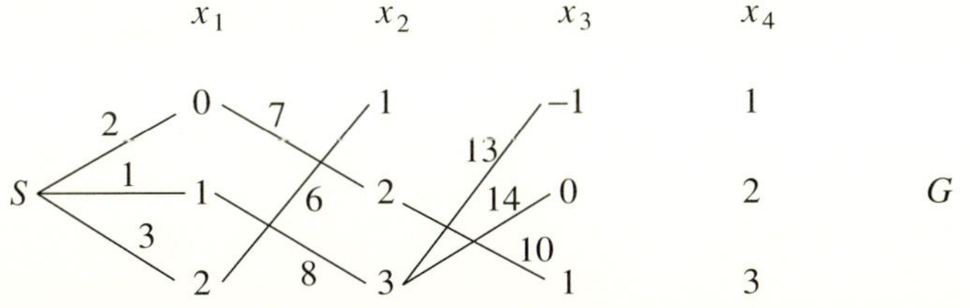

(8.25)

6. さらに同様に，x_4 の各節点からそれぞれ x_3 の**すべての節点**への枝を考え，S からの枝の値と $h_3(x_3, x_4)$ の値の和が最大となる枝を探して，その和を書き込む．その結果，次のようになる．

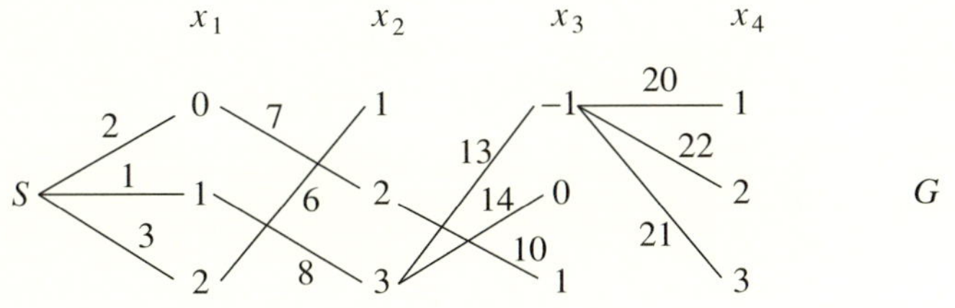

(8.26)

7. 最後に，最も値の大きい節点 $x_4 = 2$ をゴール G と結び，その値を書き込む．これが最適な経路である．最適な x_1, x_2, x_3, x_4 の値はこの経路を逆にたどって決定される．

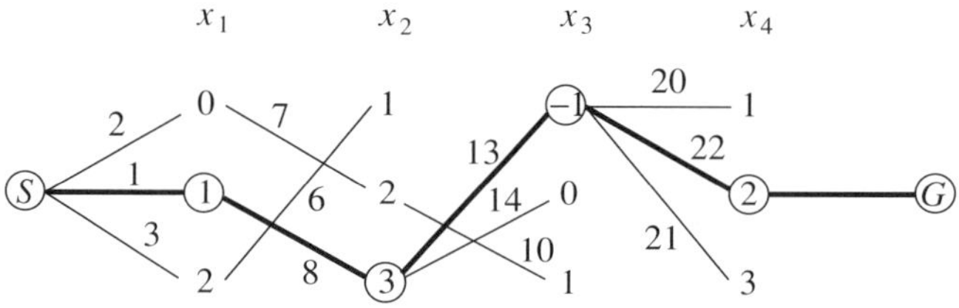

(8.27)

□

以上は前節の例題 8.1 の解の計算そのものであり，別の見方を与えたにすぎない．しかし，最適経路の探索とみなせるということは動的計画法の本質的な性格を表している．上の例からわかるように，最終的には捨てられたどの経路をとっても，その途中の節点において**スタートからその節点までの最適経路**である．例えば (8.24) のグラフでは $x_2 = 1, 2, 3$ がそれぞれゴールであるときの S からの最適な経路を示し，(8.25) のグラフでは $x_3 = -1, 0, 1$ がそれぞれゴールであるときの S からの最適な経路を示し，(8.26) のグラフでは $x_4 = 1, 2, 3$ がそれぞれゴールであるときの S からの最適な経路を示している．**このどの部分解も部分問題の最適解になってる**という事実を**最適性原理**という．動的計画法はこの最適性原理が成り立つ問題に対する解法である．

☞ 本節に示した問題では変数間に**全順序**が与えられる（すべての変数が大小関係によって一列に並べられる）．しかし，**半順序**（部分的な大小関係）のみが与えられる問題に対しても，最適性原理が成り立てば動的計画法が適用できる．具体的には，より小さい部分問題から出発して，各部分問題の解の候補をその内部に含まれている部分問題の解の候補から計算し，これを記録しては次々と広げていけばよい．

☞ 8.1 節で述べた**グリーディ法**は山登り法（↪ 第 3 章 3.1 節）と同じように，出発点から順に進んで，常に各点で評価が最も大きく増大する方向を選択するものである．この例の場合は $x_1 = 2$, $x_2 = 1$, $x_3 = 0$, $x_4 = 3$, $J = 19$ が得られ，最適解になっていない．

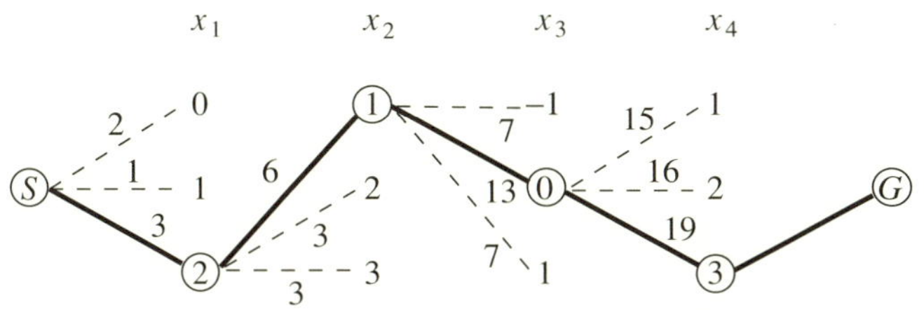

(8.28)

☞ ここでは式 (8.2) に合わせて経路の評価を最大にする問題を考えたが，よく生じる応用は節点間の評価をその 2 点間を移動する**距離**（またはコスト）とみなすものである．このときはスタートからゴールまでの**最短**の（またはコスト最小の）経路を求める問題となり，**最短経路問題**と呼ばれる．これまでの計算からもわかるように，動的計画法は目的関数を最大にする場合も最小にする場合も手順は同じである．

8.4 ストリングマッチング *

パタン認識，音声認識，画像認識などの人工知能の多くの問題で重要なのがデータ文字列をデータベース中の文字列にマッチングさせる問題である．次の例を考えよう．

【例 題 8.3】 文字列 *ababacd* が入力されたとき

1. 文字が別の文字に置換される．
2. 文字が脱落する．
3. 文字が挿入される

の 3 種類の変化が組合さって文字列 *acaabd* が出力されるとする．どのような変化が生じてこの文字列が生成されたか．

どのような変化が起きたかは，入力文字列の各文字を出力文字列の各文字に対応させる**マッチング**によって記述できる．ただし

- 対応の順序関係が逆転することはない．すなわち，ある入力文字 x がある出力文字 y に対応するとき，x より後の文字は y またはそれ以降の文字にしか対応しない．
- 二つの入力文字が出力文字に対応してもよい．

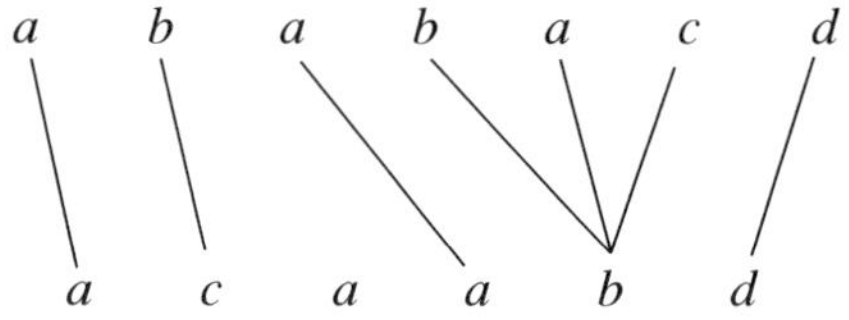

図 8.1　マッチングの例.

- 対応のない出力文字があってもよい.

例えば，図 8.1 のマッチングは初めの a がそのままで，次の b が c に置換され，次に a が挿入され，次の a, b がそのままで，次の a と c が脱落し，次の d がそのままで，出力記号列が生成されたという解釈を表している．このように，二つの文字列が与えられたとき，1, 2, 3 がどのように生じたかをマッチングによって表す問題を**ストリングマッチング**という．

これを一般化して，入力文字列 $a_1 \cdots a_n$ を出力文字列 $b_1 \cdots b_m$ に対応させるマッチングを考える．入力文字 a_i を出力文字 x_i に対応させるとする．x_i は $b_1, \ldots, b_m$ のどれかであるが，重複していたり，対応する b_i が存在しなくてもよい．

$$\begin{array}{llll} a_1 & a_2 & \cdots & a_n \\ \downarrow & \downarrow & & \downarrow \\ x_1 & x_2 & \cdots & x_n \end{array} \Longrightarrow \; b_1 \;\; b_2 \;\; \cdots \;\; b_m$$

図 8.2　入力文字と出力文字の対応.

例題 8.3 の 3 項目は次の場合に対応する．

1. x_i が a_i とは異なる文字なら，文字 a_i が別の文字 x_i に置換された．
2. x_i と x_{i-1} が同じ文字であれば，文字 a_i が脱落した．
3. x_i が出力文字 b_j であり，x_{i+1} が b_{j+2} であれば，出力文字 b_{j+1} が挿入され，x_{i+1} が出力文字 b_{j+3} であれば，出力文字 b_{j+1}, b_{j+2} が挿入され，…，x_{i+1} が出力文字 b_{j+k} であれば，出力文字 $b_{j+1}, b_{j+2}, b_{j+3}, \ldots, b_{j+k-1}$ が挿入された．

問題は $x_1, \ldots, x_n$ を適切に定めることである．これを解く代表的な方法は，文字の置換や脱落や挿入が生じる確率を定め，出力文字列に対する入力文字列の確からしさの**評価関数**を導入して，最適化問題に帰着させることである．

【例 題 8.4】 例題 8.3 に評価関数を導入して，ストリングマッチングを最適化問題に帰着させる例を示せ．

（解）例えば，次のような評価関数が考えられる．

- ある文字が別の文字に置換される確率はどの文字に置換されるかによらず 0.2 であり，置換されない確率は 0.8 であるとする．
- ある文字の次の文字が脱落する確率を 0.1 とする．
- ある文字の次に文字が 1 個挿入される確率は 0.1，2 個続けて挿入される確率は 0.01 であり，3 個以上続けて挿入されることはないとする．
- ある文字の次に挿入も脱落も生じない確率は 0.79 であるとする．

これらを式で表すために，入力文字列と出力文字列の冒頭に開始文字 S を付加し，$a_0 = S$, $b_0 = S$ とする．そして，$a_1 \to x_1$, $a_2 \to x_2$, …, $a_n \to x_n$ となった結果，$b_0, b_1, \ldots, b_m$ が得られたとする（図 8.2）．これに対して次の関数を定義する．

$$p_i(x_i) = \begin{cases} 0.8 & x_i \neq x_{i-1} \text{ かつ } x_i \text{ が } a_i \text{ と同じ文字であるとき} \\ 0.2 & x_i \neq x_{i-1} \text{ かつ } x_i \text{ が } a_i \text{ と異なる文字であるとき} \\ 0 & x_i = x_{i-1} \text{ のとき} \end{cases} \tag{8.29}$$

$$q(x_i, x_{i+1}) = \begin{cases} 0.1 & \text{ある } j \text{ に対して } x_i = b_j,\ x_{i+1} = b_j \text{ のとき} \\ 0.79 & \text{ある } j \text{ に対して } x_i = b_j,\ x_{i+1} = b_{j+1} \text{ のとき} \\ 0.1 & \text{ある } j \text{ に対して } x_i = b_j,\ x_{i+1} = b_{j+2} \text{ のとき} \\ 0.01 & \text{ある } j \text{ に対して } x_i = b_j,\ x_{i+1} = b_{j+3} \text{ のとき} \\ 0 & \text{それ以外} \end{cases} \tag{8.30}$$

このとき，問題は次の関数 J の最大化問題となる．

$$\begin{aligned} J = p_1(x_1) + p_2(x_2) + q(x_1, x_2) + p_3(x_3) + q(x_2, x_3) \\ + \cdots + p_n(x_n) + q(x_{n-1}, x_n) \to \max \end{aligned} \tag{8.31}$$

□

【例 題 8.5】 式 (8.29), (8.30) の評価関数のもとでは図 8.1 のマッチングの評価量 J はいくらになるか．

（解）開始文字 S を付加すると，図 8.1 のマッチングは次のように解釈される．

$$(S,a,b,a,b,a,c,d) \to (S,x_1,x_2,x_3,x_4,x_5,x_6,x_7) = (S,a,c,a,b,b,b,d) \quad (8.32)$$

- 開始文字 S は S に対応し，次の a が $x_1 = a$ に対応する．これは同一文字なので $p_1(x_1) = 0.8$ である．次の b が $x_2 = c$ に対応する．これは異なる文字（置換）なので $p_2(x_2) = 0.2$ である．直前の対応 $x_1 = a$ と次の対応 $x_2 = c$ が出力文字列で連続しているので $q(x_1, x_2) = 0.79$ である．
- 次の a が $x_3 = a$ に対応する．これは同一文字なので $p_3(x_3) = 0.8$ である．直前の対応 $x_2 = c$ と次の対応 $x_3 = a$ が出力文字列中では一つ跳んでいる（挿入）ので $q(x_2, x_3) = 0.1$ である．
- 次の b が $x_4 = b$ に対応する．これは同一文字なので $p_4(x_4) = 0.8$ である．直前の対応 $x_3 = a$ と次の対応 $x_4 = b$ が出力文字列中では連続しているので $q(x_3, x_4) = 0.79$ である．
- 次の a が対応する x_5 は一つ前の対応 x_4 に一致しているので $p_5(x_5) = 0$ である．すなわち，直前の対応 $x_4 = b$ と次の対応 $x_5 = b$ が出力文字列中の同一位置にある（脱落）．ゆえに $q(x_4, x_5) = 0.1$ である．
- 次の c が対応する x_6 も一つ前の対応 x_4 に一致しているので $p_6(x_6) = 0$ である．すなわち，直前の対応 $x_5 = b$ と次の対応 $x_6 = b$ が出力文字列中の同じ位置にある（脱落）．ゆえに $q(x_5, x_6) = q(b, b) = 0.1$ である．
- 次の d が $x_7 = d$ に対応する．これは同一文字なので $p_7(x_7) = 0.8$ である．直前の対応 $x_6 = b$ と次の対応 $x_7 = d$ が出力文字列中では連続しているので $q(x_6, x_7) = 0.79$ である．

以上より，式 (8.31) の評価は次のようになる．

$$J = 0.8 + 0.2 + 0.79 + 0.8 + 0.01 + 0.8 + 0.79$$
$$+ 0 + 0.1 + 0 + 0.1 + 0.8 + 0.79 = 6.07 \quad (8.33)$$

□

式 (8.31) において

$$f_1(x_1) = p_1(x_1) \tag{8.34}$$

$$h_i(x_i, x_{i+1}) = p_{i+1}(x_{i+1}) + q(x_i, x_{i+1}), \quad i = 1, \ldots, n-1 \tag{8.35}$$

とおけば，式 (8.31) は次のように書ける

$$J = f_1(x_1) + h_1(x_1, x_2) + h_2(x_2, x_3) + \cdots + h_{n-1}(x_{n-1}, x_n) \to \max \tag{8.36}$$

この解は動的計画法によって計算できる．

ストリングマッチングが動的計画法に帰着するということは，これが最適経路問題としても表せることを意味している．これを見るには，入力文字列を横軸に，出力文字列を縦軸にとって，対応する文字を結ぶグラフを考えればよい．例えば，図 8.1 の例は図 8.3(a) のようになる．このとき，関数 $p_i(x_i)$ は**対応する文字が類似しているほど大きい**評価を与える役割をし，関数 $q(x_i, x_{i+1})$ は**経路の傾きが 1 に近いほど大きい**評価を与える役割をしている．例えば，式 (8.30) を図示すると図 8.3(b) のようになる．

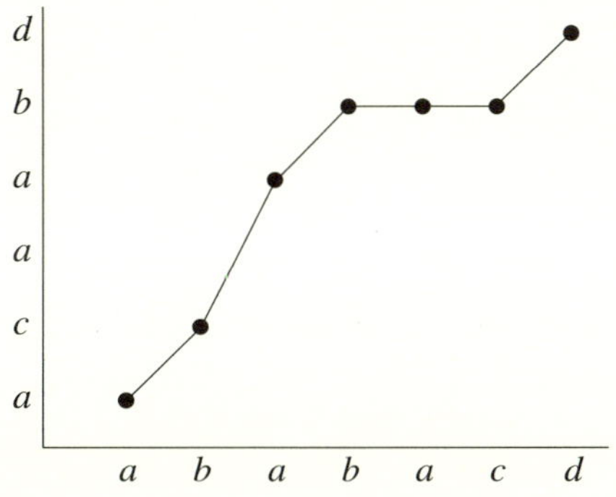

(a)

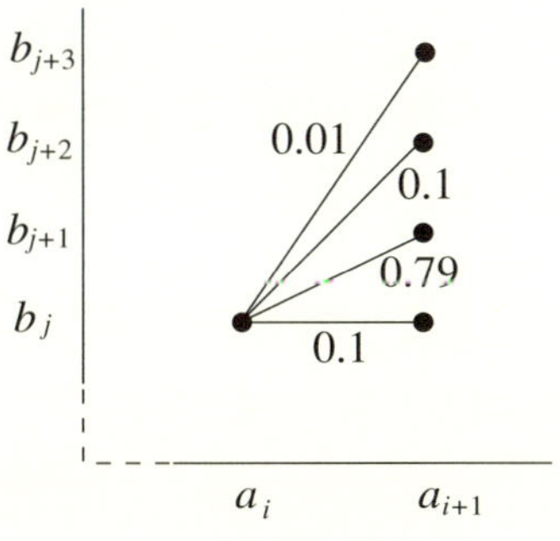

(b)

図 8.3 (a) ストリングマッチングのグラフによる表現. (b) 経路の評価.

☞ ストリングマッチングの動的計画法による解法は，パタン認識，音声認識，画像認識などの人工知能の問題のみならず，最近では医学，生物学，遺伝学に関連して遺伝子 (DNA) の解析にも用いられている．

☞ 例 8.3 では文字列の変化が置換，脱落，挿入の組合せで生じると仮定し，図 8.1 のような図式で表したが，厳密にはこの解釈にはあいまいさがある．例えば文字 a が文字

b に置換されるのと，文字 a が脱落して文字 b が挿入されるのとが区別されない．また，図 8.1 のような図式では冒頭の入力文字が脱落する場合が表せない．これらを厳密に考察する理論や方法もあるが，ここでは省略している．実際の応用では，特定の組合せは生じないと仮定したり，複数の可能性はすべて代表的な場合と同一視したりして問題を簡略化することが多い．

☞ 例 8.4 では「確率」という言葉を用いたが，これは必ずしも統計的な確率という意味ではなく，経験的に与える数値にすぎない．したがって，ここに示した方法は出力文字列が得られる確率（尤度）が最大になるような入力文字列を求める最尤推定（↪ 第 5 章 5.1 節）ではない．実際，確率は式 (8.31) のような和ではなく，積である．また値も 1 以下でなければならない．もちろん積は対数をとれば和に直せるが（これについては次節で述べる），このような文字列の問題では，厳密な確率を導入して統計的推定問題の形に直すことが困難である．そのため，適当な評価関数を経験的に定義するのが普通である．

☞ 式 (8.29) の $p_i(x_i)$ はその定義中に x_{i-1} が現われているので，厳密には x_{i-1} の関数でもある．しかし，式 (8.35) のように関数 $h_i(x_i, x_{i+1})$ を定義すれば，これは x_i, x_{i+1} のみから計算できる．$p_1(x_i)$ は x_0 が定数 S だから問題ない．

☞ この例からわかるように，関数 $f_i(x_1)$, $h_i(x_i, x_{i+1})$, $i = 1, \ldots, n-1$ が実数（あるいは整数）をとる関数である限り，各 x_i は**数値である必要はなく**，単なる記号でもよい．動的計画法の解法はまったく同じである．

8.5　制約のある多段階決定問題

実際の場で現れる多段階決定問題では，目的関数を最大にする際に，変数間に制約条件があることがある．そのような問題には動的計画法が適用できないように思えるが，多くの場合に適当な変形によって制約条件が除去され，問題が式 (8.2) の形に帰着する．以下では，このような工夫によって，一見動的計画法が適用できないように見える問題でも動的計画法が適用できる代表的な例を示す．

【例 題 8.6】　M 円の資金の n 期に渡る支出計画を決定したい．第 i 期に x_i 円支出して得られる利益が $g_i(x_i)$ 円であるとすると，総利益を最大にするにはどのように支出したらよいか．

(解) 問題は次のように書ける．

$$J = g_1(x_1) + g_2(x_2) + \cdots + g_n(x_n) \to \max \tag{8.37}$$

$$x_1 + x_2 + \cdots + x_n = M \tag{8.38}$$

$$x_1 \geq 0, \quad x_2 \geq 0, \quad \ldots, \quad x_n \geq 0 \tag{8.39}$$

制約条件を取り除くために，新しい変数 $y_1, \ldots, y_n$ を次の**部分和**によって定義する．

$$\begin{aligned} y_1 &= x_1 \\ y_2 &= x_1 + x_2 \\ y_3 &= x_1 + x_2 + x_3 \\ \vdots & \quad \cdots\cdots\cdots\cdots \\ y_n &= x_1 + x_2 + \cdots + x_n \end{aligned} \tag{8.40}$$

もとの変数 $x_1, \ldots, x_n$ は次のように，部分和の差によって表せる．

$$\begin{aligned} x_1 &= y_1 \\ x_2 &= y_2 - y_1 \\ x_3 &= y_3 - y_2 \\ \vdots & \quad \cdots\cdots \\ x_n &= y_n - y_{n-1} \end{aligned} \tag{8.41}$$

これを代入すると，式 (8.37)～(8.39) は次のように書ける．

$$J = g_1(y_1) + g_2(y_2 - y_1) + \cdots + g_n(y_n - y_{n-1}) \to \max \tag{8.42}$$

$$y_1 \geq 0, \quad y_2 \geq y_1, \quad y_3 \geq y_2, \quad \ldots, \quad y_n \geq y_{n-1}, \quad y_n = M \tag{8.43}$$

式 (8.43) の不等式制約は，関数 $f_1(y_1)$, $h_i(y_i, y_{i+1})$ を次のように定義すれば除去できる．

$$f_1(y_1) = \begin{cases} g_1(y_1) & y_1 \geq 0 \text{ のとき} \\ \perp & \text{それ以外} \end{cases} \tag{8.44}$$

$$h_i(y_i, y_{i+1}) = \begin{cases} g_{i+1}(y_{i+1} - y_i) & y_{i+1} \geq y_i \text{ のとき} \\ \perp & \text{それ以外} \end{cases}, \quad i = 1, \ldots, n-2 \tag{8.45}$$

$$h_{n-1}(y_{n-1},y_n)=\begin{cases} g_n(M-y_{n-1}) & y_n=M \text{ のとき} \\ \perp & \text{それ以外} \end{cases} \tag{8.46}$$

これらを用いると，問題は制約のない最大化

$$J=f_1(y_1)+h_1(y_1,y_2)+h_2(y_2,y_3)+\cdots+h_{n-1}(y_{n-1},y_n)\to\max \tag{8.47}$$

となる．$f_i(y_i)$ や $h_i(y_i,y_{i+1})$ が定義されない（$\perp$ をとる）$y_1, \ldots, y_n$ の値に対してはJ の値が定義されないから，その大小も比較されない．それ以外は動的計画法の手順がそのまま適用できる．最適解 $y_1^*, \ldots, y_n^*$ が求まれば，もとの変数の最適解 $x_1^*, \ldots, x_n^*$ は式 (8.41) から定まる．□

このような変形の応用範囲は広い．例えば目的関数が積の次の問題を考える．

【例 題 8.7】 次の制約のある最大化問題の解を求めよ．

$$J=g_1(x_1)g_2(x_2)\cdots g_n(x_n)\to\max \tag{8.48}$$

$$x_1+x_2+\cdots+x_n=M \tag{8.49}$$

$$x_1\geq 0,\quad x_2\geq 0,\quad \ldots,\quad x_n\geq 0 \tag{8.50}$$

ただし各 $g_i(x_i)$ は正の値をとる関数である．

（解） 式 (8.48) の対数をとると

$$\log J=\log g_1(x_1)+\log g_2(x_2)+\cdots+\log g_n(x_n)\to\max \tag{8.51}$$

となる．$\log J$ および各 $\log g_i(x_i)$ を改めて J および各 $g_i(x_i)$ とみなせば，これは式 (8.47) の形になる．□

逆に制約条件のほうが積の形の次の例を考える．

【例 題 8.8】 次の制約のある最大化問題の解を求めよ．

$$J=g_1(x_1)+g_2(x_2)+\cdots+g_n(x_n)\to\max \tag{8.52}$$

$$x_1x_2\cdots x_n=M \tag{8.53}$$

$$x_1\geq 1,\quad x_2\geq 1,\quad \ldots,\quad x_n\geq 1 \tag{8.54}$$

（解 1） 式 (8.53) の対数をとると

$$\log x_1 + \log x_2 + \cdots + \log x_n = \log M \tag{8.55}$$

$$\log x_1 \geq 0, \qquad \log x_2 \geq 0, \qquad \ldots, \qquad \log x_n \geq 0 \tag{8.56}$$

となる．新しい変数 $x'_i = \log x_i$ を定義すれば，問題は例題 8.7 に帰着する．このとき，各 $g_i(x_i)$ は $g_i(e^{x'_i})$ となる． □

（解 2） 新しい変数 $y_1, \ldots, y_n$ を**部分積**によって次のように置く．

$$\begin{aligned} y_1 &= x_1 \\ y_2 &= x_1 x_2 \\ y_3 &= x_1 x_2 x_3 \\ \vdots \quad & \quad \cdots\cdots \\ y_n &= x_1 x_2 \cdots x_n \end{aligned} \tag{8.57}$$

もとの変数 $x_1, \ldots, x_n$ は部分積の商によって次のように表せる．

$$\begin{aligned} x_1 &= y_1 \\ x_2 &= y_2/y_1 \\ x_3 &= y_3/y_2 \\ \vdots \quad & \quad \cdots\cdots \\ x_n &= y_n/y_{n-1} \end{aligned} \tag{8.58}$$

これを代入すると，式 (8.52) は次のように書ける．

$$J = g_1(y_1) + g_2\left(\frac{y_2}{y_1}\right) + \cdots + g_n\left(\frac{y_n}{y_{n-1}}\right) \to \max \tag{8.59}$$

$$y_1 \geq 1, \quad y_2 \geq y_1, \quad y_3 \geq y_2, \quad \ldots, \quad y_n \geq y_{n-1}, \quad y_n = M \tag{8.60}$$

式 (8.60) の不等式制約は，関数 $f_1(y_1)$, $h_i(y_i, y_{i+1})$ を次のように定義すれば除去できる．

$$f_1(y_1) = \begin{cases} g_1(y_1) & y_1 \geq 1 \text{ のとき} \\ \perp & \text{それ以外} \end{cases} \tag{8.61}$$

$$h_i(y_i, y_{i+1}) = \begin{cases} g_{i+1}(y_{i+1}/y_i) & y_{i+1} \geq y_i \text{ のとき} \\ \perp & \text{それ以外} \end{cases}, \quad i = 1, \ldots, n-2 \tag{8.62}$$

$$h_{n-1}(y_{n-1}, y_n) = \begin{cases} g_n(M/y_{n-1}) & y_n = M \text{ のとき} \\ \perp & \text{それ以外} \end{cases} \tag{8.63}$$

これらを用いると，問題は制約のない最大化

$$J = f_1(y_1) + h_1(y_1, y_2) + h_2(y_2, y_3) + \cdots + h_{n-1}(y_{n-1}, y_n) \to \max \tag{8.64}$$

となり，動的計画法が適用できる．最適解 y_1^*, ..., y_n^* が求まれば，もとの変数の最適解 x_1^*, ..., x_n^* は式 (8.58) から定まる．　□

- ☞ ここに示した例のように，変数に制約があって複雑に見える問題でも，それを**部分問題の積み重ね**とみなし，変数を**部分問題を記述する変数**（部分和や部分積など）に変換すると，式 (8.2) のような 2 変数ごとの関数の和の基本形に直せることが多い．
- ☞ 関数が定義されないことを“値” $\perp$ をとるとみなすことによって制約条件を除去することは多くの探索問題に応用が可能である．コンピュータプログラムで実行するときは，制約を満たさない変数の値に対しては何もせず，単に次の変数の値の探索に進めばよい．
- ☞ ここに示したすべての例では，変数は適当に離散化されていると仮定している．例えば金額の場合は 1 円を単位とすれば整数値しかとらない．そのままでは探索範囲が広すぎる場合は，問題に応じた適当な単位（例えば 1,000 円きざみ）で離散化して探索する．

解説と参考文献

各章のねらいや著者の意図，および本書の記述法の特徴をまとめ，関連する文献を挙げる．本書のレベルに近い類似の内容の教科書は非常に多く，すべてをとり上げることができないので，ここでは原典や特に詳しい説明のあるもの，本書と密接な関係のあるもののみに留める．

第1章

本書は解析学と線形代数の知識を仮定しているが，忘れている読者も多いと思われる．そこで，この章で本書の以降の内容に関係ある解析学と線形代数の重要事項が復習できるようにした．曲線や曲面の表現とそれに関連する内容は拙著 [1] を踏襲した．2 次形式の標準形に関しては拙著 [2] によりくわしい説明がある．

[1] 金谷健一，『形状 CAD と図形の数学』，共立出版，1998.
[2] 金谷健一，『これなら分かる応用数学教室――最小二乗法からウェーブレットまで――』，共立出版，2003.

第2章

この章では関数の最大化，最小化に関する最も重要な数学的事項をまとめた．これに関しては多くの教科書では「ϵ-δ 論法」，「陰関数定理」，テイラー展開の「剰余項」の評価など，抽象的な記述や代数的な演算操作による証明が多い．もちろんそれが正式であり，これらに関しては文献 [3] が古典的な名著である．しかし，ここでは初学者の理解を助けるために，抽象的な記述や代数的操作による証明を可能な限り避け，もっぱら幾何学的な解釈を用いて説明した．これは拙著 [4] にならったものである．特に，ラグランジュの未定乗数法を幾何学的な立場から説明している点が他書にない工夫である．一見ワンパタンとも思える例題を数多く挿入しているが，これはその重要性を強調して，その理解を深めるためである．

[3] 高木貞治，『解析概論』，改訂第三版，岩波書店，1983.
[4] 金谷健一，『空間データの数理——3 次元コンピューティングに向けて——』，朝倉書店，1995.

第 3 章

この章に示したのは最も基本的な最適化手法である．これは多くの教科書にとり上げられているが，ここでは幾何学的な意味と数値解析的な側面を重視した．例えば，共役勾配法はより抽象的な記述がなされることが多いが，ここでは本書独自の説明を与えている．

非線形最適化をとり上げる多くの教科書では，反復によってヘッセ行列を推定する「疑似ニュートン法」を中心にしている．しかし，計算の技巧に埋没する傾向があるので，本書では省略した．実際問題を解くユーザーにとってはそのような手法の複雑なコンピュータプログラムを書くより既成のプログラムライブラリを用いるほうが簡単かつ安全である．プログラム集として出版されている代表的なものに文献 [5], [6] である．3.1.2 項で述べた自動微分法については文献 [7] に解説されている．

[5] W. H. Press, B. P. Flannery, S. A. Teukolsky, and W. T. Vetterling, *Numerical Recipes in C*, Cambridge University Press, Cambridge, U.K., 1988: 丹慶勝市，奥村晴彦，佐藤俊郎，小林誠（訳），『ニューメリカルレシピ・イン・シー：C 言語による数値計算のレシピ』，技術評論社，1994.
[6] 奥村晴彦，『C 言語による最新アルゴリズム辞典』，技術評論社，1991.
[7] 久保田光一，伊理正夫，『アルゴリズムの自動微分と応用』，コロナ社，1998.

第 4 章

本書で最小二乗法の計算例を冗長と思えるほど繰り返したのは，これを通して線形計算に習熟させるためである．そして，一般逆行列や特異値分解を最小二乗法の解法と位置づけて説明した．この部分は拙著 [2] の記述を発展させたものである．拙著 [2] には特異値分解に関するさらに詳しい説明がある．

工夫したのは，添え字による計算式とベクトルや行列を用いる式の対応である．ベクトルの成分や行列の要素による直接的な式は原理を理解するのには適しているが非常に煩雑になる．それに対して，ベクトルや行列を用いると式が非常に簡潔になって見やすいが，抽象的な思考が必要であり，初学者はこのような抽象的な式への移行が困難である．これを妨げている大きな要因は多変数の微分記号 ∇（ナブラ），第 1 章に示した 1 次形式と 2 次形式の微分の公式，および転置を含む内積の計算であろう．ここでは重複をいとわず，添え字による式とベクトルや行列の式を対応させて，前者から後者への移行を助けるように努めた．

レーベンバーグ・マーカート法は Marquardt [8] がそれ以前に Levenberg によって示されていた方法を発展させたものである．プログラム例が文献 [5] にも掲載されている．レーベンバーグ・マーカート法にはいくつかのバリエーションがあり，ここではその一つをやや独自の観点から説明したものである．

[8] D. W. Marquardt, "An algorithm for least-squares estimation of nonlinear parameters," *Journal of the Society for Industrial and Applied Mathematics*, Vol. 11, No. 2 (1963), pp. 431–441.

第 5 章

本章は比較的短いが，本書で最も難解な個所かも知れない．まず，確率分布の（母）平均（期待値），（母）分散と観測データの（サンプル）平均（期待値），（サンプル）分散の違いを強調した．これは著者の経験では，両者の混乱が初学者の確率・統計学の理解を妨げる最大の要因と思われるからである．また，「確率密度」と「確率」の区別も混乱を招きやすい．連続な確率分布では，確率変数が特定の値をとる確率は常に 0 であり，確率は区間に対して積分で定義されることを強調した．そして，そのことと合わせて「確率」と「尤度」の違いを説明した．

また，初学者にとって，サンプル平均やサンプル分散が母平均や母分散とは異なり，単なるデータの計算のように思えるのに，次のステップとして，サンプル平均の平均（期待値）や分散，あるいはサンプル分散の平均（期待値）や分散を考えなければならない．これが統計学の学習をさらに困難にしている．特に「不偏分散」の分母の $N-1$ の意味を理解するには高度な思考力が必要になる．

このように，統計学は高度に抽象的な学問体系である．しかし，市販の入門書のほとんどは多くの実例を用いて，統計学はわかりやすく，現実の世界を扱う実践的な学問であるというイメージを強調し，抽象的な部分を隠そうとする傾向がある．このため，それらの教科書の著者の努力とは反対に，統計学が初学者にとってますます理解困難になっている．そのような欺瞞は止めて，「統計学は難しい学問である」ということを正直に認めたほうがより親切なのではないかと思われる．

初学者が特に理解しにくいのは，(量子力学のような物理現象を除けば)「確率分布」というものは物理的には実在せず，測定もできない，できるのはそれを「推定」することのみであるという点である．しかも，その推定するべき量（真値）も実在するというより，そのような値が存在するという主観（「仮説」あるいは「モデル」）に基いている．このような思考法は，統計学者にとってはあまりにも自明で，意識されないかもしれないが，初学者には非常に困難である．しかし，これを習得しない限り，具体的応用に進むことができない．

5.2 節の直線当てはめについては拙著 [2], [4] にも関連する解説がある．EM アルゴリズムは 5.4 節の終りに述べたように，不完全データからの最尤推定の反復解法である．この問題は古くから多くの人によって研究されていたが，最終的に Dempster ら [9] によって「E ステップ」と「M ステップ」の反復という形にまとめられた．そして，混合分布モデルの教師なし学習も数学的に同じ形であることがわかり，今日では「EM アルゴリズム」という言葉が 5.3 節に述べた「混合分布モデルの教師なし学習」とほとんど同じ意味に用いられている．しかし，混合分布モデルの教師なし学習はそれ自体として EM アルゴリズムとは独立に研究されてきたものである．その立場からの非常に興味深い解説が文献 [10] にある．

多くの書物では EM アルゴリズムは Dempster ら [9] にならって，まず欠損データのある最尤推定から説明を始め，これが E ステップと M ステップを反復するものであるという抽象的な記述を行った後に，その特殊な例として混合分布モデルの教師なし学習を述べている．しかし，この順序は初学者を混乱させやすい．なぜなら，混合分布モデルの教師なし学習自体は非常に明快な操作である一方，そのどれが E ステップでどれが M ステップかが一見わかりにくいためである．そこで本書では混合分布モデルの教師なし学習をそれ自体として説明し，それを一般化したものが不完全データの最尤推定であるという，通常の書物とは逆の順序で説明している．これは本書独自の特徴であり，このほうが初学者には親切であると思われる．

[9] A. P. Dempster, N. M. Laird, and D. B. Rubin, “Maximum likelihood from

incomplete data via the EM algorithm," *Journal of the Royal Statistical Society*, Ser. B, Vol. 39 (1977), pp. 1–38.
[10] M. I. Schlesinger and V. Hlaváč, *Ten Lectures on Statistical and Structural Pattern Recognition*, Kluwer, Dordecht, The Netherlands, 2002.

なお，誤差の確率分布を仮定する統計的最適化では，未知パラメータを最適に推定する問題とともに，その推定の信頼性を評価する問題も重要なテーマである．しかし，本書は最適化をテーマとしているので，信頼性評価については触れなかった．

第 6 章

現在，線形計画法の教科書や解説書が数多く市販されているが，ほとんどは「タブロー」による表計算を中心に説明している．これは線形計画法を手計算で解いていた時代のなごりと思われる．このため，解を計算する機械的な操作はすぐに会得できても，背後にある数学的な意味がつかみにくい．一方，行列演算による高度に代数的な説明を行う書物もあり，理論的な証明には向いているが，実際の計算過程がわかりにくい．そこで本書ではタブロー計算や行列計算を排除して，実際に解が求まる計算過程の各ステップを具体的な意味と背後にある幾何学的意味に対応させながら説明した．これは一見説明がくどくどしく，理論家が好むようなスマートさがないが，初学者にとっては一番わかりやすいと思われる．

これまで線形計画法は，その発生の由来から経営学やオペレーションズリサーチ (OR) の中心的な科目とみなされ，ほとんどの教科書がその立場から書かれてきた．しかし，今日では経営学や OR を離れて，工学の多くの分野で不等式制約をもつ問題の最適化解法として非常に広範囲に応用されている．そこで本書では経営学や OR の観点に偏ることのないように考慮した．ただし，例題としてはわかりやすさから経営学や OR に関係するもの（製品の製造販売による利益の最大化など）を用いている．

線形計画法に関しては創始者の Danzig 自身が書いた本 [11] が原典ともいえる．日本語では文献 [12] が詳しい解説であり，6.5 節のシンプレックス法を行列の「枢軸変換」と呼ぶ特殊な変換の反復とみなして，やや高度な数学的説明が与えている．またシンプレックス法以外の方法として 6.5.2 項に述べた Khachiyan [13] の楕円体法や Karmarker [14] の内点法も詳しく解説されている．さらに 6.6 節で取り上げた退化を回避する方法として，Bland [15] の方法や辞書式順序による方法も詳しく説明されている．

[11] G. B. Danzig, *Linear Programming and Extensions*, Princeton University Press, Princeton, NJ, U.S.A., 1963.

[12] 伊理正夫,『線形計画法』, 共立出版，1986.

[13] L. G. Khachiyan, "A polynomial algorithm in linear programming," *Journal of Computational Mathematics and Mathematical Physics* Vol. 20 (1979), pp. 51–68 (in Russian).

[14] N. Karmarkar, "A new polynomial-time algorithm for linear programming," *Combinatorica*, Vol. 4, No. 4 (1984), pp. 373–395.

[15] R. G. Bland, *New Finite Pivoting Rules for the Simplex Method*, Ph.D. Thesis, Center for Operations Research and Economics, Catholic University of Louvain, 1976.

第 7 章

非線形計画法に関する書物も非常に多いが，多くは研究者用の数学的な専門書である．非線形計画法は線形計画法と異なり，背後にある数学的な意味をつかむのが難しく，また解法には計算を効率化するさまざまな工夫や技巧が凝らされている．このため，非線形計画法を応用しようとするユーザーにとっては理解が困難であり，また特に理解することが必要とされない．専門研究者以外は単に専門家が作ったプログラムパッケージを入手して使うのが実際的であり，現在では Web を通してパッケージが公開されている．このような背景を考慮して，本書では最低限の知識と用語の解説のみに留めた．

非線形計画法は線形計画法と同様に，過去には経営学や OR の立場から解説されることが多かったが，近年は経営学や OR を離れて多くの工学問題に応用されるようになった．その理由はコンピュータの進歩であり，以前には困難と思われた非常に多変数の複雑な非線形最適化問題が実際的な時間内に解けるようになった．特に，過去に机上の空論と思われた統計的最適化（特にベイズ推定）や教師つき学習やニューラルネットワークが実際問題に適用されるようになり，非線形最適化に対する関心が高まってきた．ただし，前述のようにユーザーにとっては必ずしも計算法の詳細を知る必要はなく，かつ困難である．そこで，本書では教師つき学習として最もよく利用されているサポートベクトルマシンのユーザーに対して，その背後にある 2 次計画法の原理の理解を助けることを目的の一つとした．

7.2 節の「キューン・タッカーの定理」は H. W. Kuhn と A. W. Tucker が文献 [16] で示したものである．しかし，その相補性の条件式はそれ以前に W. Karush [17] が指摘していたので,「カルーシュ・キューン・タッカー条件（KKT 条件)」と呼ばれるようになった．7.3 節の終わりに指摘した 2 次計画の双対問題が応用されているサポートベクトルマシンは V. Vapnik とその同僚が導入したものであり，V. Vapnik が文献 [18] に解説している．

[16] H. Kuhn and A. Tucker, "Nonlinear programming," *Proceedings of the Second Berkeley Symposium on Mathematical Statistics and Probabilities*, Berkeley, California, U.S.A., pp. 481–492.

[17] W. Karush, *Minima of Functions of Several Variables with Inequalities as Side Constraints*, Master's Thesis, Department of Mathematics, University of Chicago, 1939.

[18] V. Vapnik, *Statistical Learning Theory*, Wiley, New York, NY, U.S.A., 1998.

第 8 章

動的計画法についてもいろいろな解説書が市販されているが，多くの教科書では「最適性の原理」という抽象論から説明が始まっている．そして「関数再帰方程式」の解の存在やその一意性がかなりの比重をもち，微分方程式との関係も論じられている．これは動的計画法の発生の歴史的な経過を反映したものと思われる．また，線形計画法や非線形計画法と同様に，動的計画法も過去には経営学や OR の問題と関連されることも多かった．しかし，今日では動的計画法は計算機によって最適化問題を解く一手段と位置づけられ，人工知能，画像・音声処理，遺伝子情報処理などの多くに分野で利用されている．

そこで本書では，動的計画法の発生以来つきまとっていた哲学的な思想を避け，そのアルゴリズム的な側面を中心に説明した．そして画像，音声，遺伝子解析などの基礎となるストリングマッチングへの応用の仕方を述べた．ただし，本書の説明は非常に単純化したプロトタイプにすぎない．また，説明の都合から経営，OR 的な例題も含めている．

本来の動的計画法は 8.1 節の式 (8.2) の形に限らず，一般に「全体の問題が部分問題の再帰関係で表される問題」を対象としている．そのため，本によっては例えば式 (8.37)~(8.39) を基本形の一つとみなし，その他の問題をこれに帰着させる説明法もある．しかし，本章では理解しやすいように，動的計画法の基本形を 8.1 節の式 (8.2) とし，いろいろな問題を式 (8.2) に形に帰着させるという説明法をとった．

動的計画法に関しては創始者の Bellman 自身が書いた本 [19], [20] が原典である．本書では式 (8.2) の標準問題に対して，中間結果を表にしながら数値的に探索する解法を説明し，これが最短経路問題の解法とも見なせるという説明を与えた．これに対して文献 [10] では，8.2 節に述べたような和と min/max を用いる半環によって動的計画法を行列演算とみなす定式化や，8.4 節に述べたストリングマッチングを動的計画法に帰着させることのより深い考察，およびそれに関する理論や応用が述べられている．

[19] R. Bellman, *Dynamic Programming*, Princeton University Press, Princeton, NJ, U.S.A., 1957.

[20] R. Bellman, *Applied Dynamic Programming*, Princeton University Press, Princeton, NJ, U.S.A., 1962.

索　引

【ア】

鞍点 (saddle point) 46, 47, 211
鞍点条件 (saddle point condition) 211
EM アルゴリズム (EM algorithm) 153, 156
E ステップ (E(xpectation) step) 153, 156, 157
イェンセンの不等式 (Jensen's inequality) 156
1 次近似 (first order approximation, linear approximation) 56, 57
1 次形式 (linear form) 16
1 次式 (linear equation) 17
1 次収束 (linear convergence) 93
1 次従属 (linearly dependent) ↪ 線形従属
1 次独立 (linearly independent) ↪ 線形独立
一様ノルム (uniform norm) ↪ l_∞ ノルム
一様連続 (uniformly continuous) 61
一般逆行列 (generalized inverse, pseudoinverse) 126
一般逆行列 (generalized inverse, pseudoinverse) 127
遺伝アルゴリズム (genetic algorithm) 85
上に凸 (concave) 206
n 次形式 (form of degree n) 17
M ステップ (M(aximization) step) 153, 156, 157
l_1 ノルム (l_1-norm) 109
l_2 ノルム (l_2-norm) 109
l_p ノルム (l_p-norm) 109
l_∞ ノルム (l_∞-norm) 109
LU 分解 (LU decomposition) 90
演算子 (operator) 4
黄金分割法 (golden section search) 82

【カ】

カーマーカー (N. Karmarkar) 178
階数 (rank) ↪ ランク
ガウス・ザイデル反復法 (Gauss-Seidel iterations) 90
ガウス・ジョルダンの掃き出し法 (Gauss-Jordan sweeping-out method) ↪ 掃き出し法
ガウス・ニュートン近似 (Gauss-Newton approximation) 132
ガウス・ニュートン法 (Gauss-Newton iterations) 132
ガウスの消去法 (Gaussian elimination) 90
学習 (learning) 150
確率変数 (random variable) 137
囲い込み (bracketing) 82
価値 (value) 203
可能解 (feasible solution) 162, 174, 181
可能領域 (feasible region) 162
カルーシュ (W. Karush) 209

カルーシュ・キューン・タッカーの条件 (Karush-Kuhn-Tucker condition) 208, 209
カルーシュ・キューン・タッカーの相補性条件 (Karush-Kuhn-Tucker complementary slackness condition) ↪ カルーシュ・キューン・タッカーの条件
環 (ring) 221
記号摂動法 (method of symbolic perturbation) 188
期待値 (expectation) 136
基底解 (basic solution) 170, 181
基底変数 (basic variable) 170, 174, 181
逆 2 次補間法 (inverse quadratic interpolation) 82
キューン (Harold W. Kuhn: 1925–2014) 209
キューン・タッカーの条件(Kuhn-Tucker condition) ↪ カルーシュ・キューン・タッカーの条件
キューン・タッカーの定理(Kuhn-Tucker theorem) 208
鏡映 (mirror image) 52
教師あり学習 (supervised learning) 150
教師なし学習 (unsupervised learning) 146, 150
共分散 (covariance) 144, 145
共分散行列 (covariance matrix) 144, 145
共役勾配 (conjugate gradient) 98
共役勾配法 (conjugate gradient method) 90, 97, 101
極小値 (local minimum) 60
局所解 (local solution) 85, 177
局所的最適性 (local optimality) 177
極大値 (local maximum) 60
極値 (extremum) 60
許容解 (feasible solution) ↪ 可能解
許容領域 (feasible region) ↪ 可能領域
均衡定理 (equilibrium theorem) ↪ 相補性定理
グラジエント (gradient) ↪ 勾配
クラス (class) 145
クラスタリング (clustering) 150
グラム・シュミットの直交化 (Gram-Schmidt orthogonalization) ↪ シュミットの直交化
グリーディ法 (greedy algorithm) 177, 217, 224
クロネッカのデルタ (Kronecker delta) 24
計算量の理論 (theory of computational complexity) 177
係数行列 (coefficient matrix) 18, 21
KKT 条件 (KKT condition) ↪ カルーシュ・キューン・タッカーの条件
結合法則 (associativity) 221
欠損データ (missing data) 152
限界価値 (marginal value) ↪ 限界効用
限界効用 (marginal utility) 204
拘束条件 (constraint) ↪ 制約条件
勾配 (gradient) 41, 43, 56, 57
勾配法 (gradient method) 79
効用 (utility) 203
固有空間 (eigenspace) 29
固有値 (eigenvalue) 23
固有値分解 (eigenvalue decomposition) ↪ スペクトル分解
固有ベクトル (eigenvector) 23
固有方程式 (characteristic equation) 24
混合分布 (mixture distribution) 151
混合モデル (mixture model) 151

【サ】

再帰原理 (recursion principle) 221
最急降下法 (steepest descent) 84
最小二乗解 (least-squares solution) 103

最小二乗法 (least-squares method) 106, 117
最小 p 乗法 (least pth power method) 109
最短経路問題 (shortest path problem) 225
最適化 (optimization) 79
最適解 (optimal solution) 162
最適経路 (optimal path) 222
最適性原理 (principle of optimality) 224
最尤推定 (maximum likelihood estimation) 109, 136
最尤推定量 (maximum likelihood estimator) 136
サポートベクトル (support vector) 213
サポートベクトルマシン (support vector machine) 150, 213
サンプル共分散 (sample covariance) 144
サンプル共分散行列 (sample covariance matrix) 144
サンプル標準偏差 (sample standard deviation) 136
サンプル分散 (sample variance) 136
サンプル平均 (sample mean) 136
しきい値 (threshold) 146
事後確率 (a posteriori probability, posterior probability) 150
二乗ノルム (square norm) ↪ l_2 ノルム
辞書式順序 (lexicographic order) 188, 192
事前確率 (a priori probability, prior probability) 150
下に凸 (convex) 206
自動微分法 (automatic differentiation) 85, 97
シミュレーテッドアニーリング (simulated annealing) ↪ 焼き鈍し法
自明な解 (trivial solution) 24
収束判定 (convergence criterion) 81
周辺化 (marginalization) 152
周辺分布 (marginal distribution) 152
縮退 (degeneracy) ↪ 退化
主軸 (principal axis) 46, 49, 51
主軸変換 (transformation of principal axes) 49, 51
主小行列式 (principal minor) 52
シュミットの直交化 (Schmidt orthogonalization) 29
主問題 (primary problem) 195, 209
シュワルツの不等式 (Schwarz inequality) 43, 144
巡回退化 (cyclic degeneracy) 188
循環退化 (cyclic degeneracy) ↪ 巡回退化
準ニュートン法 (quasi-Newton iterations) 97
条件つき確率密度 (conditional probability density) 150
初期値 (initial value) 79, 82
シルベスタの定理 (Sylvester theorem) 52
人為変数 (artifical variable) ↪ 人工変数
人工変数 (artifical variable) 174, 181, 189, 191
シンプレックス表 (simplex tableau) 178
シンプレックス法 (simplex method) 170
数式処理 (computer algebra) 85, 97
枢軸 (pivot) 182
枢軸変換 (pivotal transformation) 182
ステップ幅 (step) 80
ストリングマッチング (string matching) 226
スペクトル分解 (spectral decomposition) 31
スラック変数 (slack variable) 168

正規混合分布 (Gaussian mixture distribution) 151
正規混合モデル (Gaussian mixture model) 151
正規直交系 (orthonormal system) 24
正規方程式 (normal equation) 107, 118
整数計画 (integer programming problem) 162
正則 (regular) 1, 9
正則行列 (nonsingular matrix) 37
正値対称行列 (positive definite symmetric matrix) 36, 49
正値 2 次形式 (positive definite quadratic form) 37
正定値対称行列 (positive definite symmetric matrix) ↪ 正値対称行列
制約条件 (constraint) 64, 206
制約等式 (equality constraint) 206
制約不等式 (inequality constraint) 160, 206
セカント法 (secant method) 82
接線 (tangent) 7
接平面 (tangent plane) 14, 56
線形計画 (linear programming problem) 160
線形計画法 (linear programming) 160
線形結合 (linear combination) 117
線形従属 (linearly dependent) 76, 117
線形独立 (linearly independent) 117
全順序 (total order) 224
選点 (selected points) 115
選点直交関数系 (orthogonal functions for finite sum) 115
双 1 次形式 (bilinear form) 21
相関 (correlation) 144
相関係数 (correlation coefficient) 144
双曲型 (hyperbolic) 46, 47
双対 (dual) 195
双対原理 (principle of duality) 65, 75, 174
双対制約式 (dual constraint) 195, 196
双対定理 (duality theorem) 197
双対変数 (dual variable) 195, 196, 199
双対問題 (dual problem) 194, 209
相補スラック性 (complementary slackness) ↪ 相補性
相補性 (complementary slackness) 199
相補性定理 (complementary slackness theorem) 198, 213
疎行列 (sparse matrix) 90

【タ】

大域解 (grobal solution) 177
大域的最適性 (grobal optimality) 177
退化 (degeneracy) 102, 181, 187
対角化 (diagonalization) 31
対角行列 (diagonal matrix) 31
対称行列 (symmetric matrix) 18
大数の法則 (law of large numbers) 138
ダイナミックプログラミング (dynamic programming) ↪ 動的計画法
楕円型 (elliptic) 46
楕円体法 (ellipsoid method) 178
多項式時間アルゴリズム (polynomial-time algorithm) 177
タッカー (Albert W. Tucker: 1905–1995) 209
タブーサーチ (tabu search) 85
タブロー (tableau) ↪ シンプレックス表
多面体 (polyhedron) 163
単位行列 (unit matrix) 24
単位ベクトル (unit vector) 25
探索直線 (probe line) 82
単体法 (simplex method) ↪ シンプレックス法
ダンツィッヒ (George B. Danzig: 1914–) 174

超曲面 (hypersurface) 44
超平面 (hyperplane) 44, 163
直線探索 (line search) 82
直交関数系 (orthogonal functions) 116
直交行列 (orthogonal matrix) 30, 51
定値対称行列 (definite symmetric matrix) 38, 49
テイラー展開 (Taylor expansion) 4
停留値 (stationary value) 61
停留点 (stationary point) 61
データ圧縮 (data compression) 115
転置 (transpose) 22
転置行列 (transpose) 22
統計的最適化 (statistical optimization) 135
統計的モデル (statistical model) 138
峠点 (saddle point) ↪ 鞍点
等高線 (contour) 42, 57
等値面 (equivalue surface) 43, 58
動的計画法 (dynamic programming) 216
特異 (singular) 2, 9
特異値 (singular value) 127
特異値分解 (singular value decomposition) 127
特異点 (singular point) 1, 9
特性方程式 (characteristic equation) ↪ 固有方程式
独立な (independent) 137
度数 (frequency) 146
凸関数 (convex function) 206
凸計画 (convex programming problem) 206
凸集合 (convex set) 163
凸領域 (convex region) 207
貪欲法 (greedy algorithm) ↪ グリーディ法

【ナ】

内積 (inner product) 4, 43
内点法 (interior method) 178
ナブラ (nabla) 3
滑らか (smooth) 61
2 次近似 (second order approximation, quadratic approximation) 59, 86, 89
2 次計画 (quadratic programming problem) 206
2 次形式 (quadratic form) 17
2 次収束 (quadratic convergence) 93
2 次の接触 (contact of degree 2) 60
二分探索法 (bisection search) 82
ニュートン (Isaac Newton: 1642–1727) 87
ニュートン・ラフソン法 (Newton-Raphson iterations) 87
ニュートン法 (Newton iterations) 86, 87
ニューラルネットワーク (neural network) 150
ノルム (norm) 25, 109

【ハ】

掃き出し (sweeping out) 55, 173
掃き出し法 (sweeping-out method) 90
はさみうち法 (regula falsi) 82
ハチヤン (L. G. Khachiyan) 178
罰金 (penalty) 191
半環 (semiring) 221
半空間 (half space) 163
半順序 (partial order) 224
半正値対称行列 (positive semidefinite symmetric matrix) 36
半正値 2 次形式 (positive semidefinite quadratic form) 37
半正定値対称行列 (positive semidefinite symmetric matrix) ↪ 半正値対称行列
反対称行列 (antisymmetric matrix) 23
半負値対称行列 (negative semidefinite

symmetric matrix) 38
半負定値対称行列 (negative semidefinite symmetric matrix) ↪ 半負値対称行列
p 乗ノルム (pth order norm) ↪ l_p ノルム
ビール・ソレンソンの式 (Beale-Sorenson update) 102
非基底変数 (nonbasic variable) 170, 174, 181
ヒストグラム (histogram) 146
非線形計画 (nonlinear programming problem) 206
非線形計画法 (nonlinear programming) 205
非線形最小二乗法 (nonlinear least-squares method) 131
ピボット (pivot) ↪ 枢軸
評価関数 (evaluation function) 227
標準形（2 次形式の）(canonical form) 32
標準形（線形計画の）(standard form) 160
標準偏差 (standard deviation) 136
標本共分散 (sample covariance) ↪ サンプル共分散
標本共分散行列 (sample covariance matrix) ↪ サンプル共分散行列
標本標準偏差 (sample standard deviation) ↪ サンプル標準偏差
標本分散 (sample variance) ↪ サンプル分散
標本平均 (sample mean) ↪ サンプル平均
不完全データ (incomplete data) 152
符号関数 (sign) 81
負値対称行列 (negative definite symmetric matrix) 38, 49
物理モデル (physical model) 139, 143
不定 (indeterminate) 45, 102, 124, 167
負定値対称行列 (negative definite symmetric matrix) ↪ 負値対称行列
不能 (inconsistent) 45, 102, 124, 167
不偏分散 (unbiased variance) 138
ブランド (Robert C. Bland: 1948–) 188
ブランドの方法 (Brand's method) 188
フレッチャー・リーブスの式 (Fletcher-Reeves update) 102
分散 (variance) 136
分配法則 (distributivity) 221
平均 (mean) 136
平均ノルム (mean norm) ↪ l_1 ノルム
ベイズの定理 (Bayes' theorem) 150, 153
平方完成 (completing the square) 55
ヘシアン (Hessian) ↪ ヘッセ行列
ヘッセ行列 (Hessian) 48, 50, 62
ベルマン (Richard E. Bellman: 1920–1984) 221
法線ベクトル (normal vector) 2
放物型 (parabolic) 46, 47
母共分散 (population covariance) 145
母共分散行列 (population covariance matrix) 145
母標準偏差 (population standard deviation) 136
母分散 (population variance) 136
母平均 (population mean) 136
ポラック・リビエール・ポリャックの式 (Polak-Ribiere-Polyak update) ↪ ポラック・リビエールの式
ポラック・リビエールの式 (Polak-Ribiere update) 102

【マ】

マージン (margin) 213
マッチング (matching) 225
ムーア・ペンローズ一般逆行列 (Moore-Penrose generalized inverse) ↪ 一般逆行列

無限小区間 (infinitesimal interval) 136
目的関数 (objective function) 160, 206
モデル (model) 138, 139, 143

【ヤ】

焼き鈍し法 (simulated annealing) 85
ヤコビ反復法 (Jacobi iterations) 90
山登り法 (hill climbing) 84
有界 (bounded) 165
有界でない (unbounded) 165
有限混合分布 (finite mixture distribution) ↪ 混合分布
有限混合モデル (finite mixture model) ↪ 混合モデル
有限正規混合分布 (finite Gaussian mixture distribution) ↪ 正規混合分布
有限正規混合モデル (finite Gaussian mixture model) ↪ 正規混合モデル
尤度 (likelihood) 136, 137

【ラ】

ラグランジアン (Lagrangean) ↪ ラグランジュ関数
ラグランジュ関数 (Lagrangean) 208
ラグランジュ乗数 (Lagrange multiplier) 65, 66, 75, 208
ラグランジュの方法 (Lagrange's method) ↪ 平方完成
ラグランジュの未定乗数法 (Lagrange's method of indeterminate multipliers) 64
ラフソン (Joseph Raphson: 1648–1715) 87
ランク (rank) 36, 37, 117
リニアプログラミング (linear programming) ↪ 線形計画法
レーベンバーグ・マーカート法 (Levenberg-Marquardt method) 97, 132
連続 (continuous) 61
連続微分可能 (continuously differentiable) 1

著者紹介

金谷　健一（かなたに　けんいち）

1979年　東京大学大学院工学系研究科博士課程修了

現　在　岡山大学工学部非常勤講師

岡山大学名誉教授

工学博士

著　書　『線形代数』（共著，講談社，1987）

Group-Theoretical Methods in Image Understanding (Springer-Verlag, 1990)

『画像理解—3 次元認識の数理—』（森北出版，1990）

Geometric Computation for Machine Vision (Oxford University Press, 1993)

『空間データの数理—3 次元コンピューティングに向けて—』（朝倉書店，1995）

Statistical Optimization for Geometric Conputation: *Theory and Practice* (Elsevier Science, 1996)

『形状 CAD と図形の数学』（共立出版，1998）

『これなら分かる応用数学教室—最小二乗法からウェーブレットまで—』（共立出版，2003）

これなら分かる最適化数学

—基礎原理から計算手法まで—

2005 年 9 月 25 日　初版 1 刷発行
2019 年 9 月 15 日　初版 28 刷発行

検印廃止
NDC 417

ISBN 978-4-320-01786-3

著　者　金谷健一　© 2005

発行者　南條光章

発行所　**共立出版株式会社**
郵便番号 112-0006
東京都文京区小日向 4-6-19
電話 03-3947-2511（代表）
振替口座 00110-2-57035
URL www.kyoritsu-pub.co.jp

印　刷　啓文堂

製　本　ブロケード

一般社団法人
自然科学書協会
会員

Printed in Japan